教科書ガイド

中学校 数 学 ①年

学校図書 版『中学校数学』完全準拠

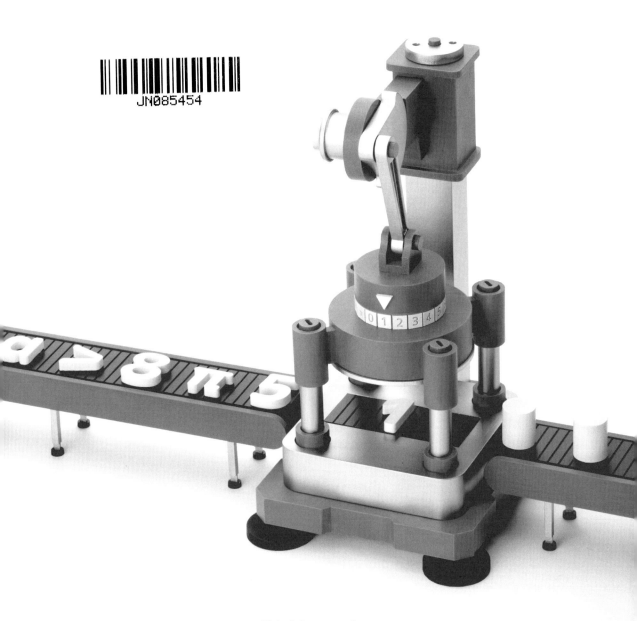

学校図書

教科書ガイドの使い方

　この教科書ガイドは，学校図書版「中学校数学」教科書にぴったり合わせて編集してあります。教科書に取りあげられている問題を，1つ1つわかりやすく解説してありますので，教科書でわからないところがあったときや，授業の予習・復習に役立ててください。

・ **教科書のまとめ** テスト前にチェック☑

　節ごとに重要事項をまとめてあります。振り返りやテスト前に活用してください。右欄の **注** は注意が必要なことがら，**覚** は覚えておく必要のあることがらです。

・ **ガイド** と **答え**

　ガイド では，答えを導くための基本的な考え方や道筋について解説し，**答え** では，解き方と答えを示しています。

　そのほか，適宜，**別解**　**コメント!**　**ポイント!**　を示してあります。

教科書ガイドで予習・復習を！

　数学という教科は積み重ねが大切で，学習した内容がしっかり理解できていないと，次に進めないことが多くあります。それをクリアするためには，日々の予習・復習が欠かせません。教科書の問題は，まず自分の力で考え，教科書ガイドを使って答え合わせをし，わからないところは **ガイド** や **答え** をよく読んで，もう一度自分で解いてみましょう。

　それを続けていけば，教科書の内容が確実に身につき，数学の実力を高めることができます。

1章 正の数・負の数

 1 身のまわりから「−」のついた数を探してみましょう。

ガイド サッカーなどの試合で，得失点差は得点と失点の差を表します。失点よりも得点の方が大きいときに＋，得点よりも失点の方が大きいときに−をつけて表します。陸上競技の100m走などで，追い風のときに＋，向かい風のときに−をつけて風速を表します。海抜は海水面からの陸地の高さを表します。海水面より高いときに＋，低いときに−をつけて表します。

答え （例）お金の損益（利益は＋，損失は−のついた数で表すことがある。）

 2 「−」のついた気温について考えてみましょう。

ガイド 温度は，水がこおるときの温度を基準0℃として，それより高いときに＋，低いときに−をつけて表します。

答え 今日の最高気温がもっとも高いところは那覇。もっとも低いところは札幌。最高気温の−は0℃より低いことを表している。前日差の−は前日の最高気温より低いことを表している。

[1] 正の数・負の数

☑ ◎ 符号のついた数

0℃より2℃低い温度は，－を使って－2℃と表し，「マイナス2℃」と読む。これに対して，0℃より8℃高い温度は，＋を使って＋8℃と表すことがあり，これを「プラス8℃」と読む。

＋，－をこのように使うとき，＋を正の符号，－を負の符号という。

☑ ◎ 0を基準とした数量の表し方

基準を決めてその基準を0とすることで，いろいろな数量を正，負の符号を使って表すことができる。

たとえば，東へ進むことを正とすると，西へ進むことは負になる。利益を正とすると，損失は負になる。

☑ ◎ 正の数・負の数

＋8，＋10などのように，0より大きい数を正の数といい，－4，－9などのように，0より小さい数を負の数という。

これからは，数といえば負の数もふくめて考える。つまり，整数といえば，正の整数，0，負の整数のことをいう。また，正の整数を自然数ともいう。

☑ ◎ 数直線

数直線で，0に対応する点を原点といい，数直線の右の向きを正の向き，左の向きを負の向きという。

☑ ◎ 絶対値

数直線上で，ある数に対応する点と原点との距離を，その数の絶対値という。

0の絶対値は0である。

注 0は，正の数でも負の数でもない数である。

注 0は自然数ではない。

注 数直線上で，右にある数ほど大きく，左にある数ほど小さい。

覚 2つの正の数では，絶対値の大きい数の方が大きい。また，2つの負の数では，絶対値の大きい数の方が小さい。

❶ 符号のついた数

0を基準とした数量

教科書 P.14

 Q 右の2つの温度計（図は ガイド 欄）は，ある日の午前6時における新潟と鹿児島の気温を示しています。それぞれ何℃を示しているでしょうか。また，「－」のついた気温はどのようなことを表しているか考えてみましょう。

ガイド 新潟の気温は，－2℃です。1目もりは2℃になっています。鹿児島の気温は，8℃です。

新潟　鹿児島

答え 新潟…－2℃，鹿児島…8℃，
「－」のついた気温は，0℃よりも低い温度であることを表している。－2℃は0℃よりも2℃低い。

教科書 P.14

問1 次の温度を，正の符号，負の符号を使って表しなさい。
(1) 0℃より6.5℃高い温度　　(2) 0℃より10℃低い温度

ガイド 0℃より高い温度は，正の符号＋を使って表し，0℃より低い温度は，負の符号－を使って表します。

答え (1) ＋6.5℃　　　(2) －10℃

「－」のついたいろいろな数量

教科書 P.15

 Q 富士山の標高は3776m，伊豆・小笠原海溝の最大水深は9780mです。これらの値を次の図（図は ガイド 欄）のように基準を決めて表すとき，正の符号，負の符号を使うと，それぞれどのように表すことができるでしょうか。

ガイド 標高は，海面を基準0mとして測った山の高さ，水深は海面を基準0mとして測った海の深さです。
海面より上を＋，海面より下を－を使って表します。

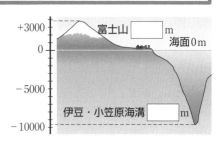

答え 富士山…＋3776(m)
伊豆・小笠原海溝…－9780(m)

教科書 P.15

問2 例1（教科書 P.15）で，－7km，＋2.5kmは，それぞれどの地点を表していますか。上の図（図は 答え 欄）に矢印↑で示しなさい。また，その地点をことばで表現しなさい。

答 え	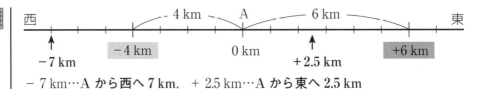

−7 km…A から西へ7 km，＋2.5 km…A から東へ2.5 km

教科書 P.15

問 3 〉 次の数量を，正の符号，負の符号を使って表しなさい。

(1) 「400円の利益」を＋400円と表すとき，「500円の損失」

(2) 「いまから20分前」を−20分と表すとき，「いまから30分後」

(3) 今日の最高気温について，「昨日の最高気温よりも3℃高いこと」を＋3℃と表すとき，「昨日の最高気温よりも4℃低いこと」

ガイド

(1) 利益を＋で表しているので，損失は−になります。

(2) 何分前を−で表しているので，何分後は＋になります。

(3) 気温が高いことを＋で表しているので，気温が低いことは−になります。

答 え

(1) − 500 円   (2) ＋ 30 分   (3) − 4℃

教科書 P.15

問 4 〉 陸上競技で100 m 走などの記録を示す場合，秒速0.9 mの追い風があったときは，「＋0.9 m/s」と表示されます。「−2.3 m/s」と表示されたときは，どんなことを示していますか。

ガイド

「追い風」の反対方向の風は，「向かい風」です。

「m/s」は秒速を表すときの単位で，「メートル毎秒」などと読みます。

答 え

秒速2.3 m の向かい風

正の数・負の数

教科書 P.16

問 5 〉 次の数は，正の数，負の数のどちらですか。また，0よりどれだけ大きいか小さいかをいいなさい。

(1) − 6   (2) ＋ 3   (3) ＋ 1.2   (4) $-\dfrac{2}{5}$ (5) − 0.1   (6) $+\dfrac{5}{3}$

答 え

(1) 負の数，0より6小さい。   (2) 正の数，0より3大きい。

(3) 正の数，0より1.2大きい。   (4) 負の数，0より$\dfrac{2}{5}$小さい。

(5) 負の数，0より0.1小さい。   (6) 正の数，0より$\dfrac{5}{3}$大きい。

8

教科書 P.15 〜 16

❷ 数の大小

教科書 P.17

Q 数直線について，次の問いに答えましょう。

(1) 次の数直線上（図は 答え 欄）に，2，3.5，$\frac{1}{2}$に対応する点をかき入れてみましょう。
また，その大小を比べてみましょう。

(2) 負の数を数直線上に表すには，どんな数直線にすればよいでしょうか。
上の数直線（図は 答え 欄）を使ってかいてみましょう。

答え

(1)

3つの数を小さい順にかくと，$\frac{1}{2}$，2，3.5

(2) (1)の数直線を0より左の方向へのばして，もとの直線と同じ間隔で目盛り
をとり，その直線上の点に数を対応させればよい。

$$-6 \quad -5 \quad -4 \quad -3 \quad -2 \quad -1 \qquad 0 \quad +1 \quad +2 \quad +3 \quad +4 \quad +5 \quad +6$$

教科書 P.17

問1 数直線をかき，次の数に対応する点をとりなさい。

$+4$，$+0.5$，-2，-5，-3.5，$-\frac{3}{2}$

ガイド 正の数は0より右に，負の数は0より左に点をとります。

答え

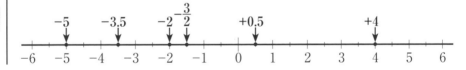

教科書 P.17

問2 次の数直線上の点 A，B，C，D，E に対応する数をいいなさい。

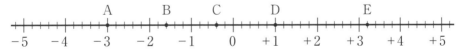

ガイド 正の数は0より右に，負の数は0より左にあります。目盛りを読んで，0からどれだけ離れているかを見ます。1目盛りが0.2刻みになっていることに注意しましょう。

答え A…-3，B…$-1.6\left(-\frac{8}{5}\right)$，C…$-0.4\left(-\frac{2}{5}\right)$，D…$+1$，E…$+3.2\left(+\frac{16}{5}\right)$

教科書 P.18

問 3 ▷ 次の各組の数の大小を，不等号を使って表しなさい。

(1) ＋3，＋4

(2) －4，－6

(3) ＋0.1，－0.2

(4) $-\dfrac{2}{3}$，$-\dfrac{1}{3}$

(5) ＋1，－3，0

(6) －2，＋5，－5

ガイド それぞれの数が数直線上のどこにあるかを考えます。

(5)，(6) 3つの数の大小は，小さい順か，大きい順に並べて表します。

答え

(1) ＋3＜＋4

(2) －4＞－6

(3) ＋0.1＞－0.2

(4) $-\dfrac{2}{3}<-\dfrac{1}{3}$

(5) －3＜0＜＋1 （＋1＞0＞－3）

(6) －5＜－2＜＋5 （＋5＞－2＞－5）

絶対値

教科書 P.18

Q ＋4と＋6を数直線上に表したとき，その大小を原点からの距離で説明しましょう。

－4と－6についても同じように説明してみましょう。

答え ＋4と＋6では，＋6の方が原点からの距離が大きく，
数直線上で右にある。したがって，＋6の方が大きい。

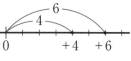

－4と－6では，－6の方が原点からの距離が大きく，
数直線上で左にある。したがって，－4の方が大きい。

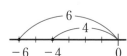

教科書 P.19

問 4 ▷ 2つの負の数の大小について，絶対値で比べるとどんなことがいえますか。例をあげて説明しなさい。

ガイド 数直線上に2つの負の数を表して考えましょう。

答え **(例)** －5と－3では，絶対値は－5の方が大きく，
数直線上では－5の方が左にある。したがって，
2つの負の数では，絶対値の大きい方が小さい。

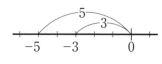

教科書 P.19

問 5 ▷ －7，＋5.2の絶対値を，それぞれいいなさい。

ガイド 数直線上で，ある数に対応する点と原点との距離を，その数の絶対値といいます。

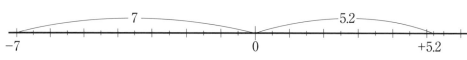

正の数，負の数の符号＋，－を取り去った数が絶対値です。

| 答 え | − 7 の絶対値は 7   + 5.2 の絶対値は 5.2 |

教科書 P.19

> 問 6 ▷ 絶対値が 10 である数，$\frac{2}{3}$ である数を，それぞれいいなさい。

| ガイド | 絶対値が□である数は，正の数と負の数の 2 つあります。原点との距離が□である点は，正の向きと負の向きに 2 つあるからです。 | 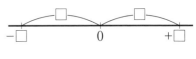 |

| 答 え | 絶対値が 10 である数…＋ 10，− 10　絶対値が $\frac{2}{3}$ である数…＋ $\frac{2}{3}$，− $\frac{2}{3}$ |

---

1 正の数・負の数

確かめよう

教科書 P.20

1 数量を正の符号，負の符号を使って表すとき，次の問いに答えなさい。
  (1) A 地点を基準 0 km として，「A から北へ 3 km」の地点を ＋ 3 km と表すとき，「A から南へ 5 km」の地点は，どのように表すことができますか。
  (2) 「200 円の損失」を − 200 円と表すとき，＋ 300 円はどんなことを表していますか。

| ガイド | (1) 「A から北」を「＋」で表しているので，「A から南」は「−」になります。
(2) 「損失」の反対は「利益」です。「損失」を「−」で表しているので，「＋」は「利益」を表しています。 |

| 答 え | (1) − 5 km   (2) 300 円の利益 |

---

2 次の数について，下の問いに答えなさい。

   − 12，＋ 7，0，＋ 0.6，− 3，＋ 25，$-\frac{8}{3}$

  (1) 正の数はどれですか。また，負の数はどれですか。
  (2) 整数はどれですか。また，自然数はどれですか。
  (3) 正の数でも負の数でもない数はどれですか。

| ガイド | 正の数には＋の符号，負の数には−の符号がつきます。0 は正の数でも負の数でもない数です。整数は正の整数，0，負の整数をあわせたものです。自然数は正の整数です。 |

| 答 え | (1) 正の数…＋ 7，＋ 0.6，＋ 25　負の数…− 12，− 3，$-\frac{8}{3}$
(2) 整数…− 12，＋ 7，0，− 3，＋ 25　自然数…＋ 7，＋ 25
(3) 0 |

3 下の数直線上(図は ■答え■欄)に，次の数に対応する点をとりなさい。

$$-4, \quad +3, \quad -2.8, \quad +\frac{3}{5}$$

ガイド −のついた数(負の数)は原点より左に，＋のついた数(正の数)は原点より右に点をとります。

答え

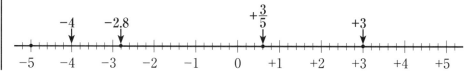

4 次の各組の数の大小を，不等号を使って表しなさい。
(1) −3, ＋5   (2) 0, −7
(3) −1.6, −2.4   (4) ＋1, −3, −2

ガイド 正の数は負の数より大きいです。2つの正の数では，絶対値の大きい数の方が大きいです。2つの負の数では，絶対値の大きい数の方が小さいです。
3つの数の大小を不等号を使って表すときは，小さい順か大きい順に並べかえてから不等号を使います。

答え
(1) −3＜＋5   (2) 0＞−7
(3) −1.6＞−2.4   (4) −3＜−2＜＋1 （＋1＞−2＞−3）

5 ＋16, −$\frac{9}{7}$の絶対値を，それぞれいいなさい。また，絶対値が9である数，0である数を，それぞれいいなさい。

ガイド 絶対値は，数直線上で，その数に対応する点と原点との距離を表しています。

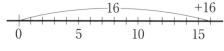 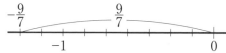

絶対値が同じ値である数は，正の数と負の数の2つあります。また，0の絶対値は0です。

答え ＋16の絶対値…16   −$\frac{9}{7}$の絶対値…$\frac{9}{7}$

絶対値が9である数…＋9, −9   絶対値が0である数…0

教科書 P.20

[2] 加法・減法

教科書のまとめ テスト前にチェック ✅

☑ ◎ 正の数，負の数の加法

たし算のことを**加法**という。その結果が**和**である。

① 同符号の2数の和 { 符号 …2数と同じ符号
絶対値…2数の絶対値の和

② 異符号の2数の和 { 符号 …2数の絶対値の大きい方
の符号
絶対値…2数の絶対値の大きい方
から小さい方をひいた差

また，異符号で絶対値の等しい2数の和は，0である。

☑ ◎ 加法の計算法則

正の数，負の数の加法でも，次のことが成り立つ。

① **加法の交換法則** $a + b = b + a$

② **加法の結合法則** $(a + b) + c = a + (b + c)$

☑ ◎ 正の数，負の数の減法

ひき算のことを**減法**という。その結果が**差**である。

正の数，負の数の減法は，ひく数の符号を変えて加える。

☑ ◎ 加法と減法の混じった式

加法と減法の混じった式は，加法だけの式に直すことができる。

$(+ 2) + (- 5) \underline{- (- 4)}$
$= (+ 2) + (- 5) \underline{+ (+ 4)}$

☑ ◎ 項

加法の式$(+ 2) + (- 5) + (+ 4)$で，加法の記号+で結ばれた$+ 2$，$- 5$，$+ 4$を，この式の**項**という。

また，$+ 2$，$+ 4$を**正の項**，$- 5$を**負の項**という。

☑ ◎ 項を並べた形の式

加法の式では，加法の記号+やかっこを省いて，項だけを並べて表すことができる。また，式の最初の項が正の数のときは，正の符号+を省くことができる。

$(+ 2) + (- 5) + (+ 4)$
$= 2 - 5 + 4$

覚 • ある数に0を加えても，和はもとの数に等しい。

• 0にある数を加えても，和は加えた数に等しい。

覚 正の数，負の数の加法では，

① 加える2数の順序を変えてもよい。

② 3つ以上の数を加えるときは，どの2数の和を先に求めてもよい。

覚 • 0からある数をひくと，差はひく数の符号を変えた数になる。

• ある数から0をひいても，差はもとの数のままである。

覚 計算の答えが正の数のときも，正の符号+を省くことができる。

1 加法

教科書 P.21

[QUESTION Q] 省略

教科書 P.22

[問 1] 前ページ（教科書 P.21）の [Q] のカードゲームで，次の表（表は [答え] 欄）の㋐，㋑，㋒の場合について，動いた結果を求めるたし算の式を書き入れなさい。

[ガイド] 1 回目に＋ 5，2 回目に＋ 3 が出たときは，（＋ 5）＋（＋ 3）＝＋ 8 となります。㋐，㋑，㋒でも同じようにたし算の式に表しましょう。

[答え]

	1 回目の動き	2 回目の動き	動いた結果を求めるたし算の式	動いた結果
㋐	− 5	− 3	（− 5）＋（− 3）	？
㋑	＋ 5	− 3	（＋ 5）＋（− 3）	？
㋒	− 5	＋ 3	（− 5）＋（＋ 3）	？

教科書 P.23

[問 2] 数直線（数直線は [答え] 欄）を使って，次の計算をしなさい。

(1)　（＋ 3）＋（＋ 4）　　(2)　（− 2）＋（− 6）

(3)　（＋ 2）＋（− 6）　　(4)　（− 2）＋（＋ 7）

[ガイド] 数直線の原点から，たされる数，たす数の順にその数だけ動きます。ただし，正の数のときは正の向き（右）へ，負の数のときは負の向き（左）へ動きます。

[答え]

(1)　（＋ 3）＋（＋ 4）＝ **＋ 7**

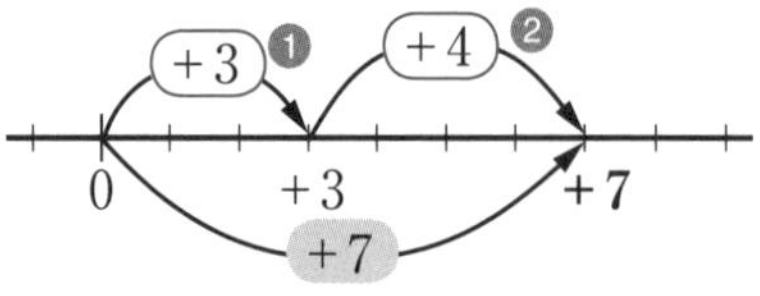

(2)　（− 2）＋（− 6）＝ **− 8**

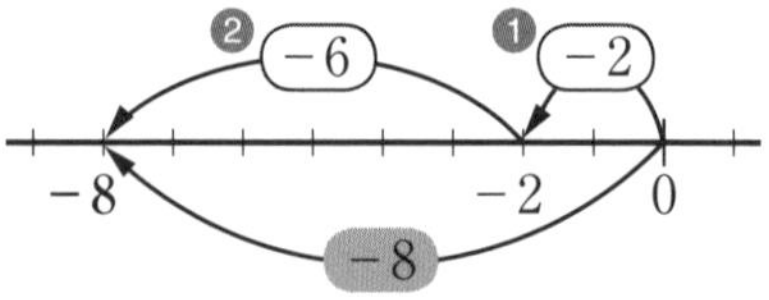

(3)　（＋ 2）＋（− 6）＝ **− 4**

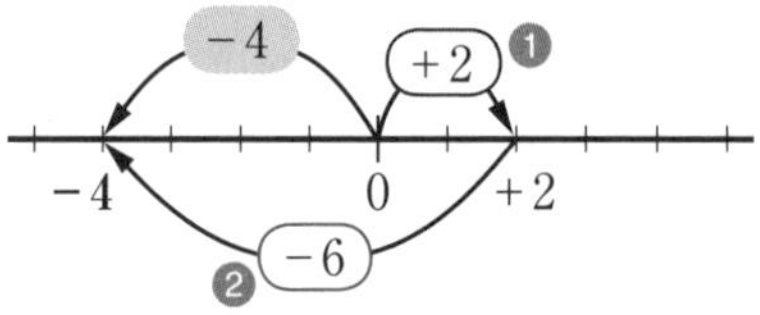

(4)　（− 2）＋（＋ 7）＝ **＋ 5**

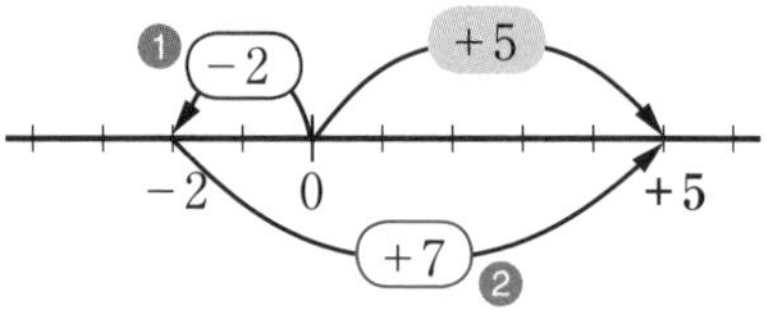

符号と絶対値に着目した加法

教科書 P.23

[QUESTION Q] 前ページ（教科書 P.22）の例 1，例 2 で調べた同符号の 2 数の和と異符号の 2 数の和で，符号と絶対値について，気づいたことを話し合ってみましょう。

答　え

同符号の 2 数の和

$(+5)+(+3)=+8$　符号は +，絶対値は $5+3=8$

$(-5)+(-3)=-8$　符号は −，絶対値は $5+3=8$

(例) ・ 同符号の 2 数の和では，符号は 2 数と同じ符号になる。

　　　・ 同符号の 2 数の和では，絶対値は 2 数の絶対値の和になる。

異符号の 2 数の和

$(+5)+(-3)=+2$　符号は +，絶対値は $5-3=2$

$(-5)+(+3)=-2$　符号は −，絶対値は $5-3=2$

(例) ・ 異符号の 2 数の和では，符号は 2 数の絶対値の大きい方の符号になる。

　　　・ 異符号の 2 数の和では，絶対値は 2 数の絶対値の大きい方から小さい方
　　　　をひいた差になる。

--- 教科書 P.23 ---

問 3 次の計算をしなさい。

(1)　$(+4)+(+13)$　　　　　　(2)　$(-8)+(-16)$

(3)　$(-7)+(+8)$　　　　　　(4)　$(+14)+(-19)$

答　え

(1)　$(+4)+(+13)=+(4+13)$　　　(2)　$(-8)+(-16)=-(8+16)$
　　　　　　　　　　　　$=+17$　　　　　　　　　　　　　$=-24$

(3)　$(-7)+(+8)=+(8-7)$　　　(4)　$(+14)+(-19)=-(19-14)$
　　　　　　　　　　　$=+1$　　　　　　　　　　　　　　$=-5$

--- 教科書 P.23 ---

問 4 $+3$ と -3 の和を求めなさい。

ガイド　数直線で考えます。0 から正の向きへ 3 動き，さらに負
の向きへ 3 動くと，動いた結果はどうなるでしょうか。

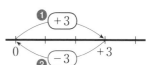

答　え　$(+3)+(-3)=0$

ポイント　異符号で絶対値の等しい 2 数の和は，0 です。

--- 教科書 P.24 ---

問 5 次の計算をしなさい。

(1)　$(+9)+(+5)$　　　(2)　$(-5)+(-7)$　　　(3)　$(+8)+(-3)$

(4)　$(-16)+(+25)$　　(5)　$(-21)+(+21)$　　(6)　$0+(-37)$

ガイド
(1)，(2)　同符号の 2 数の和なので，絶対値の和に，2 数と同じ符号をつけます。

(3)，(4)　異符号の 2 数の和なので，2 数の絶対値の大きい方から小さい方をひい
　　　　た差に，2 数の絶対値の大きい方の符号をつけます。

(5)　異符号の 2 数の和ですが，絶対値が等しいので，2 数の和は 0 になります。

(6)　0 にある数を加えても，和は加えた数に等しくなります。

答え

(1) $(+9) + (+5)$
$= +(9 + 5)$
$= + 14$

(2) $(-5) + (-7)$
$= -(5 + 7)$
$= - 12$

(3) $(+8) + (-3)$
$= +(8 - 3)$
$= + 5$

(4) $(-16) + (+25)$
$= +(25 - 16)$
$= + 9$

(5) $(-21) + (+21)$
$= 0$

(6) $0 + (-37)$
$= - 37$

小数や分数の加法

── 教科書 P.24 ──

問 6 ▷ 次の計算をしなさい。

(1) $(+0.3) + (+1.2)$

(2) $(-0.7) + (+0.5)$

(3) $(+1.4) + (-0.9)$

(4) $\left(-\dfrac{3}{5}\right) + \left(+\dfrac{4}{5}\right)$

(5) $\left(-\dfrac{1}{2}\right) + \left(-\dfrac{3}{4}\right)$

(6) $\left(+\dfrac{1}{4}\right) + \left(-\dfrac{5}{6}\right)$

ガイド

(1) 同符号の 2 数の和です。整数の場合と同じ手順で計算します。

(2), (3) 異符号の 2 数の和です。絶対値を求める計算は，整数の場合と同様に，(絶対値の大きい方) − (絶対値の小さい方)で求めます。

(4), (6) 異符号の 2 数の和です。絶対値を求める計算は分数のひき算になります。

(5) 同符号の 2 数の和です。絶対値を求める計算は分数のたし算になります。

答え

(1) $(+0.3) + (+1.2)$
$= +(0.3 + 1.2)$
$= + 1.5$

(2) $(-0.7) + (+0.5)$
$= -(0.7 - 0.5)$
$= - 0.2$

(3) $(+1.4) + (-0.9)$
$= +(1.4 - 0.9)$
$= + 0.5$

(4) $\left(-\dfrac{3}{5}\right) + \left(+\dfrac{4}{5}\right)$
$= +\left(\dfrac{4}{5} - \dfrac{3}{5}\right)$
$= +\dfrac{1}{5}$

(5) $\left(-\dfrac{1}{2}\right) + \left(-\dfrac{3}{4}\right)$
$= \left(-\dfrac{2}{4}\right) + \left(-\dfrac{3}{4}\right)$
$= -\left(\dfrac{2}{4} + \dfrac{3}{4}\right)$
$= -\dfrac{5}{4}$

(6) $\left(+\dfrac{1}{4}\right) + \left(-\dfrac{5}{6}\right)$
$= \left(+\dfrac{3}{12}\right) + \left(-\dfrac{10}{12}\right)$
$= -\left(\dfrac{10}{12} - \dfrac{3}{12}\right)$
$= -\dfrac{7}{12}$

加法の交換法則・結合法則

── 教科書 P.25 ──

 次の正の数，負の数の加法をして，それぞれ㋐，㋑の結果を比べてみましょう。どんなことがわかるでしょうか。

(1) ㋐ $(+5) + (-7)$
　　㋑ $(-7) + (+5)$

(2) ㋐ $\{(-3) + (+6)\} + (-4)$
　　㋑ $(-3) + \{(+6) + (-4)\}$

16

答　え	(1) ㋐ (＋5)＋(－7)＝－(7－5)＝－2

答　え

(1)　㋐　(＋5)＋(－7)＝－(7－5)＝－2

　　　㋑　(－7)＋(＋5)＝－(7－5)＝－2

　　　　　　　答　たされる数とたす数を入れかえても，和は変わらない。

(2)　㋐　{(－3)＋(＋6)}＋(－4)＝(＋3)＋(－4)＝－1

　　　㋑　(－3)＋{(＋6)＋(－4)}＝(－3)＋(＋2)＝－1

　　　　　　　答　3つの数をたすとき，たす順序を変えても，和は変わらない。

―― 教科書 P.25 ――

問7　計算しやすい方法を考えて，次の計算をしなさい。

　　(1)　(－12)＋(＋7)＋(－6)＋(＋3)　　(2)　(＋19)＋(－5)＋(－28)＋(－14)

ガイド　交換法則や結合法則を使って，数の順序や組み合わせを変えて計算します。

答　え

(1)　(－12)＋(＋7)＋(－6)＋(＋3)＝(＋7)＋(＋3)＋(－12)＋(－6)

　　　　　　　　　　　　　　　　　＝(＋10)＋(－18)

　　　　　　　　　　　　　　　　　＝－8

(2)　(＋19)＋(－5)＋(－28)＋(－14)＝(＋19)＋(－5)＋(－14)＋(－28)

　　　　　　　　　　　　　　　　　＝(＋19)＋(－19)＋(－28)

　　　　　　　　　　　　　　　　　＝0＋(－28)

　　　　　　　　　　　　　　　　　＝－28

❷　減法

―― 教科書 P.26 ――

QUESTION Q　巻末①のカードゲームで，健太さんは2回目が終わったとき＋5の位置にいました。1回目に出たカードが＋2だったとき，2回目に出たカードは何でしょうか。また，1回目に出たカードが－1だったとき，2回目に出たカードは何でしょうか。

ガイド　たとえば，1回目が＋2のとき，数直線に表して，＋2から，どちらの方向にどれだけ動けば＋5になるか，調べてみましょう。

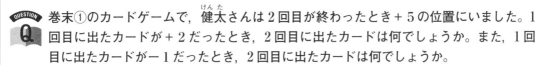

答　え

(1回目の動き)＋(2回目の動き)＝(動いた結果)

・1回目が＋2のとき　　(＋2)＋(＋3)＝＋5　　　　　　　　　　　　答　＋3

・1回目が－1のとき　　(－1)＋(＋6)＝＋5　　　　　　　　　　　　答　＋6

―― 教科書 P.26 ――

問1　**Q**　(教科書 P.26)のカードゲームで，次の表(表は 答　え 欄)の㋐，㋑，㋒の場合について，2回目の動きを求めるひき算の式を書き入れなさい。

答　え

	1回目の動き	2回目の動き	動いた結果	2回目の動きを求めるひき算の式
㋐	－1	?	＋5	(＋5)－(－1)
㋑	＋4	?	＋1	(＋1)－(＋4)
㋒	－2	?	－6	(－6)－(－2)

━━ 教科書 P.27 ━━

問 2 ▷ 数直線(数直線は 答 え 欄)を使って，$(-6)-(-2)$ の計算を説明しなさい。

答 え

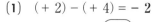

(例) -6 は，-2 から負の向きへ4動いた位置にあるから，2回目の動きは -4。
$(-6)-(-2)=-4$

━━ 教科書 P.27 ━━

問 3 ▷ 数直線(数直線は 答 え 欄)を使って，次の計算をしなさい。

(1) $(+2)-(+4)$　　　　(2) $(+3)-(-6)$

(3) $(-1)-(+3)$　　　　(4) $(-4)-(-5)$

答 え

(1) $(+2)-(+4)=-2$

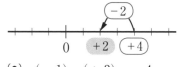

(2) $(+3)-(-6)=+9$

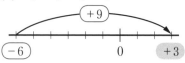

(3) $(-1)-(+3)=-4$

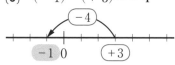

(4) $(-4)-(-5)=+1$

◀ **減法と加法の関係** ▶

━━ 教科書 P.28 ━━

 次の(1)～(4)の 4 つの減法と答えが同じになる式を，①～④の加法から選び，□ にその式を書き入れてみましょう。また，その結果から，気づいたことを話し合ってみましょう。

(1) $(+3)-(+5)=$ ☐　　　　　　　　　① $(+3)+(+5)$

(2) $(+3)-(-5)=$ ☐　　　　　　　　　② $(+3)+(-5)$

(3) $(-3)-(+5)=$ ☐　　　　　　　　　③ $(-3)+(+5)$

(4) $(-3)-(-5)=$ ☐　　　　　　　　　④ $(-3)+(-5)$

答 え

(1) $(+3)-(+5)$
$=\boxed{(+3)+(-5)}$

(2) $(+3)-(-5)$
$=\boxed{(+3)+(+5)}$

(3) $(-3)-(+5)$
$=\boxed{(-3)+(-5)}$

(4) $(-3)-(-5)$
$=\boxed{(-3)+(+5)}$

(例) 「$+5$ をひく」ことは，「-5 を加える」ことと同じである。
「-5 をひく」ことは，「$+5$ を加える」ことと同じである。

18 教科書 P.27～28

問 4 ▷ 次の減法を，加法に直して計算しなさい。

(1) $(+5)-(+12)$　　　　　(2) $(+3)-(-8)$

(3) $(-15)-(+10)$　　　　(4) $(-7)-(-7)$

答 え

(1) $(+5)-(+12)$
$=(+5)+(-12)$
$=-7$

(2) $(+3)-(-8)$
$=(+3)+(+8)$
$=+11$

(3) $(-15)-(+10)$
$=(-15)+(-10)$
$=-25$

(4) $(-7)-(-7)$
$=(-7)+(+7)$
$=0$

問 5 ▷ 次の計算をしなさい。

(1) $0-(+3)$　　　　　(2) $0-(-5)$

ガイド　0 からある数をひくときも，ひく数の符号を変えて加えます。

答 え

(1) $0-(+3)$
$=0+(-3)$
$=-3$

(2) $0-(-5)$
$=0+(+5)$
$=+5$

問 6 ▷ 次の計算をしなさい。

(1) $(+8)-(+2)$　　　(2) $(+3)-(+7)$　　　(3) $(+5)-(-4)$

(4) $(-12)-(+9)$　　(5) $(-27)-(-15)$　　(6) $(-16)-(-16)$

(7) $(+38)-(-12)$　(8) $(-10)-0$　　　　(9) $0-(-24)$

答 え

(1) $(+8)-(+2)$
$=(+8)+(-2)$
$=+6$

(2) $(+3)-(+7)$
$=(+3)+(-7)$
$=-4$

(3) $(+5)-(-4)$
$=(+5)+(+4)$
$=+9$

(4) $(-12)-(+9)$
$=(-12)+(-9)$
$=-21$

(5) $(-27)-(-15)$
$=(-27)+(+15)$
$=-12$

(6) $(-16)-(-16)$
$=(-16)+(+16)$
$=0$

(7) $(+38)-(-12)$
$=(+38)+(+12)$
$=+50$

(8) $(-10)-0$
$=-10$

(9) $0-(-24)$
$=0+(+24)$
$=+24$

問 7 ▷ (教科書)13 ページの各地の最高気温について，札幌，仙台の前日の最高気温を求める式をつくり，答えを求めなさい。

ガイド　(前日比)＝(今日の最高気温)－(前日の最高気温)より，
　　　　(前日の最高気温)＝(今日の最高気温)－(前日比)です。

答 え	札幌　$(-5)-(-2)=(-5)+(+2)$

$$= -3$$

答　$-3℃$

仙台　$0-(-3)=0+(+3)$

$$= 3$$

答　$3℃$

小数や分数の減法

— 教科書 P.29 —

問 8 ▷ 次の計算をしなさい。

(**1**)　$(-2.7)-(-3.4)$　　　　　(**2**)　$(-1)-(+0.8)$

(**3**)　$\left(+\dfrac{1}{5}\right)-\left(-\dfrac{4}{5}\right)$　　　　(**4**)　$\left(-\dfrac{3}{4}\right)-\left(+\dfrac{1}{2}\right)$

(**5**)　$\left(-\dfrac{7}{4}\right)-(+2)$　　　　　(**6**)　$(-0.75)-\left(-\dfrac{3}{4}\right)$

ガイド　小数や分数でも，整数の場合と同じように，ひく数の符号を変えて加えます。

(**6**)　$-0.75=-\dfrac{75}{100}=-\dfrac{3}{4}$ です。

答 え

(**1**)　$(-2.7)-(-3.4)$　　　　(**2**)　$(-1)-(+0.8)$

$\qquad = (-2.7)+(+3.4)$　　　　$\qquad = (-1)+(-0.8)$

$\qquad = +0.7$　　　　　　　　$\qquad = -1.8$

(**3**)　$\left(+\dfrac{1}{5}\right)-\left(-\dfrac{4}{5}\right)$　　　　(**4**)　$\left(-\dfrac{3}{4}\right)-\left(+\dfrac{1}{2}\right)$

$\qquad = \left(+\dfrac{1}{5}\right)+\left(+\dfrac{4}{5}\right)$　　$\qquad = \left(-\dfrac{3}{4}\right)+\left(-\dfrac{2}{4}\right)$

$\qquad = +1$　　　　　　　　$\qquad = -\dfrac{5}{4}$

(**5**)　$\left(-\dfrac{7}{4}\right)-(+2)$　　　　(**6**)　$(-0.75)-\left(-\dfrac{3}{4}\right)$

$\qquad = \left(-\dfrac{7}{4}\right)+\left(-\dfrac{8}{4}\right)$　　$\qquad = \left(-\dfrac{3}{4}\right)+\left(+\dfrac{3}{4}\right)$

$\qquad = -\dfrac{15}{4}$　　　　　　　$\qquad = 0$

— 教科書 P.30 —

九州新幹線の鹿児島中央駅から熊本駅までに停車駅が全部で6つあります。次の表は，鹿児島中央駅を基準とし，熊本駅の向きを正の向きとして，各駅までの距離を示したものです。

駅	鹿児島中央	川内 せんだい	出水 いずみ	新水俣 しんみなまた	新八代 しんやつしろ	熊本
距離(km)	0	$+46$	$+79$	$+95$	$+138$	$+171$

出水駅を基準とした場合，それぞれの距離は，正の数，負の数を使ってどのように表せるでしょうか。次の表(表は　答 え　欄)にあてはまる数を入れてみよう。

ガイド　出水駅との距離の差を求めるので，

（上の表の各駅の距離）$-(+79)$　で求めることができます。

答え

鹿児島中央　$0 - (+79) = 0 + (-79) = -79$

川内　　　　$(+46) - (+79) = (+46) + (-79) = -33$

新八代　　　$(+138) - (+79) = (+138) + (-79) = +59$

熊本　　　　$(+171) - (+79) = (+171) + (-79) = +92$

駅	鹿児島中央	川内	出水	新水俣	新八代	熊本
距離(km)	-79	-33	0	$+16$	$+59$	$+92$

Tea Break

トランプゲームで計算しよう

教科書 P.30

黒(♠, ♣)のカードの数を正の得点，赤(♥, ♦)のカードの数を負の得点として，トランプゲームをしました。次の❶〜❹の合計得点は，それぞれ何点になるでしょうか。

❶　持ち点が +5 点のとき，黒の3をとった。

$(+5) + (+3) = \boxed{}$

❷　持ち点が +5 点のとき，赤の3をとった。

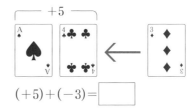

$(+5) + (-3) = \boxed{}$

❸　持ち点が +5 点のとき，黒の3をとられた。

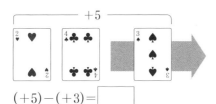

$(+5) - (+3) = \boxed{}$

❹　持ち点が +5 点のとき，赤の3をとられた。

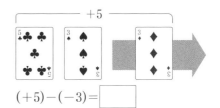

$(+5) - (-3) = \boxed{}$

答え

❶　$(+5) + (+3) = \boxed{+8}$　　❷　$(+5) + (-3) = \boxed{+2}$

❸　$(+5) - (+3) = \boxed{+2}$　　❹　$(+5) - (-3) = \boxed{+8}$

❸ 加法と減法の混じった計算

教科書 P.31

 QUESTION 次の加法と減法の混じった式を計算するには，どんなくふうをすればよいでしょうか。

(1)　$(+2) + (-5) - (-4)$　　　　　　(2)　$(-6) - (+7) - (-6)$

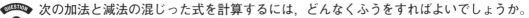

ガイド　減法は，ひく数の符号を変えて加法に直すことができました。加法だけの式に直して計算しましょう。

答え

(1)　$(+2) + (-5) - (-4)$

　　$= (+2) + (-5) + (+4)$

　　$= (+2) + (+4) + (-5)$

　　$= (+6) + (-5)$

　　$= +1$

(2)　$(-6) - (+7) - (-6)$

　　$= (-6) + (-7) + (+6)$

　　$= (-6) + (+6) + (-7)$

　　$= 0 + (-7)$

　　$= -7$

教科書 P.31

問 1 ▷ 次の式を加法だけの式に直しなさい。また，正の項，負の項をそれぞれいいなさい。
  (1) $(+4)-(-3)$　　　　　　(2) $(+7)-(+2)$
  (3) $(-9)+(-4)-(-6)$　　(4) $(-5)-(-3)-(-8)$

答え
(1) $(+4)-(-3)$　　　　　　　　(2) $(+7)-(+2)$
  $=(+4)+(+3)$　　　　　　　　　$=(+7)+(-2)$
  正の項…$+4$，$+3$　負の項…なし　　正の項…$+7$　負の項…-2
(3) $(-9)+(-4)-(-6)$　　　　(4) $(-5)-(-3)-(-8)$
  $=(-9)+(-4)+(+6)$　　　　　　$=(-5)+(+3)+(+8)$
  正の項…$+6$　負の項…-9，-4　　正の項…$+3$，$+8$　負の項…-5

教科書 P.32

問 2 ▷ 次の式を加法の式に直してから，かっこを省いて，項だけを並べた式に直しなさい。
  (1) $(+10)-(+15)$　　　　　(2) $(-7)-(-9)$
  (3) $(-1)+(-4)-(-7)$　　(4) $(+6)-(-8)-(+16)$
  (5) $(+7)-(+3)+(-5)-(-1)$　(6) $(-2)+(+9)-(+1)-(-4)$

答え
(1) $(+10)-(+15)$　　　　　　(2) $(-7)-(-9)$
  $=(+10)+(-15)$　　　　　　　$=(-7)+(+9)$
  $=10-15$　　　　　　　　　　$=-7+9$
(3) $(-1)+(-4)-(-7)$　　　(4) $(+6)-(-8)-(+16)$
  $=(-1)+(-4)+(+7)$　　　　　$=(+6)+(+8)+(-16)$
  $=-1-4+7$　　　　　　　　　$=6+8-16$
(5) $(+7)-(+3)+(-5)-(-1)$　(6) $(-2)+(+9)-(+1)-(-4)$
  $=(+7)+(-3)+(-5)+(+1)$　　$=(-2)+(+9)+(-1)+(+4)$
  $=7-3-5+1$　　　　　　　　$=-2+9-1+4$

教科書 P.32

問 3 ▷ 次の式を加法の記号＋とかっこを使って表しなさい。
  (1) $6-8$　　　　　　　　　(2) $-14-13$
  (3) $-4+9-7$　　　　　　(4) $7-8+6-2$

答え
(1) $6-8=(+6)+(-8)$　　　　(2) $-14-13=(-14)+(-13)$
(3) $-4+9-7$　　　　　　　(4) $7-8+6-2$
  $=(-4)+(+9)+(-7)$　　　　　$=(+7)+(-8)+(+6)+(-2)$

教科書 P.32

問 4 ▷ 問2(教科書P.32)の項を並べた式と，問3(教科書P.32)の式を，それぞれ計算しなさい。

ガイド　正の項どうし，負の項どうしを先に計算できるように，交換法則を使って項を並べ変えます。

答え

[問 2]

(1) $10 - 15$
$= -5$

(2) $-7 + 9$
$= 2$

(3) $-1 - 4 + 7$
$= -5 + 7$
$= 2$

(4) $6 + 8 - 16$
$= 14 - 16$
$= -2$

(5) $7 - 3 - 5 + 1$
$= 7 + 1 - 3 - 5$
$= 8 - 8$
$= 0$

(6) $-2 + 9 - 1 + 4$
$= 9 + 4 - 2 - 1$
$= 13 - 3$
$= 10$

[問 3]

(1) $6 - 8 = -2$

(2) $-14 - 13 = -27$

(3) $-4 + 9 - 7$
$= 9 - 4 - 7$
$= 9 - 11$
$= -2$

(4) $7 - 8 + 6 - 2$
$= 7 + 6 - 8 - 2$
$= 13 - 10$
$= 3$

—— 教科書 P.33 ——

問 5 > 次の計算をしなさい。

(1) $-3 + (-2) - (-9)$

(2) $8 - (+7) - 5$

(3) $-2 - (-3) + 7 + (-4)$

(4) $3 + (-8) - (-5) - 1$

答え

(1) $-3 + (-2) - (-9)$
$= -3 - 2 + 9$
$= 9 - 3 - 2$
$= 9 - 5$
$= 4$

(2) $8 - (+7) - 5$
$= 8 - 7 - 5$
$= 8 - 12$
$= -4$

(3) $-2 - (-3) + 7 + (-4)$
$= -2 + 3 + 7 - 4$
$= 3 + 7 - 2 - 4$
$= 10 - 6$
$= 4$

(4) $3 + (-8) - (-5) - 1$
$= 3 - 8 + 5 - 1$
$= 3 + 5 - 8 - 1$
$= 8 - 9$
$= -1$

—— 教科書 P.33 ——

問 6 > 次の計算をしなさい。

(1) $11 - 17 + 13$

(2) $-14 + 19 + 12 - 20$

(3) $-3.1 - 5.9$

(4) $-0.6 - (-1)$

(5) $\dfrac{1}{6} - \dfrac{3}{4}$

(6) $-\dfrac{2}{7} + \dfrac{6}{7} - \dfrac{3}{7}$

ガイド (1), (2)は，正の項どうし，負の項どうしを先に計算します。(4)は，かっこをはぶいて項を並べた形に直します。

答え

(1) $11 - 17 + 13$
$= 11 + 13 - 17$
$= 24 - 17$
$= 7$

(2) $-14 + 19 + 12 - 20$
$= 19 + 12 - 14 - 20$
$= 31 - 34$
$= -3$

$(3)\quad -3.1-5.9$
$\qquad =-9$

$(4)\quad -0.6-(-1)$
$\qquad =-0.6+1$
$\qquad =0.4$

$(5)\quad \dfrac{1}{6}-\dfrac{3}{4}$
$\qquad =\dfrac{2}{12}-\dfrac{9}{12}$
$\qquad =-\dfrac{7}{12}$

$(6)\quad -\dfrac{2}{7}+\dfrac{6}{7}-\dfrac{3}{7}$
$\qquad =\dfrac{6}{7}-\dfrac{2}{7}-\dfrac{3}{7}$
$\qquad =\dfrac{6}{7}-\dfrac{5}{7}$
$\qquad =\dfrac{1}{7}$

2 加法・減法

確かめよう

1 次の計算をしなさい。
(1) $(+3)+(-2)$
(2) $(-4)+(-6)$
(3) $(-14)+(+5)$
(4) $(-8)+(+8)$

ガイド　正，負の数の加法です。2 数が同符号か異符号かで，計算のしかたが変わるので注意しましょう。
(4)は，異符号で絶対値が等しい 2 数の和です。

答え
(1) $(+3)+(-2)$
$\quad =+(3-2)$
$\quad =+1$

(2) $(-4)+(-6)$
$\quad =-(4+6)$
$\quad =-10$

(3) $(-14)+(+5)$
$\quad =-(14-5)$
$\quad =-9$

(4) $(-8)+(+8)$
$\quad =0$

2 次の計算をしなさい。
(1) $(+2)-(+9)$
(2) $(+1)-(-5)$
(3) $(-6)-(-17)$
(4) $0-(-12)$

ガイド　正，負の数の減法です。ひく数の符号を変えて加えます。

答え
(1) $(+2)-(+9)$
$\quad =(+2)+(-9)$
$\quad =-7$

(2) $(+1)-(-5)$
$\quad =(+1)+(+5)$
$\quad =+6$

(3) $(-6)-(-17)$
$\quad =(-6)+(+17)$
$\quad =+11$

(4) $0-(-12)$
$\quad =0+(+12)$
$\quad =+12$

3 次の計算をしなさい。

(1) $(+5)+(-18)+(-5)$

(2) $(-9)-(-8)+(-4)$

(3) $2-7$

(4) $-4-5$

(5) $-2+10-5$

(6) $3-7-4+8$

(7) $16-(+17)-13$

(8) $(-3)+6+(-7)-(-9)$

ガイド

交換法則や結合法則を使って計算します。

(1) $(+5)+(-5)=0$ となることを使うと,計算しやすくなります。

(2) 減法を加法に直します。

(5) $10-2-5$ として正の項と負の項をまとめます。

(6) $3+8-7-4$ として正の項と負の項をまとめます。

(7),(8) かっこのついた加法や減法の形で書かれた部分を,項を並べた形に直します。

答え

(1) $(+5)+(-18)+(-5)$
$=(+5)+(-5)+(-18)$
$=0+(-18)$
$=-18$

(2) $(-9)-(-8)+(-4)$
$=(-9)+(+8)+(-4)$
$=(+8)+(-9)+(-4)$
$=(+8)+(-13)$
$=-5$

(3) $2-7$
$=-5$

(4) $-4-5$
$=-9$

(5) $-2+10-5$
$=10-2-5$
$=10-7$
$=3$

(6) $3-7-4+8$
$=3+8-7-4$
$=11-11$
$=0$

(7) $16-(+17)-13$
$=16-17-13$
$=16-30$
$=-14$

(8) $(-3)+6+(-7)-(-9)$
$=-3+6-7+9$
$=6+9-3-7$
$=15-10$
$=5$

別解

(1) $(+5)+(-18)+(-5)$
$=5-18-5$
$=5-23$
$=-18$

(2) $(-9)-(-8)+(-4)$
$=-9+8-4$
$=8-9-4$
$=8-13$
$=-5$

計算力を高めよう 1

no. 1 　加法

(1)　$(+11)+(+4)$　　　(2)　$(-6)+(-12)$　　　(3)　$(+8)+(-1)$

(4)　$(+3)+(-10)$　　　(5)　$(+16)+(-16)$　　　(6)　$(-7)+(+2)$

(7)　$(-9)+(+13)$　　　(8)　$(+0.6)+(-1.8)$　　　(9)　$(-2.7)+(-3.5)$

(10)　$\left(-\dfrac{1}{3}\right)+\left(+\dfrac{1}{2}\right)$　　　(11)　$\left(-\dfrac{3}{4}\right)+\left(-\dfrac{5}{12}\right)$

答 え

(1)　$(+11)+(+4)$
　　$=+15$

(2)　$(-6)+(-12)$
　　$=-18$

(3)　$(+8)+(-1)$
　　$=+7$

(4)　$(+3)+(-10)$
　　$=-7$

(5)　$(+16)+(-16)$
　　$=0$

(6)　$(-7)+(+2)$
　　$=-5$

(7)　$(-9)+(+13)$
　　$=+4$

(8)　$(+0.6)+(-1.8)$
　　$=-1.2$

(9)　$(-2.7)+(-3.5)$
　　$=-6.2$

(10)　$\left(-\dfrac{1}{3}\right)+\left(+\dfrac{1}{2}\right)$
　　$=\left(-\dfrac{2}{6}\right)+\left(+\dfrac{3}{6}\right)$
　　$=+\dfrac{1}{6}$

(11)　$\left(-\dfrac{3}{4}\right)+\left(-\dfrac{5}{12}\right)$
　　$=\left(-\dfrac{9}{12}\right)+\left(-\dfrac{5}{12}\right)$
　　$=-\dfrac{14}{12}=-\dfrac{7}{6}$

no. 2 　減法

(1)　$(+8)-(+4)$　　　(2)　$(+3)-(+9)$　　　(3)　$(+5)-(-2)$

(4)　$0-(-13)$　　　(5)　$(-7)-(+2)$　　　(6)　$(-9)-(-1)$

(7)　$(-2)-(-15)$　　　(8)　$(-1.9)-(+1.4)$　　　(9)　$\left(+\dfrac{1}{6}\right)-\left(-\dfrac{1}{2}\right)$

(10)　$\left(-\dfrac{2}{7}\right)-\left(+\dfrac{5}{14}\right)$　　　(11)　$\left(-\dfrac{5}{3}\right)-(-3)$

答 え

(1)　$(+8)-(+4)$
　　$=(+8)+(-4)$
　　$=+4$

(2)　$(+3)-(+9)$
　　$=(+3)+(-9)$
　　$=-6$

(3)　$(+5)-(-2)$
　　$=(+5)+(+2)$
　　$=+7$

(4)　$0-(-13)$
　　$=0+(+13)$
　　$=+13$

(5)　$(-7)-(+2)$
　　$=(-7)+(-2)$
　　$=-9$

(6)　$(-9)-(-1)$
　　$=(-9)+(+1)$
　　$=-8$

(7)　$(-2)-(-15)$
　　$=(-2)+(+15)$
　　$=+13$

(8)　$(-1.9)-(+1.4)$
　　$=(-1.9)+(-1.4)$
　　$=-3.3$

(9)　$\left(+\dfrac{1}{6}\right)-\left(-\dfrac{1}{2}\right)$
　　$=\left(+\dfrac{1}{6}\right)+\left(+\dfrac{1}{2}\right)$
　　$=\left(+\dfrac{1}{6}\right)+\left(+\dfrac{3}{6}\right)$
　　$=+\dfrac{2}{3}$

(10)　$\left(-\dfrac{2}{7}\right)-\left(+\dfrac{5}{14}\right)$
　　$=\left(-\dfrac{2}{7}\right)+\left(-\dfrac{5}{14}\right)$
　　$=\left(-\dfrac{4}{14}\right)+\left(-\dfrac{5}{14}\right)$
　　$=-\dfrac{9}{14}$

(11)　$\left(-\dfrac{5}{3}\right)-(-3)$
　　$=\left(-\dfrac{5}{3}\right)+(+3)$
　　$=\left(-\dfrac{5}{3}\right)+\left(+\dfrac{9}{3}\right)$
　　$=+\dfrac{4}{3}$

no. 3　加法と減法の混じった計算

(1)　$(-3)+(+2)-(+5)$

(2)　$(+6)-(-7)+(-13)$

(3)　$(-6)-(+1)+(-3)-(-8)$

(4)　$3-8$

(5)　$-6+9$

(6)　$-7-4$

(7)　$-18+18$

(8)　$5-19$

(9)　$-2+6-8$

(10)　$7-9-5$

(11)　$4-7+10-1$

(12)　$-12+4-3+7$

(13)　$0.4-1.9$

(14)　$-1.3+2.7$

(15)　$-\dfrac{2}{5}-\dfrac{3}{5}$

(16)　$\dfrac{4}{9}-\dfrac{5}{6}$

(17)　$-2+(-10)-6$

(18)　$13+(-2)-5-(-7)$

(19)　$-7-(+8)-(-3)+9$

(20)　$1+(-0.6)-0.8$

(21)　$-\dfrac{1}{3}+\dfrac{1}{6}-\left(-\dfrac{2}{3}\right)$

答　え

(1)　$(-3)+(+2)-(+5)$
$= -3+2-5$
$= 2-8$
$= -6$

(2)　$(+6)-(-7)+(-13)$
$= 6+7-13$
$= 13-13$
$= 0$

(3)　$(-6)-(+1)+(-3)-(-8)$
$= -6-1-3+8$
$= -10+8$
$= -2$

(4)　$3-8$
$= -5$

(5)　$-6+9 = 3$

(6)　$-7-4 = -11$

(7)　$-18+18 = 0$

(8)　$5-19$
$= -14$

(9)　$-2+6-8$
$= 6-10$
$= -4$

(10)　$7-9-5$
$= 7-14$
$= -7$

(11)　$4-7+10-1$
$= 14-8$
$= 6$

(12)　$-12+4-3+7$
$= 11-15$
$= -4$

(13)　$0.4-1.9$
$= -1.5$

(14)　$-1.3+2.7$
$= 1.4$

(15)　$-\dfrac{2}{5}-\dfrac{3}{5}$
$= -1$

(16)　$\dfrac{4}{9}-\dfrac{5}{6} = \dfrac{8}{18}-\dfrac{15}{18}$
$= -\dfrac{7}{18}$

(17)　$-2+(-10)-6$
$= -2-10-6$
$= -18$

(18)　$13+(-2)-5-(-7)$
$= 13-2-5+7$
$= 20-7$
$= 13$

(19)　$-7-(+8)-(-3)+9$
$= -7-8+3+9$
$= -15+12$
$= -3$

(20)　$1+(-0.6)-0.8$
$= 1-0.6-0.8$
$= 1-1.4$
$= -0.4$

(21)　$-\dfrac{1}{3}+\dfrac{1}{6}-\left(-\dfrac{2}{3}\right) = -\dfrac{1}{3}+\dfrac{1}{6}+\dfrac{2}{3}$
$= -\dfrac{2}{6}+\dfrac{1}{6}+\dfrac{4}{6}$
$= \dfrac{3}{6} = \dfrac{1}{2}$

教科書　P.35

3 乗法・除法

教科書のまとめ テスト前にチェック ✓

✓ ◎ **正の数，負の数の乗法**

かけ算のことを**乗法**という。その結果が**積**である。

① 同符号の2数の積 | 符号 …正の符号
絶対値…2数の絶対値の積

② 異符号の2数の積 | 符号 …負の符号
絶対値…2数の絶対値の積

✓ ◎ **乗法の計算法則**

正の数，負の数の乗法でも，次のことが成り立つ。

① 乗法の交換法則 $a \times b = b \times a$
② 乗法の結合法則 $(a \times b) \times c = a \times (b \times c)$

✓ ◎ **積の符号と絶対値**

いくつかの数の積について，次のようにまとめることができる。

① 積の符号は，{ 負の数が偶数個あれば＋
負の数が奇数個あれば－ } となる。

② 積の絶対値は，かけ合わせる数の絶対値の積となる。

✓ ◎ **累乗**

同じ数をいくつかかけ合わせたものを，その数の**累乗**という。また，いくつかけ合わせたかを示す数を，累乗の**指数**という。

✓ ◎ **正の数，負の数の除法**

わり算のことを**除法**という。その結果が**商**である。

① 同符号の2数の商 | 符号 …正の符号
絶対値…2数の絶対値の商

② 異符号の2数の商 | 符号 …負の符号
絶対値…2数の絶対値の商

✓ ◎ **除法と逆数**

正の数，負の数でわることは，その数の逆数をかけることと同じである。

注 どんな数に＋1をかけても，積はもとの数のままである。また，正，負の数に－1をかけると，積はもとの数の符号を変えた数になる。

覚 かけ合わせる2数のどちらかが0のとき，積は0になる。

覚 乗法では，まず，答えの符号を決め，次に絶対値の積を計算する。

注 0でないどんな数aについても，$0 \div a = 0$である。0でわる除法は考えない。

覚 乗除の混じった計算でも，その中に負の数が，
{ 偶数個あれば，答えは＋
奇数個あれば，答えは－ }
となる。

☑◎ 四則の混じった計算

加法，減法，乗法，除法をまとめて**四則**という。

四則やかっこの混じった計算は，次の順序で行う。

① 加法，減法と乗法，除法が混じっているときは，乗法，除法を先に計算する。

② かっこがあるときは，かっこの中を先に計算する。

③ 累乗があるときは，累乗を先に計算する。

☑◎ 分配法則

正の数，負の数でも，次のことが成り立つ。

分配法則
$$a \times (b + c) = a \times b + a \times c$$
$$(b + c) \times a = b \times a + c \times a$$

覚 分配法則を使うと，数の計算が簡単にできる場合がある。

☑◎ 正の数・負の数の利用

正の数，負の数を利用して，平均を効率的に求めることができる。

覚 基準の値より大きいものを正の数，小さいものを負の数で表すとよい。

❶ 乗法

教科書 P.36

結菜さんは，東に向かって分速70 m で歩いています。現在の地点を0 m とし，東の方向を正の向きとします。また，1分後を + 1分とします。

〔1〕 結菜さんは，1分後，2分後にはどの地点にいますか。また，1分前，2分前はどの地点にいましたか。次の図（図は 答え 欄）に矢印↓で示してみましょう。

ガイド 「分速70 m」とは，1分間に70 m 進む速さのことです。東の方向を正の向きとしたので，西の方向が負の向きとなります。東に向かって歩いているので，1分前，2分前には，現在の地点(0 m)より西の地点にいます。

答え

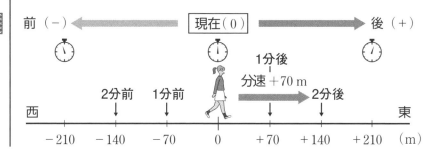

教科書 P.36

 (2) 次の表（表は 答え 欄）の（　）や □ にあてはまる数を入れて，結菜さんのいる地点を式で表してみましょう。

ガイド 東に向かって歩いているので，速さは分速＋70 m と表します。1分後が＋1分ですから，1分前は－1分です。現在の時間は0分です。

答え

時間	地点	（速さ）×（時間）→（地点）
2分後（＋2）	140 m 東（＋140）	（＋70）×（＋2）＝＋140
1分後（＋1）	70 m 東（　＋70）	（＋70）×（＋1）＝ ＋70
現在　（　0）	0 m　（　　0）	（＋70）×（　0）＝　0
1分前（－1）	70 m 西（　－70）	（＋70）×（－1）＝－70
2分前（－2）	140 m 西（－140）	（＋70）×（－2）＝－140

教科書 P.36

問 1 ▷ （教科書 P.36）で，結菜さんは，5分後，10分前には，それぞれどの地点にいますか。また，その地点を式で表しなさい。

ガイド （＋70）×（時間）＝（地点）。5分後は＋5分，10分前は－10分と表せます。

答え 5分後…（＋70）×（＋5）＝＋350，350 m 東
10分前…（＋70）×（－10）＝－700，700 m 西

教科書 P.37

 陸さんは，西に向かって分速70 m で歩いています。現在の地点を0 m とし，東の方向を正の向きとします。また，1分後を＋1分とします。

(1) 陸さんは，1分後，2分後にはどの地点にいますか。また，1分前，2分前はどの地点にいましたか。次の図（図は 答え 欄）に矢印↓で示してみましょう。

ガイド 西に向かって歩いていることに注意して，結菜さんの場合と同様に考えます。

答え

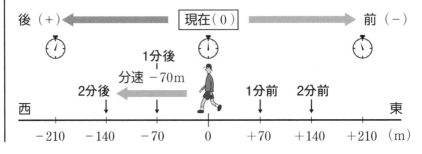

教科書 P.37

 (2) 次の表（表は 答え 欄）の（　）や □ にあてはまる数を入れて，陸さんのいる地点を式で表してみましょう。

ガイド 西に向かって歩いているので，速さは分速－70 m と表します。

	時間	地点	(速さ)×(時間)→(地点)
答 え	2分後（＋2）	140 m 西（－140）	（－70）×（＋2）＝ －140
	1分後（＋1）	70 m 西（ －70）	（－70）×（＋1）＝ －70
	現在 （ 0）	0 m （ 0）	（－70）×（ 0）＝ 0
	1分前（－1）	70 m 東（ ＋70）	（－70）×（－1）＝ ＋70
	2分前（－2）	140 m 東（＋140）	（－70）×（－2）＝ ＋140

── 教科書 P.37 ──────────────────

問 2 ▷ （教科書 P.37）で，陸さんは，5分後，10分前には，それぞれどの地点にいますか。また，その地点を式で表しなさい。

ガ イ ド　（－70）×（時間）＝（地点）。5分後は＋5分，10分前は－10分と表せます。

答 え　5分後…（－70）×（＋5）＝ －350，350 m 西
10分前…（－70）×（－10）＝ ＋700，700 m 東

── 教科書 P.37 ──────────────────

問 3 ▷ 前ページ（教科書 P.36）の や上の （教科書 P.37）で，かける数が1増えるごとに，その積はどのように変化していますか。また，そのちがいについて話し合いなさい。

答 え　教科書 P.36 の ：かける数が1増えるごとに，積は70ずつ増えていく。
　　　　教科書 P.37 の ：かける数が1増えるごとに，積は70ずつ減っていく。
　　　（例） • 正の数にかける数が大きくなれば，積も大きくなる。
　　　　　　 • 負の数にかける数が大きくなれば，積は小さくなる。

符号や絶対値に着目した乗法

── 教科書 P.38 ──────────────────

QUESTION Q 正の数，負の数の乗法では，積の符号や絶対値は，かけ合わせる2数の符号や絶対値とどんな関係があるでしょうか。（教科書）36ページの や前ページ（教科書 P.37）の の表をもとに話し合ってみましょう。

ガ イ ド　表の右端（みぎはし）の，（速さ）×（時間）＝（地点）の符号や絶対値に着目しましょう。

答 え　**（例）** • かけ合わせる2数の符号が同じときは，積の符号は正になる。
　　　　　　　 • かけ合わせる2数の符号が異なるときは，積の符号は負になる。
　　　　　　　 • 積の絶対値は，かけ合わせる2数の絶対値の積である。

── 教科書 P.38 ──────────────────

問 4 ▷ 次の計算をしなさい。
　（**1**）　（＋6）×（＋5）　　　　　（**2**）　（－7）×（－8）
　（**3**）　（＋12）×（－3）　　　　（**4**）　（－2）×（＋10）

1 章　正の数・負の数

教科書 P.37 〜 38

31

[答え]

(1) $(+6)\times(+5)$
$=+(6\times5)$
$=+30$

(2) $(-7)\times(-8)$
$=+(7\times8)$
$=+56$

(3) $(+12)\times(-3)$
$=-(12\times3)$
$=-36$

(4) $(-2)\times(+10)$
$=-(2\times10)$
$=-20$

教科書 P.39

[問 5] 次の計算をして，気づいたことをいいなさい。

(1) $(+14)\times(+1)$　(2) $(-6)\times(+1)$　(3) $(+14)\times(-1)$
(4) $(-6)\times(-1)$　(5) $(-8)\times0$　(6) $0\times(-8)$

[答え]

(1) 14　(2) -6　(3) -14
(4) $+6$　(5) 0　(6) 0

(例)　どんな数に＋1をかけても，積はもとの数のままであり，－1をかけると，積はもとの数の符号を変えた数になる。また，どんな数に0をかけても，0にどんな数をかけても，積は0になる。

教科書 P.39

[問 6] 次の計算をしなさい。

(1) $(+0.5)\times(-2)$　(2) $(-3.6)\times(-1.4)$
(3) $\left(-\frac{2}{3}\right)\times(-9)$　(4) $\left(-\frac{4}{7}\right)\times\left(+\frac{7}{8}\right)$

[答え]

(1) $(+0.5)\times(-2)$
$=-(0.5\times2)$
$=-1$

(2) $(-3.6)\times(-1.4)$
$=+(3.6\times1.4)$
$=+5.04$

(3) $\left(-\frac{2}{3}\right)\times(-9)$
$=+\left(\frac{2}{3}\times9\right)$
$=+6$

(4) $\left(-\frac{4}{7}\right)\times\left(+\frac{7}{8}\right)$
$=-\left(\frac{4}{7}\times\frac{7}{8}\right)$
$=-\frac{1}{2}$

乗法の交換法則・結合法則

教科書 P.39

QUESTION Q 次の㋐，㋑の計算をして，その結果を比べましょう。どんなことがわかるでしょうか。

(1) ㋐ $(+4)\times(-3)$
　 ㋑ $(-3)\times(+4)$

(2) ㋐ $\{(+2)\times(-4)\}\times(-5)$
　 ㋑ $(+2)\times\{(-4)\times(-5)\}$

答え 　(1)　㋐　$(+4) \times (-3) = -(4 \times 3) = -12$　㋑　$(-3) \times (+4) = -(3 \times 4) = -12$

(2)　㋐　$\{(+2) \times (-4)\} \times (-5) = (-8) \times (-5) = +(8 \times 5) = +40$

　　㋑　$(+2) \times \{(-4) \times (-5)\} = (+2) \times (+20) = +(2 \times 20) = +40$

(1), (2)とも, ㋐, ㋑の答えは等しい。正の数, 負の数の乗法でも交換法則・結合法則が成り立つ。

教科書 P.40

問 7 　美月さんは, $(-4) \times (+9) \times (-25)$ の計算を, 右のように行いました。①, ②の計算の手順を, それぞれ説明しなさい。

$$(-4) \times (+9) \times (-25)$$
$$= (+9) \times (-4) \times (-25)$$ ①
$$= (+9) \times (+100)$$ ②
$$= +900$$

ガイド 　左から順に計算するのではなく, $(-4) \times (-25) = +100$ であることに着目し, 乗法の交換法則や結合法則を使って計算をしています。

答え 　① 　**交換法則を使って, -4 と $+9$ を入れかえている。**

② 　**結合法則を使って, $(-4) \times (-25)$ を先に計算している。**

教科書 P.40

問 8 　計算しやすい方法を考えて, 次の計算をしなさい。

(1)　$(-50) \times (+17) \times (-2)$　　　　(2)　$(+9) \times (-4.5) \times (+2)$

(3)　$\left(-\dfrac{1}{8}\right) \times (+3.6) \times (-8)$　　　(4)　$\left(+\dfrac{1}{3}\right) \times (-10) \times \left(-\dfrac{3}{5}\right)$

ガイド 　(1)　$(-50) \times (-2) = +100$, (2)　$(-4.5) \times (+2) = -9$, (3)　$\left(-\dfrac{1}{8}\right) \times (-8) = +1$,

(4)　$(-10) \times \left(-\dfrac{3}{5}\right) = +6$ に注目しましょう。

答え

(1)　$(-50) \times (+17) \times (-2)$
$$= (-50) \times (-2) \times (+17)$$
$$= (+100) \times (+17)$$
$$= +1700$$

(2)　$(+9) \times (-4.5) \times (+2)$
$$= (+9) \times (-9)$$
$$= -81$$

(3)　$\left(-\dfrac{1}{8}\right) \times (+3.6) \times (-8)$
$$= \left(-\dfrac{1}{8}\right) \times (-8) \times (+3.6)$$
$$= (+1) \times (+3.6)$$
$$= +3.6$$

(4)　$\left(+\dfrac{1}{3}\right) \times (-10) \times \left(-\dfrac{3}{5}\right)$
$$= \left(+\dfrac{1}{3}\right) \times \left\{(-10) \times \left(-\dfrac{3}{5}\right)\right\}$$
$$= \left(+\dfrac{1}{3}\right) \times (+6)$$
$$= +2$$

いくつかの数の積の符号

教科書 P.40

 次の計算をしましょう。また，積の符号について気づいたことを話し合ってみましょう。

(1)　$(+5) \times (-2)$

(2)　$(+5) \times (-2) \times (-3)$

(3)　$(+5) \times (-2) \times (-3) \times (-4)$

(4)　$(+5) \times (-2) \times (-3) \times (-4) \times (-1)$

答え

(1)　$(+5) \times (-2) = -10$

(2)　$(+5) \times (-2) \times (-3) = (-10) \times (-3) = +30$

(3)　$(+5) \times (-2) \times (-3) \times (-4) = (-10) \times (-3) \times (-4) = (+30) \times (-4) = -120$

(4)　$(+5) \times (-2) \times (-3) \times (-4) \times (-1) = (-10) \times (-3) \times (-4) \times (-1)$
$= (+30) \times (-4) \times (-1) = (-120) \times (-1) = +120$

(例)　積の符号は，負の数が1個のとき－，2個のとき＋，3個のとき－，4個のとき＋，…と，負の数が1個増えるごとに変わっていく。

教科書 P.41

問9 次の計算をしなさい。

(1)　$(-5) \times (-6) \times (+2)$

(2)　$(-7) \times \left(-\dfrac{3}{14}\right) \times \left(-\dfrac{4}{3}\right)$

答え

(1)　$(-5) \times (-6) \times (+2)$
$= +(5 \times 6 \times 2)$
$= +60$

(2)　$(-7) \times \left(-\dfrac{3}{14}\right) \times \left(-\dfrac{4}{3}\right)$
$= -\left(7 \times \dfrac{3}{14} \times \dfrac{4}{3}\right)$
$= -2$

教科書 P.41

問10 次の計算をしなさい。

(1)　$4 \times (-2) \times 6$

(2)　$-5 \times 2 \times (-7)$

(3)　$(-3.5) \times (-2) \times 9$

(4)　$-\dfrac{1}{3} \times 6 \times (-4) \times (-9)$

(5)　$8 \times (-3) \times \dfrac{1}{6} \times \left(-\dfrac{1}{4}\right)$

(6)　$(-5) \times (-5) \times (-5)$

ガイド　まず積の符号を決め，次に絶対値を計算しましょう。

答え

(1)　$4 \times (-2) \times 6$
$= -(4 \times 2 \times 6) = -48$

(2)　$-5 \times 2 \times (-7)$
$= +(5 \times 2 \times 7) = +70$

(3)　$(-3.5) \times (-2) \times 9$
$= +(3.5 \times 2 \times 9) = +63$

(4)　$-\dfrac{1}{3} \times 6 \times (-4) \times (-9)$
$= -\left(\dfrac{1}{3} \times 6 \times 4 \times 9\right) = -72$

(5)　$8 \times (-3) \times \dfrac{1}{6} \times \left(-\dfrac{1}{4}\right)$
$= +\left(8 \times 3 \times \dfrac{1}{6} \times \dfrac{1}{4}\right) = +1$

(6)　$(-5) \times (-5) \times (-5)$
$= -(5 \times 5 \times 5) = -125$

── 教科書 P.42 ──

問 11 ▷ 次の式を，累乗の指数を使って表しなさい。

(1) $2 \times 2 \times 2$ (2) $(-4) \times (-4)$ (3) $\left(-\dfrac{3}{5}\right) \times \left(-\dfrac{3}{5}\right)$

ガイド 同じ数をいくつかけ合わせたかを，指数を使って表します。

答え (1) 2^3 (2) $(-4)^2$ (3) $\left(-\dfrac{3}{5}\right)^2$

注 (3) $-\dfrac{3}{5}^2$ と表すと，分子の 3 だけを 2 つかけ合わせる意味になってしまいます。

── 教科書 P.42 ──

問 12 ▷ 1 辺 5 cm の正方形の面積や 1 辺 5 cm の立方体の
体積を，累乗の指数を使って表しなさい。また，
それぞれの単位について考えなさい。

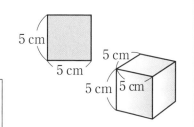

ガイド (正方形の面積) = (1 辺) × (1 辺)
(立方体の体積) = (1 辺) × (1 辺) × (1 辺)

答え 正方形の面積…$5 \times 5 = 5^2 (\text{cm}^2)$
立方体の体積…$5 \times 5 \times 5 = 5^3 (\text{cm}^3)$
面積は長さ(cm)を 2 個かけるので cm^2，
体積は長さ(cm)を 3 個かけるので cm^3 になる。

── 教科書 P.42 ──

問 13 ▷ 次の計算をしなさい。

(1) $(-8)^2$ (2) -8^2 (3) $\left(-\dfrac{4}{7}\right)^2$

(4) 0.3^2 (5) $(-2)^3$ (6) -2^3

ガイド (1)と(2)の違いに注意しましょう。(1)は -8 を 2 個かけること，(2)は 8 を 2 個か
けたものに $-$ の符号をつけることを意味しています。
$(-8)^2 = (-8) \times (-8)$，$-8^2 = -(8 \times 8)$ です。
(5)と(6)の式の意味は異なりますが，結果は同じになります。
$(-2)^3 = (-2) \times (-2) \times (-2)$，$-2^3 = -(2 \times 2 \times 2)$ です。

答え

(1) $(-8)^2 = (-8) \times (-8)$
$\qquad = 64$

(2) $-8^2 = -(8 \times 8)$
$\qquad = -64$

(3) $\left(-\dfrac{4}{7}\right)^2 = \left(-\dfrac{4}{7}\right) \times \left(-\dfrac{4}{7}\right)$
$\qquad\qquad = \dfrac{16}{49}$

(4) $0.3^2 = 0.3 \times 0.3$
$\qquad = 0.09$

(5) $(-2)^3$
$= (-2) \times (-2) \times (-2)$
$= -8$

(6) -2^3
$= -(2 \times 2 \times 2)$
$= -8$

❷ 除法

教科書 P.43

Q □ × 3 = 6の□を求めるにはどうしたらよいでしょうか。これをもとに，次の□□□□□□□ にあてはまる数を求めてみましょう。

(1) (□) × (+ 2) = + 6   (2) (□) × (+ 2) = − 6

(3) (□) × (− 2) = + 6   (4) (□) × (− 2) = − 6

ガイド
答え

符号に気をつけて□□□に数を書き入れましょう。

(1) (+ 3) × (+ 2) = + 6   (2) (− 3) × (+ 2) = − 6

(3) (− 3) × (− 2) = + 6   (4) (+ 3) × (− 2) = − 6

教科書 P.43

問 1 **Q** (教科書 P.43)(3)，(4)について，次の□□□□にあてはまる数を書き入れなさい。

(3) (□) × (− 2) = + 6 であるから，(+ 6) ÷ (− 2) = □

(4) (□) × (− 2) = − 6 であるから，(− 6) ÷ (− 2) = □

ガイド
答え

乗法の逆の計算は除法です。

(3) (+ 6) ÷ (− 2) = − 3   (4) (− 6) ÷ (− 2) = + 3

教科書 P.43

問 2 正の数，負の数の除法では，商の符号や絶対値は，わられる数，わる数の2数の符号や絶対値とどんな関係がありますか。例1，問1の4つの除法の式をもとに説明しなさい。

ガイド

(1) (+ 6) ÷ (+ 2) = (+ 3)   (正の数) ÷ (正の数) = (正の数)

(2) (− 6) ÷ (+ 2) = (− 3)   (負の数) ÷ (正の数) = (負の数)

(3) (+ 6) ÷ (− 2) = (− 3)   (正の数) ÷ (負の数) = (負の数)

(4) (− 6) ÷ (− 2) = (+ 3)   (負の数) ÷ (負の数) = (正の数)

答え

(例) • わられる数とわる数の符号が同じときは，商の符号は正になる。

• わられる数とわる数の符号が異なるときは，商の符号は負になる。

• 商の絶対値は，2数の絶対値の商である。

◤ 符号や絶対値に着目した除法 ◢

教科書 P.44

問 3 次の計算をしなさい。

(1) (+ 10) ÷ (+ 2)   (2) (− 8) ÷ (− 4)   (3) (+ 16) ÷ (− 2)

(4) (− 24) ÷ (+ 8)   (5) 0 ÷ (− 5)   (6) (− 3) ÷ (− 6)

(7) (+ 84) ÷ (− 12)   (8) (− 1.2) ÷ (+ 4)   (9) (− 6.3) ÷ (− 9)

[ガイド] 正の数，負の数の除法では，同符号の2数の商は，絶対値の商に正の符号をつけます。また，異符号の2数の商は，絶対値の商に負の符号をつけます。
(1)，(2)，(6)，(9)が同符号の2数の除法です。
(3)，(4)，(7)，(8)が異符号の2数の除法です。
(5) 0をどんな数でわっても，商は0です。

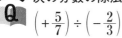

[答え]
(1) $(+10)\div(+2)$
$=+(10\div 2)$
$=+5$

(2) $(-8)\div(-4)$
$=+(8\div 4)$
$=+2$

(3) $(+16)\div(-2)$
$=-(16\div 2)$
$=-8$

(4) $(-24)\div(+8)$
$=-(24\div 8)$
$=-3$

(5) $0\div(-5)$
$=0$

(6) $(-3)\div(-6)$
$=+(3\div 6)$
$=+0.5\left(+\frac{1}{2}\right)$

(7) $(+84)\div(-12)$
$=-(84\div 12)$
$=-7$

(8) $(-1.2)\div(+4)$
$=-(1.2\div 4)$
$=-0.3$

(9) $(-6.3)\div(-9)$
$=+(6.3\div 9)$
$=+0.7$

除法と逆数

教科書 P.45

[QUESTION Q] 次の分数の除法は，どのように計算すればよいか考えてみましょう。
$\left(+\frac{5}{7}\right)\div\left(-\frac{2}{3}\right)$

[ガイド] わる数の分数を逆数にしてかけ算をします。

[答え] (例) $\left(+\frac{5}{7}\right)\div\left(-\frac{2}{3}\right)=\left(+\frac{5}{7}\right)\times\left(-\frac{3}{2}\right)=-\frac{15}{14}$

教科書 P.45

[問 4] 次の数の逆数を求めなさい。
(1) $-\frac{4}{7}$　(2) $-\frac{1}{6}$　(3) -5　(4) -1

[ガイド] 分子と分母を入れかえた数が，もとの数の逆数になります。
(3)は $-5=-\frac{5}{1}$，(4)は $-1=-\frac{1}{1}$ と考えます。

[答え] (1) $-\frac{7}{4}$　(2) -6　(3) $-\frac{1}{5}$　(4) -1

教科書 P.45

[問 5] 次の㋐，㋑の計算をして，その結果を比べなさい。
㋐ $15\div(-3)$　㋑ $15\times\left(-\frac{1}{3}\right)$

㋐　$15 \div (-3)$
$= -(15 \div 3)$
$= -5$

㋑　$15 \times \left(-\dfrac{1}{3}\right)$
$= -\left(15 \times \dfrac{1}{3}\right)$
$= -5$

㋐，㋑の答えは等しい。

教科書 P.46

問 6 ▷ 次の計算をしなさい。

(1)　$\left(-\dfrac{1}{3}\right) \div \dfrac{3}{4}$

(2)　$\left(-\dfrac{3}{5}\right) \div \left(-\dfrac{9}{10}\right)$

(3)　$6 \div \left(-\dfrac{4}{3}\right)$

(4)　$\left(-\dfrac{5}{6}\right) \div (-3)$

ガイド　正の数，負の数でわることは，その数の逆数をかけることと同じです。

(1)　わる数 $\dfrac{3}{4}$ の逆数は $\dfrac{4}{3}$ です。

(2)　わる数 $-\dfrac{9}{10}$ の逆数は $-\dfrac{10}{9}$ です。

(3)　わる数 $-\dfrac{4}{3}$ の逆数は $-\dfrac{3}{4}$ です。

(4)　わる数 -3 の逆数は $-\dfrac{1}{3}$ です。

答　え

(1)　$\left(-\dfrac{1}{3}\right) \div \dfrac{3}{4} = \left(-\dfrac{1}{3}\right) \times \dfrac{4}{3}$
$= -\left(\dfrac{1}{3} \times \dfrac{4}{3}\right)$
$= -\dfrac{4}{9}$

(2)　$\left(-\dfrac{3}{5}\right) \div \left(-\dfrac{9}{10}\right) = \left(-\dfrac{3}{5}\right) \times \left(-\dfrac{10}{9}\right)$
$= +\left(\dfrac{3}{5} \times \dfrac{10}{9}\right)$
$= \dfrac{2}{3}$

(3)　$6 \div \left(-\dfrac{4}{3}\right) = 6 \times \left(-\dfrac{3}{4}\right)$
$= -\left(6 \times \dfrac{3}{4}\right)$
$= -\dfrac{9}{2}$

(4)　$\left(-\dfrac{5}{6}\right) \div (-3) = \left(-\dfrac{5}{6}\right) \times \left(-\dfrac{1}{3}\right)$
$= +\left(\dfrac{5}{6} \times \dfrac{1}{3}\right)$
$= \dfrac{5}{18}$

乗法と除法の混じった計算

教科書 P.46

問 7 ▷ 次の計算をしなさい。

(1)　$(-8) \div 2 \times (-4)$

(2)　$20 \times (-5) \div \left(-\dfrac{1}{3}\right)$

(3)　$6 \div \left(-\dfrac{2}{3}\right) \times \left(-\dfrac{5}{9}\right)$

(4)　$\dfrac{2}{3} \div \left(-\dfrac{3}{8}\right) \div 4$

ガイド　逆数を使って，乗法だけの式に直して計算します。ただし，(1)のような整数の式では，左から順に計算してもよいでしょう。

答　え

(1)　$(-8) \div 2 \times (-4)$
$= (-8) \times \dfrac{1}{2} \times (-4)$
$= +\left(8 \times \dfrac{1}{2} \times 4\right)$
$= 16$

(2)　$20 \times (-5) \div \left(-\dfrac{1}{3}\right)$
$= 20 \times (-5) \times (-3)$
$= +(20 \times 5 \times 3)$
$= 300$

(**3**) $6 \div \left(-\dfrac{2}{3}\right) \times \left(-\dfrac{5}{9}\right)$

$\quad = 6 \times \left(-\dfrac{3}{2}\right) \times \left(-\dfrac{5}{9}\right)$

$\quad = + \left(6 \times \dfrac{3}{2} \times \dfrac{5}{9}\right)$

$\quad = 5$

(**4**) $\dfrac{2}{3} \div \left(-\dfrac{3}{8}\right) \div 4$

$\quad = \dfrac{2}{3} \times \left(-\dfrac{8}{3}\right) \times \dfrac{1}{4}$

$\quad = - \left(\dfrac{2}{3} \times \dfrac{8}{3} \times \dfrac{1}{4}\right)$

$\quad = -\dfrac{4}{9}$

❸ 四則の混じった計算

教科書 P.47

 Q 真央さんは，$25 + (-2) \times 10$ の計算を次(右)のように行いました。この計算は正しいでしょうか。また，その理由を説明してみましょう。

正しいかな？

$25 + (-2) \times 10$

$= 23 \times 10$

$= 230$

答 え

正しくない。

(理由)(例)

加法，減法，乗法，除法が混じった計算では，加法，減法より乗法，除法を先に計算しなければいけないが，真央さんの計算では，$25 + (-2)$ の加法を先に計算している。正しい計算は，次のようになる。

$25 + (-2) \times 10 = 25 + (-20) = 25 - 20 = 5$

教科書 P.47

問 1 次の計算をしなさい。

(**1**) $-7 + (-3) \times 2$

(**2**) $8 + (-20) \div (-4)$

(**3**) $14 - 10 \times (-3)$

(**4**) $(-6) \times (-5) - (-18) \div 6$

ガイド 加減と乗除が混じっているときは，乗除を先に計算します。

答 え

(**1**) $-7 + (-3) \times 2$

$\quad = -7 + (-6)$

$\quad = -13$

(**2**) $8 + (-20) \div (-4)$

$\quad = 8 + 5$

$\quad = 13$

(**3**) $14 - 10 \times (-3)$

$\quad = 14 - (-30)$

$\quad = 14 + 30$

$\quad = 44$

(**4**) $(-6) \times (-5) - (-18) \div 6$

$\quad = 30 - (-3)$

$\quad = 30 + 3$

$\quad = 33$

教科書 P.47

問 2 次の計算をしなさい。

(**1**) $(7 - 19) \div 3$

(**2**) $(-2) \times (4 - 9)$

(**3**) $21 \div (-2 - 5)$

(**4**) $\{6 - (-3)\} \times 8$

ガイド かっこがあるときは，かっこの中を先に計算します。

答 え

(1) $(7 - 19) \div 3$ $= (-12) \div 3$ $= -4$	(2) $(-2) \times (4 - 9)$ $= (-2) \times (-5)$ $= 10$
(3) $21 \div (-2 - 5)$ $= 21 \div (-7)$ $= -3$	(4) $|6 - (-3)| \times 8$ $= (6 + 3) \times 8$ $= 9 \times 8$ $= 72$

--- 教科書 P.48 ---------------------------------

問 3 ▷ 次の計算をしなさい。

(1) $12 \div (-2)^2$　　　　　(2) $-3^2 + 10$

(3) $6 - (-4)^2$　　　　　(4) $(-6)^2 + (-7^2)$

ガイド　累乗があるときは，累乗を先に計算します。

答 え

(1) $12 \div (-2)^2$ $= 12 \div 4$ $= 3$	(2) $-3^2 + 10$ $= -9 + 10$ $= 1$
(3) $6 - (-4)^2$ $= 6 - 16$ $= -10$	(4) $(-6)^2 + (-7^2)$ $= 36 + (-49)$ $= -13$

--- 教科書 P.48 ---------------------------------

問 4 ▷ 次の計算をしなさい。

(1) $4 + 7 \times (6 - 7)$　　　　　(2) $10 - (-8 + 5) \times 6$

(3) $5 - (6 - 2^3) \times (-3)$　　　　　(4) $(-4)^2 + 25 \div (-5^2)$

(5) $\dfrac{1}{3} + \left(-\dfrac{2}{3}\right)^2$　　　　　(6) $\dfrac{1}{4} - \dfrac{3}{7} \div \dfrac{4}{7}$

ガイド　(1), (2)では，かっこの中→乗法→加減の順に計算します。
(3), (4)では，累乗の計算を先にします。
(5), (6)では，分数の計算でも，累乗があるときは累乗を先に計算し，乗除を加減より先に計算します。

答 え

(1) $4 + 7 \times (6 - 7)$ $= 4 + 7 \times (-1)$ $= 4 + (-7)$ $= -3$	(2) $10 - (-8 + 5) \times 6$ $= 10 - (-3) \times 6$ $= 10 - (-18)$ $= 10 + 18$ $= 28$
(3) $5 - (6 - 2^3) \times (-3)$ $= 5 - (6 - 8) \times (-3)$ $= 5 - (-2) \times (-3)$ $= 5 - 6$ $= -1$	(4) $(-4)^2 + 25 \div (-5^2)$ $= 16 + 25 \div (-25)$ $= 16 + (-1)$ $= 15$

(5) $\frac{1}{3}+\left(-\frac{2}{3}\right)^2$

$=\frac{1}{3}+\frac{4}{9}$

$=\frac{3}{9}+\frac{4}{9}$

$=\frac{7}{9}$

(6) $\frac{1}{4}-\frac{3}{7}\div\frac{4}{7}$

$=\frac{1}{4}-\frac{3}{7}\times\frac{7}{4}$

$=\frac{1}{4}-\frac{3}{4}$

$=-\frac{1}{2}$

分配法則

教科書 P.48

[QUESTION Q] 次の㋐，㋑の計算をして，その結果を比べてみましょう。どんなことがわかるでしょうか。

(1) ㋐ $(-5)\times\{(-4)+6\}$　㋑ $(-5)\times(-4)+(-5)\times 6$

(2) ㋐ $\{(-4)+6\}\times(-5)$　㋑ $(-4)\times(-5)+6\times(-5)$

ガイド

㋐ { }の中の計算を先にします。

㋑ 2つの乗法をして，それぞれの積をたします。

答え

(1) ㋐ $(-5)\times\{(-4)+6\}$

$=(-5)\times 2$

$=\mathbf{-10}$

㋑ $(-5)\times(-4)+(-5)\times 6$

$=20+(-30)$

$=\mathbf{-10}$

(2) ㋐ $\{(-4)+6\}\times(-5)$

$=(+2)\times(-5)$

$=\mathbf{-10}$

㋑ $(-4)\times(-5)+6\times(-5)$

$=(+20)+(-30)$

$=\mathbf{-10}$

どちらも㋐，㋑の答えは等しい。

教科書 P.49

[問 5] 分配法則を利用して，次の計算をしなさい。

(1) $28\times\left(-\frac{1}{4}+\frac{1}{7}\right)$　(2) $\left(\frac{3}{4}-\frac{5}{6}\right)\times 36$

(3) $17\times 9+17\times(-8)$　(4) $69\times(-7.2)+31\times(-7.2)$

ガイド

$a\times(b+c)=a\times b+a\times c$，$(b+c)\times a=b\times a+c\times a$を分配法則といいます。分配法則を使うと計算しやすくなることがあります。

答え

(1) $28\times\left(-\frac{1}{4}+\frac{1}{7}\right)$

$=28\times\left(-\frac{1}{4}\right)+28\times\frac{1}{7}$

$=-7+4$

$=\mathbf{-3}$

(2) $\left(\frac{3}{4}-\frac{5}{6}\right)\times 36$

$=\frac{3}{4}\times 36-\frac{5}{6}\times 36$

$=27-30$

$=\mathbf{-3}$

(3) $17\times 9+17\times(-8)$

$=17\times\{9+(-8)\}$

$=17\times 1$

$=\mathbf{17}$

(4) $69\times(-7.2)+31\times(-7.2)$

$=(69+31)\times(-7.2)$

$=100\times(-7.2)$

$=\mathbf{-720}$

❹ 正の数・負の数の利用

教科書 P.50

 拓真さんの中学校で，新体力テストを行いました。次の表は，拓真さんと同じ班の男子4人の立ち幅とびの記録です。この表をもとに，4人の記録の平均を求めてみましょう。

立ち幅とびの記録

メンバー	拓真	大和	陸	健太
記録(cm)	181	208	169	194

 美月さんは，次の式にあてはめて平均を求めました。

(平均) = (データの値の合計) ÷ (データの個数)

美月さんの考え方で平均を求めましょう。

ガイド (平均) = (データの値の合計) ÷ (データの個数) = (4人の記録の合計) ÷ 4

答え $(181 + 208 + 169 + 194) ÷ 4 = 752 ÷ 4 = 188$ 答　188 cm

教科書 P.50

2 省略

教科書 P.51

 拓真さんは，4人の記録がすべて150 cm 以上であることに着目し，150 cm を基準として平均を求めようと考え，式をつくりました。

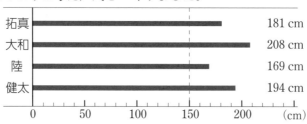

式　$150 + (31 + 58 + 19 + 44) ÷ 4$

拓海さんの式の意味を説明しましょう。また，この考え方で平均を求め， で求めた値と比べましょう。

答え 4人の記録が，それぞれ 150 cm よりどれだけ大きいかを考えると，

拓真…181 − 150 = 31，大和…208 − 150 = 58，陸…169 − 150 = 19，

健太…194 − 150 = 44

これらの値の平均を求め，基準の 150 に加えることによって，4人の平均を求めている。

42

$$150 + (31 + 58 + 19 + 44) \div 4$$
$$= 150 + 152 \div 4$$
$$= 150 + 38$$
$$= 188$$

答　平均は 188 cm で，で求めた値と同じになる。

教科書 P.51

4 健太さんは，自分の記録 194 cm を基準として，平均を求める式をつくりました。健太さんの考え方で式をつくり，平均を求めましょう。

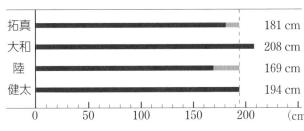

ガイド　4 人の記録が，それぞれ 194 cm よりどれだけ大きいかを考えると，
拓真…181 − 194 = − 13，大和…208 − 194 = 14，陸…169 − 194 = − 25，
健太…194 − 194 = 0

答え　式　$194 + (-13 + 14 - 25 + 0) \div 4$
$= 194 + (-24) \div 4$
$= 194 - 6$
$= 188$

答　188 cm

教科書 P.51

5 基準を何 cm と考えると，平均が求めやすいでしょうか。自分で基準を決めて，平均を求めましょう。

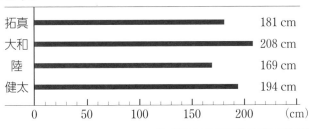

答え　(例)　基準を 190 cm とすると，
拓真…181 − 190 = − 9，大和…208 − 190 = 18，陸…169 − 190 = − 21，
健太…194 − 190 = 4
$190 + (-9 + 18 - 21 + 4) \div 4$
$= 190 + (-8) \div 4$
$= 190 + (-2)$
$= 188$

答　188 cm

平均を求めるとき，どんなくふうができるかをまとめましょう。

答え （例） 計算しやすい基準を決めて，基準との差の平均を求め，それを基準に加えることによって，実際の平均を求める。

問1 右の値は，真央さんのクラスの女子12人の50m
走の記録です。基準を決めて，12人の記録の平均
を求めなさい。

(単位：秒)

9.1	8.7	8.5	9.5
9.0	8.6	8.3	8.8
9.2	9.1	8.7	9.3

ガイド 記録は，8.3秒から9.5秒までの値です。基準をどれくらいにすればよいかを考えましょう。

答え （例） 基準を9.0秒とする。

記録	9.1	8.7	8.5	9.5	9.0	8.6	8.3	8.8	9.2	9.1	8.7	9.3
基準との差	+0.1	−0.3	−0.5	+0.5	0	−0.4	−0.7	−0.2	+0.2	+0.1	−0.3	+0.3

$9.0 + (0.1 - 0.3 - 0.5 + 0.5 + 0 - 0.4 - 0.7 - 0.2 + 0.2 + 0.1 - 0.3 + 0.3) \div 12$
$= 9.0 + (-1.2) \div 12$
$= 9.0 + (-0.1)$
$= 8.9$

答 8.9秒

---

③ 乗法・除法

確かめよう

1 次の計算をしなさい。
(1) $(+8) \times (-9)$
(2) $(-7) \times (-3)$
(3) -10×6
(4) $8 \times (-2) \times (-4)$
(5) $(-7)^2$
(6) -6^2

ガイド (6) -6^2 は，6^2 に負の符号をつけたものです。

答え
(1) $(+8) \times (-9)$
　$= -(8 \times 9)$
　$= -72$

(2) $(-7) \times (-3)$
　$= +(7 \times 3)$
　$= 21$

(3) -10×6
　$= -(10 \times 6)$
　$= -60$

(4) $8 \times (-2) \times (-4)$
　$= +(8 \times 2 \times 4)$
　$= 64$

(5) $(-7)^2$
　$= (-7) \times (-7)$
　$= 49$

(6) -6^2
　$= -(6 \times 6)$
　$= -36$

2 次の計算をしなさい。

(1) $(-27) \div (+3)$　　　　　　(2) $(-30) \div (-6)$

(3) $15 \div (-9)$　　　　　　(4) $\left(-\dfrac{5}{8}\right) \div \left(-\dfrac{3}{4}\right)$

ガイド
(3), (4) わる数の逆数をかけて乗法に直します。

答え

(1) $(-27) \div (+3)$
$= -(27 \div 3)$
$= -9$

(2) $(-30) \div (-6)$
$= +(30 \div 6)$
$= 5$

(3) $15 \div (-9)$
$= 15 \times \left(-\dfrac{1}{9}\right)$
$= -\left(15 \times \dfrac{1}{9}\right)$
$= -\dfrac{5}{3}$

(4) $\left(-\dfrac{5}{8}\right) \div \left(-\dfrac{3}{4}\right)$
$= \left(-\dfrac{5}{8}\right) \times \left(-\dfrac{4}{3}\right)$
$= +\left(\dfrac{5}{8} \times \dfrac{4}{3}\right)$
$= \dfrac{5}{6}$

---

3 次の計算をしなさい。

(1) $18 \div (-6) \times (-2)$　　　　　　(2) $5 \times (-4) \div \dfrac{2}{3}$

ガイド
答えの符号に注意して，乗法だけの式に直して計算します。

答え

(1) $18 \div (-6) \times (-2)$
$= 18 \times \left(-\dfrac{1}{6}\right) \times (-2)$
$= +\left(18 \times \dfrac{1}{6} \times 2\right)$
$= 6$

(2) $5 \times (-4) \div \dfrac{2}{3}$
$= 5 \times (-4) \times \dfrac{3}{2}$
$= -\left(5 \times 4 \times \dfrac{3}{2}\right)$
$= -30$

---

4 次の計算をしなさい。

(1) $10 + 2 \times (-7)$　　　　　　(2) $(-4) - 15 \div (-3)$

(3) $-5 \times (6-9)$　　　　　　(4) $18 + 4 \times (1-7)$

(5) $16 \div (-4)^2$　　　　　　(6) $12 - 5^2$

ガイド
累乗の計算や計算の順序に気をつけましょう。

答え

(1) $10 + 2 \times (-7)$
$= 10 + (-14)$
$= -4$

(2) $(-4) - 15 \div (-3)$
$= -4 - (-5)$
$= -4 + 5$
$= 1$

(3) $-5 \times (6-9)$
$= -5 \times (-3)$
$= 15$

(4) $18 + 4 \times (1-7)$
$= 18 + 4 \times (-6)$
$= 18 + (-24)$
$= -6$

$(5)\quad 16 \div (-4)^2$
$\quad = 16 \div 16$
$\quad = 1$

$(6)\quad 12 - 5^2$
$\quad = 12 - 25$
$\quad = -13$

---

5 分配法則を利用して，次の計算をしなさい。

$(1)\quad 18 \times \left(-\dfrac{1}{6} + \dfrac{7}{9}\right)$

$(2)\quad (-6) \times 55 + (-6) \times 45$

ガイド 分配法則 $a \times (b + c) = a \times b + a \times c$ を使います。

答え

$(1)\quad 18 \times \left(-\dfrac{1}{6} + \dfrac{7}{9}\right)$
$\quad = 18 \times \left(-\dfrac{1}{6}\right) + 18 \times \dfrac{7}{9}$
$\quad = -3 + 14$
$\quad = 11$

$(2)\quad (-6) \times 55 + (-6) \times 45$
$\quad = (-6) \times (55 + 45)$
$\quad = (-6) \times 100$
$\quad = -600$

▶乗法・除法

計算力を高めよう **2**

教科書 P.53

no.1 乗法

$(1)\quad (+2) \times (+5)$

$(2)\quad (+3) \times (-8)$

$(3)\quad (-4) \times (+9)$

$(4)\quad (-6) \times (-7)$

$(5)\quad 2 \times (-6) \times (+10)$

$(6)\quad -3 \times 8 \times (-2)$

$(7)\quad (-9)^2$

$(8)\quad -9^2$

$(9)\quad (-4)^3$

$(10)\quad 0.7^2$

$(11)\quad \left(-\dfrac{3}{5}\right) \times \left(+\dfrac{5}{8}\right)$

$(12)\quad 8 \times \left(-\dfrac{1}{4}\right) \times (-7)$

答え

$(1)\quad (+2) \times (+5)$
$\quad = +(2 \times 5)$
$\quad = 10$

$(2)\quad (+3) \times (-8)$
$\quad = -(3 \times 8)$
$\quad = -24$

$(3)\quad (-4) \times (+9)$
$\quad = -(4 \times 9)$
$\quad = -36$

$(4)\quad (-6) \times (-7)$
$\quad = +(6 \times 7)$
$\quad = 42$

$(5)\quad 2 \times (-6) \times (+10)$
$\quad = -(2 \times 6 \times 10)$
$\quad = -120$

$(6)\quad -3 \times 8 \times (-2)$
$\quad = +(3 \times 8 \times 2)$
$\quad = 48$

$(7)\quad (-9)^2$
$\quad = (-9) \times (-9)$
$\quad = 81$

$(8)\quad -9^2$
$\quad = -(9 \times 9)$
$\quad = -81$

$(9)\quad (-4)^3$
$\quad = (-4) \times (-4) \times (-4)$
$\quad = -64$

$(10)\quad 0.7^2$
$\quad = 0.7 \times 0.7$
$\quad = 0.49$

$(11)\quad \left(-\dfrac{3}{5}\right) \times \left(+\dfrac{5}{8}\right)$
$\quad = -\left(\dfrac{3}{5} \times \dfrac{5}{8}\right)$
$\quad = -\dfrac{3}{8}$

$(12)\quad 8 \times \left(-\dfrac{1}{4}\right) \times (-7)$
$\quad = +\left(8 \times \dfrac{1}{4} \times 7\right)$
$\quad = 14$

no.2 除法

(1) $(+12) \div (+6)$
(2) $(+10) \div (-2)$
(3) $(-18) \div (+6)$
(4) $(-42) \div (-7)$
(5) $0 \div (-3)$
(6) $(+3.2) \div (-8)$
(7) $\left(-\dfrac{2}{3}\right) \div 6$
(8) $(-12) \div \left(-\dfrac{4}{7}\right)$
(9) $\dfrac{5}{8} \div \left(-\dfrac{3}{4}\right)$

答え

(1) $(+12) \div (+6)$
$= +(12 \div 6)$
$= 2$

(2) $(+10) \div (-2)$
$= -(10 \div 2)$
$= -5$

(3) $(-18) \div (+6)$
$= -(18 \div 6)$
$= -3$

(4) $(-42) \div (-7)$
$= +(42 \div 7)$
$= 6$

(5) $0 \div (-3)$
$= 0$

(6) $(+3.2) \div (-8)$
$= -(3.2 \div 8)$
$= -0.4$

(7) $\left(-\dfrac{2}{3}\right) \div 6$
$= -\left(\dfrac{2}{3} \times \dfrac{1}{6}\right)$
$= -\dfrac{1}{9}$

(8) $(-12) \div \left(-\dfrac{4}{7}\right)$
$= +\left(12 \times \dfrac{7}{4}\right)$
$= 21$

(9) $\dfrac{5}{8} \div \left(-\dfrac{3}{4}\right)$
$= -\left(\dfrac{5}{8} \times \dfrac{4}{3}\right)$
$= -\dfrac{5}{6}$

no.3 乗法と除法の混じった計算

(1) $(-4) \div (-2) \times 7$
(2) $20 \times (-3) \div (-5)$
(3) $6 \div (-9) \times 15$
(4) $(-3) \times 6 \div (-12)$
(5) $(-48) \div (-8) \div (-4)$
(6) $\dfrac{2}{3} \div \left(-\dfrac{9}{4}\right) \times 4$
(7) $\dfrac{1}{7} \times \left(-\dfrac{10}{9}\right) \div \left(-\dfrac{5}{14}\right)$

答え

(1) $(-4) \div (-2) \times 7$
$= (-4) \times \left(-\dfrac{1}{2}\right) \times 7$
$= +\left(4 \times \dfrac{1}{2} \times 7\right)$
$= 14$

(2) $20 \times (-3) \div (-5)$
$= 20 \times (-3) \times \left(-\dfrac{1}{5}\right)$
$= +\left(20 \times 3 \times \dfrac{1}{5}\right)$
$= 12$

(3) $6 \div (-9) \times 15$
$= 6 \times \left(-\dfrac{1}{9}\right) \times 15$
$= -\left(6 \times \dfrac{1}{9} \times 15\right)$
$= -10$

(4) $(-3) \times 6 \div (-12)$
$= (-3) \times 6 \times \left(-\dfrac{1}{12}\right)$
$= +\left(3 \times 6 \times \dfrac{1}{12}\right)$
$= \dfrac{3}{2}$

(5) $(-48) \div (-8) \div (-4)$
$= (-48) \times \left(-\dfrac{1}{8}\right) \times \left(-\dfrac{1}{4}\right)$
$= -\left(48 \times \dfrac{1}{8} \times \dfrac{1}{4}\right)$
$= -\dfrac{3}{2}$

(6) $\dfrac{2}{3} \div \left(-\dfrac{9}{4}\right) \times 4$
$= \dfrac{2}{3} \times \left(-\dfrac{4}{9}\right) \times 4$
$= -\left(\dfrac{2}{3} \times \dfrac{4}{9} \times 4\right)$
$= -\dfrac{32}{27}$

(7) $\dfrac{1}{7} \times \left(-\dfrac{10}{9}\right) \div \left(-\dfrac{5}{14}\right)$
$= \dfrac{1}{7} \times \left(-\dfrac{10}{9}\right) \times \left(-\dfrac{14}{5}\right)$
$= +\left(\dfrac{1}{7} \times \dfrac{10}{9} \times \dfrac{14}{5}\right)$
$= \dfrac{4}{9}$

(**1**) $(-4) + 2 \times (-3)$ (**2**) $-8 - 6 \times 3$ (**3**) $18 - 72 \div (-9)$

(**4**) $3 \times (-7 - 5)$ (**5**) $(5 - 19) \div (-2)$ (**6**) $4 \times (-2) + (-14) \div 2$

(**7**) $36 \div (-2)^2$ (**8**) $10 - 4^2$ (**9**) $(-5)^2 + (-5^2)$

(**10**) $(-45) \div 3^2 + 15$ (**11**) $20 + 6 \times (7 - 10)$ (**12**) $12 - 7 \times \{8 + (-9)\}$

(**13**) $\dfrac{3}{4} + \left(-\dfrac{2}{3}\right) \div 2$ (**14**) $\dfrac{7}{9} - \left(-\dfrac{1}{3}\right)^2$

答 え

(**1**) $(-4) + 2 \times (-3)$
$= -4 + (-6)$
$= -10$

(**2**) $-8 - 6 \times 3$
$= -8 - 18$
$= -26$

(**3**) $18 - 72 \div (-9)$
$= 18 - (-8)$
$= 18 + 8$
$= 26$

(**4**) $3 \times (-7 - 5)$
$= 3 \times (-12)$
$= -36$

(**5**) $(5 - 19) \div (-2)$
$= (-14) \div (-2)$
$= 7$

(**6**) $4 \times (-2) + (-14) \div 2$
$= -8 + (-7)$
$= -8 - 7$
$= -15$

(**7**) $36 \div (-2)^2$
$= 36 \div 4$
$= 9$

(**8**) $10 - 4^2$
$= 10 - 16$
$= -6$

(**9**) $(-5)^2 + (-5^2)$
$= 25 + (-25)$
$= 0$

(**10**) $(-45) \div 3^2 + 15$
$= (-45) \div 9 + 15$
$= -5 + 15$
$= 10$

(**11**) $20 + 6 \times (7 - 10)$
$= 20 + 6 \times (-3)$
$= 20 + (-18)$
$= 2$

(**12**) $12 - 7 \times \{8 + (-9)\}$
$= 12 - 7 \times (-1)$
$= 12 - (-7)$
$= 12 + 7$
$= 19$

(**13**) $\dfrac{3}{4} + \left(-\dfrac{2}{3}\right) \div 2$
$= \dfrac{3}{4} + \left(-\dfrac{2}{3}\right) \times \dfrac{1}{2}$
$= \dfrac{3}{4} + \left(-\dfrac{1}{3}\right)$
$= \dfrac{3}{4} - \dfrac{1}{3}$
$= \dfrac{9}{12} - \dfrac{4}{12}$
$= \dfrac{5}{12}$

(**14**) $\dfrac{7}{9} - \left(-\dfrac{1}{3}\right)^2$
$= \dfrac{7}{9} - \dfrac{1}{9}$
$= \dfrac{6}{9}$
$= \dfrac{2}{3}$

4 数の集合

教科書のまとめ テスト前にチェック ✓

☑◎ **集合**

数の範囲を「自然数全体」や「整数全体」など，ある条件にあてはまるものをひとまとまりにして考えるとき，そのまとまりを**集合**という。

☑◎ **素数**

1とその数自身のほかには約数のない自然数を**素数**という。ただし，1は素数にふくめない。

☑◎ **素因数・素因数分解**

素数である約数を，もとの自然数の**素因数**といい，自然数を素因数だけの積で表すことを，その数を**素因数分解**するという。

覚 自然数の集合では，加法と乗法の計算はつねにできる。
整数の集合では，加法，減法，乗法がつねにできる。
分数で表せる数の集合では，0でわることを除いた四則がつねにできる。

注 素因数分解を利用すると，最大公約数や最小公倍数を求めることができる。

---

❶ 数の集合と四則

― 教科書 P.54 ―

QUESTION Q 次の□にどんな自然数を入れても，計算の結果がつねに自然数になるといえるでしょうか。

㋐ □+□　　㋑ □−□　　㋒ □×□　　㋓ □÷□

ガイド □にいろいろな自然数を入れてみましょう。自然数は，1，2，3，…のような正の整数です。

答え
㋐ □+□ …つねに自然数になる。
㋑ □−□ …自然数にならないときがある。(例) $3 - 5 = -2$
㋒ □×□ …つねに自然数になる。
㋓ □÷□ …自然数にならないときがある。(例) $4 ÷ 3 = \dfrac{4}{3}$

― 教科書 P.55 ―

問1 次の数は，数の集合の図で，どの部分に入りますか。前ページ(右)の図に，それぞれ書き入れなさい。

$$-16, \ 92, \ 1000, \ 0.3, \ -\dfrac{1}{60}, \ 0$$

答え 右の図

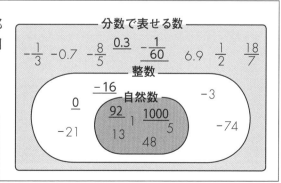

分数で表せる数

$-\dfrac{1}{3}$　-0.7　$-\dfrac{8}{5}$　$\dfrac{0.3}{}$　$-\dfrac{1}{60}$　6.9　$\dfrac{1}{2}$　$\dfrac{18}{7}$

整数

-16　　　　-3

自然数

0　$\dfrac{92}{13}$　1　$\dfrac{1000}{5}$　48

-21　　　　-74

問 2 ▷ 次の表(表は 答え 欄)で，数の範囲を左側にあげた数の集合として四則を考えます。計算がつねにできるものには○，できるとは限らないものには×を書き入れなさい。また，×の場合には，計算ができない例を1つ示しなさい。ただし，除法では，0でわることは除いて考えるものとします。

ガイド 教科書 P.54の Q では，自然数の集合について，自然数どうしの四則計算の結果が自然数になるかどうかを調べました。

ここでは，整数の集合や分数で表せる数の集合について，同じことを考えます。

自然数で，□+□，□−□，□×□，□÷□

整数で，□+□，□−□，□×□，□÷□

分数で表せる数で，□+□，□−□，□×□，□÷□

□にいろいろな数をあてはめて，結果がそれぞれの数の集合に入るかどうかを調べましょう。

答え

	加法	減法	乗法	除法
自然数	○	× 例 $2-4$	○	× 例 $1 \div 2$
整数	○	○	○	× 例 $2 \div 3$
分数で 表せる数	○	○	○	○

❷ 素数

QUESTION Q 奇数や偶数は，それぞれどのような数の集合でしょうか。ほかには，どのような数の集合が考えられるでしょうか。話し合ってみましょう。

答え │ (例) 奇数は2でわり切れない数の集合。偶数は，2でわり切れる数の集合。ほかには，3の倍数の集合など。

素数

問 1 ▷ 1から10までの自然数のうち，次の条件にあてはまる数をいいなさい。

(1) 約数が1つだけの数　　(2) 約数が2つだけある数

(3) 約数が3つだけある数　　(4) 約数が4つある数

ガイド │ 1とその数自身も約数です。

答え │ (1) 1　　(2) 2, 3, 5, 7　　(3) 4, 9　　(4) 6, 8, 10

教科書 P.56

問2 ▷ 1から20までの自然数のうち，素数をすべていいなさい。

ガイド 素数とは，1とその数自身のほかには約数のない自然数です。ただし，1は素数
にふくめません。

答え 2，3，5，7，11，13，17，19

素因数分解

教科書 P.56

 30 をいくつかの自然数の積で表してみましょう。どんな表し方があるでしょうか。

ガイド 30の約数をすべて書き出して考えてみましょう。

答え 2×15，$2 \times 3 \times 5$，3×10，5×6（1を使わない場合）

教科書 P.57

問3 ▷ 次の数を素因数分解しなさい。
(1) 24 　　　(2) 32 　　　(3) 75 　　　(4) 132

ガイド 素数で順にわっていき，商が素数になるまで続けます。

答え
(1) $24 = 2 \times 2 \times 2 \times 3 = 2^3 \times 3$ 　　　　　　答　$2^3 \times 3$
(2) $32 = 2 \times 2 \times 2 \times 2 \times 2 = 2^5$ 　　　　　　答　2^5
(3) $75 = 3 \times 5 \times 5 = 3 \times 5^2$ 　　　　　　答　3×5^2
(4) $132 = 2 \times 2 \times 3 \times 11 = 2^2 \times 3 \times 11$ 　　答　$2^2 \times 3 \times 11$

教科書 P.57

問4 ▷ ある自然数を2乗すると，1764になります。この自然数を求めなさい。

ガイド 1764を素因数分解して，その結果をもとに考えましょう。

答え $1764 = 2^2 \times 3^2 \times 7^2 = (2 \times 3 \times 7)^2 = 42^2$ 　　　　答　42

素因数分解の利用

教科書 P.58

問5 ▷ 次の数を素因数分解して，約数をすべて求めなさい。
(1) 45 　　　(2) 36

ガイド まず素因数分解して，素因数の組み合わせを考えましょう。

答え
(1) $45 = 3^2 \times 5$ 　　　　　　答　1，3，5，9，15，45
(2) $36 = 2^2 \times 3^2$ 　　　答　1，2，3，4，6，9，12，18，36

問6 次の各組の数の最大公約集を求めなさい。

(1) 60, 80　　　(2) 72, 96　　　(3) 80, 216
(6) 56, 84, 140　　(5) $2^2 \times 3$, $2 \times 3^3 \times 5$, $2^3 \times 3^3 \times 11$

答え

(1)
$\begin{array}{r} 2\,)\,\underline{60\quad 80} \\ 2\,)\,\underline{30\quad 40} \\ 5\,)\,\underline{15\quad 20} \\ 3\quad 4 \end{array}$

答 $(2^2 \times 5 =)$ 20

(2)
$\begin{array}{r} 2\,)\,\underline{72\quad 96} \\ 2\,)\,\underline{36\quad 48} \\ 2\,)\,\underline{18\quad 24} \\ 3\,)\,\underline{9\quad 12} \\ 3\quad 4 \end{array}$

答 $(2^3 \times 3 =)$ 24

(3)
$\begin{array}{r} 2\,)\,\underline{80\quad 216} \\ 2\,)\,\underline{40\quad 108} \\ 2\,)\,\underline{20\quad 54} \\ 10\quad 27 \end{array}$

答 $(2^3 =)$ 8

(4)
$\begin{array}{r} 2\,)\,\underline{56\quad 84\quad 140} \\ 2\,)\,\underline{28\quad 42\quad 70} \\ 7\,)\,\underline{14\quad 21\quad 35} \\ 2\quad 3\quad 5 \end{array}$

答 $(2^2 \times 7 =)$ 28

(5) $(2 \times 3 =)$ 6

問7 あめが84個, ガムが120個あります。このとき, 次の問いに答えなさい。

(1) できるだけ多くの生徒に, あめとガムをそれぞれ同じ数ずつ, あまりがないように分けるとすると, 何人の生徒に分けることができますか。

(2) あめとガムをそれぞれ3個のぞいて, (1)と同じように分けるとすると, 何人の生徒に分けることができますか。

ガイド
(1) あめ84個とガム120個の最大公約数を求めます。
(2) 3個差し引いた, あめ81個とガム117個の最大公約数を求めます。

答え

(1)
$\begin{array}{r} 2\,)\,\underline{84\quad 120} \\ 2\,)\,\underline{42\quad 60} \\ 3\,)\,\underline{21\quad 30} \\ 7\quad 10 \end{array}$

84と120の最大公約数は, $2^2 \times 3 = 12$

答 12人

(2) $84 - 3 = 81, 120 - 3 = 117$ より,
$\begin{array}{r} 3\,)\,\underline{81\quad 117} \\ 3\,)\,\underline{27\quad 39} \\ 9\quad 13 \end{array}$

81と117の最大公約数は, $3^2 = 9$

答 9人

問8 次の各組の数の最小公倍数を求めなさい。

(1) 16, 24　　(2) 42, 52　　(3) 12, 21, 30

答え

(1)
$\begin{array}{r} 2\,)\,\underline{16\quad 24} \\ 2\,)\,\underline{8\quad 12} \\ 2\,)\,\underline{4\quad 6} \\ 2\quad 3 \end{array}$

答 $(2^4 \times 3 =)$ 48

(2)
$\begin{array}{r} 2\,)\,\underline{42\quad 52} \\ 21\quad 26 \end{array}$

答 $(2 \times 21 \times 26) = 1092$

(3)
$\begin{array}{r} 3\,)\,\underline{12\quad 21\quad 30} \\ 2\,)\,\underline{4\quad \boxed{7}\quad 10} \\ 2\quad 7\quad 5 \end{array}$

答 $(3 \times 2^2 \times 7 \times 5 =)$ 420

問 9 ▷ 30 でわっても，75 でわってもわり切れる自然数のうちで，もっとも小さい自然数を求めなさい。

答 え

30 と 75 の最小公倍数を求めると，

$3 \times 5 \times 2 \times 5 = 150$

```
3) 30  75
5) 10  25
    2   5
```

答　150

④ 数の集合

確かめよう

1 四則の中で，自然数の集合でつねに計算できるものをいいなさい。また，整数の集合でつねに計算できるものをいいなさい。

ガイド

四則は，加法，減法，乗法，除法の 4 つです。

自然数の集合では，加法，乗法は計算できますが，減法，除法は計算できるとは限りません。例としては，$2 - 3$，$2 \div 3$ などがあげられます。

整数の集合では，加法，減法，乗法はつねに計算できますが，除法は計算できるとは限りません。例としては，$3 \div 5$ や $(-4) \div 7$ などがあげられます。

答 え

自然数の集合…加法，乗法

整数の集合…加法，減法，乗法

2 次の数で，素数はどれですか。

2, 4, 9, 11, 51, 89

ガイド

素数とは，1 とその数自身のほかには約数のない自然数です。

ただし，1 は素数にふくめません。

答 え

2, 11, 89

3 次の数を素因数分解しなさい。

(1) 40　　　(2) 84　　　(3) 144

ガイド

素因数分解とは，自然数を素因数だけの積で表すことです。

答 え

(1) $40 = 2 \times 2 \times 2 \times 5 = 2^3 \times 5$ 　　　　　　答　$2^3 \times 5$

(2) $84 = 2 \times 2 \times 3 \times 7 = 2^2 \times 3 \times 7$ 　　　　答　$2^2 \times 3 \times 7$

(3) $144 = 2 \times 2 \times 2 \times 2 \times 3 \times 3 = 2^4 \times 3^2$ 　　答　$2^4 \times 3^2$

1 章 正の数・負の数

4 次の各組の数の最大公約数を求めなさい。

(1) 36, 42　　　　(2) $2^3 \times 3^2$, $2^2 \times 3^3$

答え

(1)
$$
\begin{array}{r}
2\,)\underline{\ 36\quad 42\ } \\
3\,)\underline{\ 18\quad 21\ } \\
6\quad 7
\end{array}
$$

答　$(2 \times 3 =)$ 6

(2)　$(2^2 \times 3^2 =)$ 36

5 次の各組の数の最小公倍数を求めなさい。

(1) 60, 84　　　　(2) $2^2 \times 3$, $2 \times 3 \times 5$

答え

(1)
$$
\begin{array}{r}
2\,)\underline{\ 60\quad 84\ } \\
2\,)\underline{\ 30\quad 42\ } \\
3\,)\underline{\ 15\quad 21\ } \\
5\quad 7
\end{array}
$$

答　$(2^2 \times 3 \times 5 \times 7 =)$ 420

(2)　$(2^2 \times 3 \times 5 =)$ 60

1章のまとめの問題

教科書 P.61 〜 63

基本

1 次の □ にあてはまる数やことばをいいなさい。

(1) 2より3小さい数は □ であり，− 4 より 6 大きい数は □ である。

(2) 「いまから5年前」を − 5 年と表すとき，「いまから5年後」は □ と表すことができる。

(3) 絶対値が7である数は， □ と □ である。

(4) ある数に負の数を加えると，もとの数より □ なる。また，ある数から負の数をひくと，もとの数より □ なる。

ガイド

(1) $2 - 3 = -1$, $-4 + 6 = +2$

(3) 絶対値が同じ数は，正の数と負の数の2つあります。

答え

(1) − 1, ＋ 2

(2) ＋ 5 年

(3) ＋ 7, − 7

(4) 小さく, 大きく

2 次の各組の数の大小を，不等号を使って表しなさい。

(1) $-3, 1$　　　(2) $-6, -7$　　　(3) $4, -5, -2$

ガイド 正の数＞負の数で，正の数は絶対値が大きいほど大きく，負の数は絶対値が大きいほど小さくなります。

答え (1) $-3 < 1$　　(2) $-6 > -7$　　(3) $-5 < -2 < 4$　$(4 > -2 > -5)$

3 次の計算をしなさい。

(1) $6 + (-4)$　　　(2) $(-1) + (-9)$　　　(3) $(-7) - (+8)$

(4) $\left(-\dfrac{2}{3}\right) - \left(-\dfrac{1}{3}\right)$　　　(5) $-2 + 6 - 5 + 7$　　　(6) $3 - (+4) - (-9)$

(7) $(-8) \times (+2)$　　　(8) $\left(-\dfrac{3}{4}\right)^2$　　　(9) $0.4 \times (-0.2)$

(10) $(-28) \div (-4)$　　　(11) $9 \div (-12)$　　　(12) $\left(-\dfrac{9}{14}\right) \div \dfrac{6}{7}$

ガイド 減法では，符号の変化に注意しましょう。
乗法や除法では，積や商の符号に注意しましょう。

答え

(1) $6 + (-4)$
$= 6 - 4$
$= 2$

(2) $(-1) + (-9)$
$= -1 - 9$
$= -10$

(3) $(-7) - (+8)$
$= -7 - 8$
$= -15$

(4) $\left(-\dfrac{2}{3}\right) - \left(-\dfrac{1}{3}\right)$
$= -\dfrac{2}{3} + \dfrac{1}{3}$
$= -\dfrac{1}{3}$

(5) $-2 + 6 - 5 + 7$
$= -2 - 5 + 6 + 7$
$= -7 + 13$
$= 6$

(6) $3 - (+4) - (-9)$
$= 3 - 4 + 9$
$= 3 + 9 - 4$
$= 12 - 4$
$= 8$

(7) $(-8) \times (+2)$
$= -(8 \times 2)$
$= -16$

(8) $\left(-\dfrac{3}{4}\right)^2$
$= \left(-\dfrac{3}{4}\right) \times \left(-\dfrac{3}{4}\right)$
$= \dfrac{9}{16}$

(9) $0.4 \times (-0.2)$
$= -(0.4 \times 0.2)$
$= -0.08$

(10) $(-28) \div (-4)$
$= +(28 \div 4)$
$= 7$

(11) $9 \div (-12)$
$= -(9 \div 12)$
$= -\dfrac{3}{4}$

(12) $\left(-\dfrac{9}{14}\right) \div \dfrac{6}{7}$
$= -\left(\dfrac{9}{14} \times \dfrac{7}{6}\right)$
$= -\dfrac{3}{4}$

4 次の計算をしなさい。

(1) $-2 \times 9 \times (-5)$　　　(2) $3 \div (-6) \times 8$

(3) $9 + 2 \times (-3)$　　　(4) $-2 \times (5 - 9)$

(5) $(-6) \times 2 - 21 \div (-7)$　　　(6) $36 \div (-3^2)$

(7) $\left(\dfrac{1}{4} - \dfrac{2}{3}\right) \times 12$　　　(8) $\dfrac{5}{6} - \dfrac{1}{2} \div (-3)$

(1) $-2 \times 9 \times (-5)$
$= +(2 \times 9 \times 5)$
$= 90$

(2) $3 \div (-6) \times 8$
$= 3 \times \left(-\dfrac{1}{6}\right) \times 8$
$= -\left(3 \times \dfrac{1}{6} \times 8\right)$
$= -4$

(3) $9 + 2 \times (-3)$
$= 9 + (-6)$
$= 3$

(4) $-2 \times (5 - 9)$
$= -2 \times (-4)$
$= 8$

(5) $(-6) \times 2 - 21 \div (-7)$
$= -12 - (-3)$
$= -12 + 3$
$= -9$

(6) $36 \div (-3^2)$
$= 36 \div (-9)$
$= -4$

(7) $\left(\dfrac{1}{4} - \dfrac{2}{3}\right) \times 12$
$= \dfrac{1}{4} \times 12 - \dfrac{2}{3} \times 12$
$= 3 - 8$
$= -5$

(8) $\dfrac{5}{6} - \dfrac{1}{2} \div (-3)$
$= \dfrac{5}{6} - \dfrac{1}{2} \times \left(-\dfrac{1}{3}\right)$
$= \dfrac{5}{6} - \left(-\dfrac{1}{6}\right)$
$= \dfrac{5}{6} + \dfrac{1}{6}$
$= 1$

5 次の各組の数の最大公約数と最小公倍数を求めなさい。
(1) 32, 40　　　(2) 18, 36, 54

答え

(1)
```
2 ) 32  40
2 ) 16  20
2 )  8  10
     4   5
```
$2^3 = 8$
$2^3 \times 4 \times 5 = 160$
答　最大公約数8, 最小公倍数160

(2)
```
2 ) 18  36  54
3 )  9  18  27
3 )  3   6   9
     1   2   3
```
$2 \times 3^2 = 18$
$2 \times 3^2 \times 1 \times 2 \times 3 = 108$
答　最大公約数18, 最小公倍数108

6 次の表は，鶴岡市の 2018 年 1 月 21 日から 31 日までの最高気温と最低気温を表したものです。下の問いに答えなさい。

2018 年 1 月の鶴岡市の最高気温と最低気温

日	21	22	23	24	25	26	27	28	29	30	31
最高気温(℃)	2.5	0.9	5.6	−0.5	−0.3	−1.0	1.3	5.6	3.3	0.1	3.2
最低気温(℃)	−1.5	−2.7	−1.1	−6.7	−6.3	−5.1	−2.2	−0.3	−3.6	−3.6	−1.7

(1) 最高気温と最低気温の差がもっとも大きかったのは 1 月何日ですか。

(2) 最高気温と最低気温の差がもっとも小さかったのは 1 月何日ですか。

ガイド 11 日間の最高気温と最低気温の差を求めると，次のようになります。

2018 年 1 月の鶴岡市の最高気温と最低気温の差

日	21	22	23	24	25	26	27	28	29	30	31
最高気温と最低気温の差(℃)	4.0	3.6	6.7	6.2	6.0	4.1	3.5	5.9	6.9	3.7	4.9

答え (1) 1 月 29 日　　(2) 1 月 27 日

応用

1 次の計算をしなさい。

(1) $-6^2 - (5-8)^2$

(2) $(-4)^2 + 16 \div (-4^2)$

(3) $-\dfrac{5}{14} + \dfrac{6}{7} \times \dfrac{1}{3}$

(4) $\dfrac{1}{3} - \left(-\dfrac{7}{8}\right) \div \dfrac{7}{2}$

(5) $\dfrac{1}{8} - \left(-\dfrac{3}{4}\right)^2 \div 3$

(6) $6 \div \left(-\dfrac{3}{2}\right) + \dfrac{5}{2} \times (-4)$

答え

(1) $-6^2 - (5-8)^2$
$= -36 - (-3)^2$
$= -36 - 9$
$= -45$

(2) $(-4)^2 + 16 \div (-4^2)$
$= 16 + 16 \div (-16)$
$= 16 - 1$
$= 15$

(3) $-\dfrac{5}{14} + \dfrac{6}{7} \times \dfrac{1}{3}$
$= -\dfrac{5}{14} + \dfrac{2}{7}$
$= -\dfrac{1}{14}$

(4) $\dfrac{1}{3} - \left(-\dfrac{7}{8}\right) \div \dfrac{7}{2} = \dfrac{1}{3} - \left\{-\left(\dfrac{7}{8} \times \dfrac{2}{7}\right)\right\}$
$= \dfrac{1}{3} - \left(-\dfrac{1}{4}\right)$
$= \dfrac{4}{12} + \dfrac{3}{12} = \dfrac{7}{12}$

(5) $\dfrac{1}{8} - \left(-\dfrac{3}{4}\right)^2 \div 3$
$= \dfrac{1}{8} - \dfrac{9}{16} \times \dfrac{1}{3}$
$= \dfrac{1}{8} - \dfrac{3}{16}$
$= -\dfrac{1}{16}$

(6) $6 \div \left(-\dfrac{3}{2}\right) + \dfrac{5}{2} \times (-4)$
$= 6 \times \left(-\dfrac{2}{3}\right) + (-10)$
$= -4 - 10$
$= -14$

2 右の表(表は **答え** 欄)で，上の段は，A，B，C，D，E の 5 人の新体力テストの得点を，下の段は，C の得点を基準として，それぞれの得点を表したものです。次の問いに答えなさい。

(1) 表を完成させなさい。

(2) C の得点を基準として，5 人の得点の平均を求めなさい。ただし，答えを求めるための式も書きなさい。

答え (1)

	A	B	C	D	E
得点(点)	52	56	55	60	47
C を基準とした得点(点)	-3	+1	0	+5	-8

(2) $55 + (-3 + 1 + 0 + 5 - 8) \div 5$
$= 55 - 1$
$= 54$

答　54 点

次のそれぞれの数をすべて求めなさい。
  （1）　71 と 103 のどちらをわっても，7 あまる自然数。
  （2）　9 でわっても，15 でわっても 4 あまる自然数のうち，100 以下の自然数。

ガイド　（1）　71，103 から 7 をひいた数 64，96 の公約数で 8 以上の数を求めます。
  （2）　9 と 15 の公倍数に 4 を加えた数で 100 以下の数を求めます。

答え　（1）　71 − 7 = 64，103 − 7 = 96 で，64 と 96 の最大公約数は 32
  32 の約数のうち 8 以上の数は，8，16，32

  答　8，16，32

  （2）　9 と 15 の最小公倍数は 45
  45 + 4 = 49，45 × 2 + 4 = 94

  答　49，94

活用

１　悠さんの家では，屋根に太陽電池を設置して，太陽光による自家発電をすることにしました。悠さんは，「発電した電力と消費した電力のどちらが大きいかを調べたい」と考えました。ある 1 日の 2 時間ごとの時間帯と太陽電池によって発電した電力，消費した電力，余剰電力（発電した電力 − 消費した電力 = 余剰電力）を調べたところ，それぞれ次の表（表は **答え** 欄）のようになりました。下の問いに答えなさい。
  （1）　上の表では，発電した電力が 0 kWh になる時間帯があります。その理由を説明しなさい。
  （2）　上の表を完成させなさい。
  （3）　余剰電力がもっとも小さい時間帯と，もっとも大きい時間帯を答えなさい。
  （4）　この日 1 日で考えると，「発電した電力と消費した電力ではどちらが大きかった」かを調べる方法を説明しなさい。

ガイド　（4）　「発電した電力が消費した電力よりも大きい」ということは，「（発電した電力）−（消費した電力）の値が 0 より大きい」ということです。
  また，（発電した電力）−（消費した電力）＝（余剰電力）です。

答え　（1）　**（例）**　太陽光が太陽電池に当たっていない時間帯だから，発電した電力が 0 kWh になる。

（2）

時間帯（時）	0〜2	2〜4	4〜6	6〜8	8〜10	10〜12
発電した電力（kWh）	0	0	0.02	1.12	2.53	**3.1**
消費した電力（kWh）	0.9	**0.6**	0.8	2.4	1.6	0.8
余剰電力（kWh）	− 0.9	− 0.6	− **0.78**	− 1.28	0.93	2.3

12〜14	14〜16	16〜18	18〜20	20〜22	22〜24
2.98	2.05	1.41	**0.83**	**0**	0
0.6	1.2	**2.41**	3.46	2.74	2.2
2.38	0.85	− 1	− 2.63	− 2.74	− 2.2

＊ 1 kWh（キロワットアワー）は，1 kW を 1 時間で発電または消費した電力量のことをいう。

　(3)　もっとも小さい時間帯…20時〜22時

　　　もっとも大きい時間帯…12時〜14時

　(4)　(例)　余剰電力の合計を求めて，それが正の数か負の数かを調べれば，発

　　　電した電力と消費した電力ではどちらが大きかったかがわかる。

深めよう!　時刻がもどる?

教科書 P.65

1 ロンドンの時刻を基準としたとき，ドーハの時差とホノルルの時差を求め，正の数，負の数で表しましょう。

答え

ドーハ　　　$(-6)-(-9)=-6+9=+3$　　　　　　　**答　+3**

ホノルル　　$(-19)-(-9)=-19+9=-10$　　　　**答　-10**

2 成田発ロサンゼルス行きの飛行機が，ロサンゼルスに到着するときの東京の時刻を求めましょう。また，東京を基準としたとき，東京とロサンゼルスの時差を正の数，負の数で表しましょう。

ガイド　成田発の時刻に所要時間10時間を加えた時刻がロサンゼルス到着時の東京の時刻です。ロサンゼルス到着時刻と東京の時刻との差が時差です。

答え　ロサンゼルス到着時の東京の時刻　17時10分 + 10時間 = 27時10分

答　3月3日　3時10分

東京とロサンゼルスの時差　10時10分 - 27時10分 = - 17時間

答　- 17時間

3 次の表は，3月2日のロサンゼルス発成田行きの飛行機の時刻表です。飛行機の所要時間を求めましょう。

発地	出発	到着	所用時間	着地
ロサンゼルス	3/2 11:45	3/3 16:25		成田

答え　ロサンゼルス出発時の東京時刻は，11時45分 + 17時間 = 28時45分

したがって，3月3日の4時45分

よって，所要時間は，16時25分 - 4時45分 = 11時間40分

答　11時間40分

2章 文字式

同じ長さのストローを使って，正方形を横につないだ形をつくります。
正方形を 100 個つくるとき，ストローは何本必要でしょうか。

 美月さんは，正方形が 5 個のときのストローの本数を求めるために，次の図のように考えて式をつくりました。美月さんの考えを説明してみましょう。

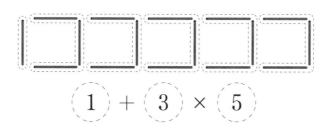

ガイド

正方形が 1 個のとき，□

正方形が 2 個のとき，□□ ＜つけ加えるストロー

正方形が 3 個のとき，□□□ ＜つけ加えるストロー

正方形が 1 個から 2 個に増えるときも，2 個から 3 個に増えるときも，つけ加えるストローの数は 3 本です。したがって，美月さんの式の「3」は，つけ加えるストローの数を表していると考えられます。

正方形が 1 個のときも同じように考えると，いちばん左側のストロー 1 本にストロー 3 本をつけ加えると正方形が 1 個できるとみることができます。したがって，美月さんの式の「1」は，いちばん左側のストローの数と考えられます。

答え

2 美月さんの考え方で，正方形が 6 個のとき，ストローの本数を求める式はどうなるでしょうか。また，正方形が 10 個のときはどうなるでしょうか。

式「1 + 3 × 5」で，正方形の数を増やしたときに変わるのは，正方形の数を表す「5」の部分です。

正方形の数が何個でも，1+3×(正方形の数)でストローの本数を求められます。

答 え

正方形が 6 個のとき … 1 + 3 × 6
正方形が 10 個のとき … 1 + 3 × 10

教科書 P.67

3 拓真さんは，正方形が 5 個のときのストローの本数を求めるために，次の図のように考えて式をつくりました。拓真さんの考えを説明してみましょう。

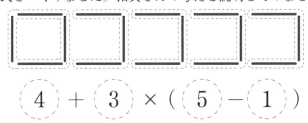

ガ イ ド

1 個目の正方形にストローは 4 本必要で，2 個目からは，正方形を 1 個増やすごとにストローは 3 本ずつ必要になります。

答 え

(例)

教科書 P.67

4 美月さんと拓真さんの式で，正方形の数が変わるとどこの数値が変わるでしょうか。また，それぞれの考え方で，正方形が 100 個のときのストローの本数を求める式を書いてみましょう。

答 え

美月さん　1 + 3 × □
拓真さん　4 + 3 × (□ − 1)
正方形の数が変わると，**□の部分の数値が変わる。**
正方形が 100 個のときのストローの本数を求める式
美月さん…1 + 3 × 100
拓真さん…4 + 3 × (100 − 1)

教科書 P.67

5 美月さんや拓真さんとは別の考え方で，ストローの本数を求める式をつくりましょう。また，その考え方を説明してみましょう。

ストローの図に色をつけたり，線でかこんだりして考えてみましょう。
正方形の数が増えると，どのようにストローの本数が増えるかを考えます。

答 え

(例)

①

$$2 \quad × \quad 5 \quad + \quad 6$$

上下のストロー

正方形の数

縦のストロー
（正方形の数＋1）

②

$$4 \quad × \quad 5 \quad - \quad 4$$

1個目の正方形
のストロー

2度数えたストロー
（正方形の数－1）

正方形の数

③

$$3 \quad × \quad 5 \quad + \quad 1$$

ストロー3本

いちばん右
のストロー

正方形の数

[1] 文字式

教科書のまとめ テスト前にチェック ✓

☑ ◎ 文字式
　文字を使って表した式を**文字式**という。

☑ ◎ 式の値
　式の中の文字を数でおきかえることを，文字にその数を**代入**するといい，代入して計算した結果を，その**式の値**という。

☑ ◎ 積の表し方
　文字式の積の表し方には，次のきまりがある。
① 文字式では，乗法の記号×を省く。
② 数と文字の積では，数を文字の前に書く。

☑ ◎ 累乗の表し方
　同じ文字の積は，累乗の指数を使って表す。

☑ ◎ 商の表し方
　文字式の商の表し方には，次のきまりがある。
　文字式では，除法の記号÷を使わずに，分数の形で表す。

注 ① $b × a$ のような文字どうしの積では，ふつう，アルファベット順にして，ab と表す。
② $1 × a$ は，$1a$ とはせずに，1を省いて a と表す。
③ $(-1) × a$ は，$-1a$ とはせずに，$-a$ と表す。
④ $0.1 × a$ は，$0.a$ とはせずに，$0.1a$ と表す。

注 文字でわる場合，その文字は0でないものとする。

注 ① $x ÷ 3$ は $x × \frac{1}{3}$ と同じことなので，$\frac{x}{3}$ は $\frac{1}{3}x$ と表すこともある。

② ①と同じように，$\frac{a+b}{2}$ は $\frac{1}{2}(a+b)$ と表すこともある。

❶ 文字を使った式

教科書 P.68

QUESTION Q. (教科書)66，67 ページの問題で，正方形の個数を増やしていくとき，ストローの本数を求める式はどうなるでしょうか。美月さんの考え方を使って考えてみましょう。

ガイド 正方形の個数を 1 個ずつ増やしていったときに，式のどの部分が変わるかに注目しましょう。

答え $1 + (3 \times 1)$，$1 + (3 \times 2)$，$1 + (3 \times 3)$，…のようになり，式の中で数が変わるところができる。

教科書 P.69

問 1 前ページ(教科書 P.68)のストローの本数を求める式で，正方形が 20 個，30 個のときのストローの本数を，それぞれ求めなさい。

ガイド $1 + 3 \times a$ の式で，a が 20，30 の場合を計算します。

答え 正方形が 20 個のとき，$1 + 3 \times 20 = 61$ **答 61 本**
正方形が 30 個のとき，$1 + 3 \times 30 = 91$ **答 91 本**

教科書 P.69

問 2 (教科書)66，67 ページの問題で，拓真さんの考え方を使うと，正方形が a 個のときのストローの本数を求める式は $4 + 3 \times (a - 1)$ となります。次の ☐ にあてはまる数や式を入れて，説明を完成させなさい。(説明は **答え** 欄)

ガイド 最初の正方形をつくったあと，2 番目の正方形をつくるのに必要なストローの本数を考えます。

答え

最初の正方形はストローが 4 本必要であるが，2 番目の正方形からは，ストローを 3 本ずつ加えていけばよい。正方形は全部で a 個であるから，最初の 1 個を除いた正方形の個数は（ $a-1$ ）個である。したがって，ストローの本数を求める式は，$4 + 3 \times (a - 1)$

a 個
（ $a-1$ ）個

教科書 P.69

問 3 問 2(教科書 P.69)の式で，正方形が 20 個，30 個のときのストローの本数を，それぞれ求めなさい。また，問 1 で求めた値と比べなさい。

ガイド 問2で考えた式 $4 + 3 \times (a - 1)$ で，a が 20，30 の場合を考えます。

答え 20個のとき…$4 + 3 \times (20 - 1) = 61$ 　　　　　　　　　　　　　答　**61本**
30個のとき…$4 + 3 \times (30 - 1) = 91$ 　　　　　　　　　　　　　答　**91本**
　　　　　　　　　　　　　　　　　　　　この値は，問1で求めた値と等しい。

教科書 P.69

問 4 問2（教科書P.69）の考え方で，正方形が a 個のとき，ストローの本数は何本と表すことができますか。また，$a = 100$ のときの式の値を求めなさい。このとき，求めた式の値は何を表していますか。

答え $\{4 + 3 \times (a - 1)\}$本
$a = 100$ のとき　$4 + 3 \times (100 - 1) = 301$　　**301本**
正方形が100個のときのストローの本数を表している。

教科書 P.70

問 5 例1（教科書P.70）で，荷物が1個12kgのときの重さの合計を求めなさい。

ガイド 例1で表された式 $a \times 5$ で，a が 12 の場合を考えます。

答え $12 \times 5 = 60$ 　　　　　　　　　　　　　　　　　　　　　答　**60 kg**

教科書 P.70

問 6 次の数量を，文字式で表しなさい。
(1) 1個 x 円の品物8個を買ったときの代金
(2) 千円札1枚で a 円の品物を買ったときのおつり
(3) 長さ x m のテープを4等分したときの1本分の長さ

ガイド (1) （代金）=（単価）×（個数）
　　　単価が x 円で，個数が8個です。
(2) （おつり）=（出したお金）-（品物の値段）
　　　出したお金が1000円で，品物の値段が a 円です。
(3) （1本分の長さ）=（全体の長さ）÷ 4
　　　全体の長さが x m です。

答え (1) $(x \times 8)$円　　(2) $(1000 - a)$円　　(3) $(x \div 4)$m

教科書 P.70

問 7 例2（教科書P.70）で，$a = 5$，$b = 3$ のときの式の値を求めなさい。また，それはどんなことを表していますか。

ガイド $60 \times a + 100 \times b$ の式に，$a = 5$，$b = 3$ を代入します。

答え $60 \times 5 + 100 \times 3 = 300 + 300 = 600$ 　　　　　　　　　答　**600円**
1本60円の鉛筆5本と1冊100円のノート3冊を買ったときの代金の合計

問 8 ▷ 次の数量を，文字式で表しなさい。
(1) 80円の色鉛筆 x 本と30円の画用紙 y 枚を買ったときの代金の合計
(2) 1個 a g のおもり3個と1個 b g のおもり1個の重さの合計

ガイド
(1) （代金の合計）＝（80円の色鉛筆 x 本の代金）＋（30円の画用紙 y 枚の代金）
　　80円の鉛筆 x 本の代金は，$(80 \times x)$ 円
　　30円の画用紙 y 枚の代金は，$(30 \times y)$ 円
(2) （重さの合計）＝（a g のおもり3個の重さ）＋（b g のおもり1個の重さ）
　　a g のおもり3個の重さは，$(a \times 3)$ g
　　b g のおもり1個の重さは，$(b \times 1)$ g
(1)，(2)とも2つの数量を合計します。

答え
(1) $(80 \times x + 30 \times y)$ 円　　(2) $(a \times 3 + b \times 1)$ g，または $(a \times 3 + b)$ g

❷ 文字式の表し方

◀ 積の表し方 ▶

問 1 ▷ 次の式を，文字式の表し方にしたがって表しなさい。
(1) $12 \times x$　　　　(2) $a \times 7$　　　　(3) $(-5) \times a$
(4) $y \times \dfrac{2}{3}$　　　(5) $x \times 0.4$　　　(6) $y \times 10 \times x$
(7) $(a-b) \times (-8)$　　(8) $x \times 6 - 3$　　(9) $x \times 2 + 3 \times y$

ガイド
文字式の積の表し方のきまりや，注意することは，次のようになっています。
① 乗法の記号×を省く。
② 数と文字の積では，数を文字の前に書く。
③ $(a-b)$ はひとまとまりと見て，（　）はそのままにする。
④ 文字どうしの積では，ふつう，アルファベット順に書く。

答え
(1) $12x$　(2) $7a$　　　(3) $-5a$　　　(4) $\dfrac{2}{3}y$　　(5) $0.4x$
(6) $10xy$　(7) $-8(a-b)$　(8) $6x-3$　　(9) $2x+3y$

問 2 ▷ 次の式を，文字式の表し方にしたがって表しなさい。
(1) $x \times 1$　　　　　(2) $a \times (-1) \times b$　　(3) $y \times (-0.1)$

ガイド
(1) $1 \times a$ は，$1a$ とは書かずに，1を省いて a と表す。
(2) $(-1) \times a$ は，$-1a$ とは書かずに，$-a$ と表す。
(3) $0.1 \times a$ は，$0.a$ とは書かずに，$0.1a$ と表す。

答え
(1) x　　　(2) $-ab$　　(3) $-0.1y$

教科書 P.72

問 3 〉 次の数量を，文字式の表し方にしたがって表しなさい。
(1) 長さ 2 m の紙テープ x 本の長さの合計
(2) 1 個 a kg の荷物 1 個と 1 個 b kg の荷物 5 個の重さの合計

ガイド 文字の部分を数におきかえて考えるとわかりやすいです。乗法の記号×を使って表してから，文字式の積の表し方にしたがって書き直しましょう。

答え
(1) $2 \times x = 2x$ 　　　答 $2x$ m
(2) $a \times 1 + b \times 5 = a + 5b$
　　　　　　答 $(a + 5b)$ kg

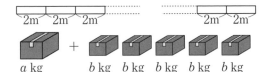
a kg 　 b kg　b kg　b kg　b kg　b kg

累乗の表し方

教科書 P.72

Q. 次の数量を，文字式で表してみましょう。
(1) 1 辺 a cm の正方形の面積
(2) 1 辺 a cm の立方体の体積

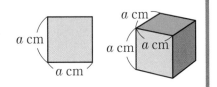

ガイド
(1) （正方形の面積）=（1 辺）×（1 辺）
(2) （立方体の体積）=（1 辺）×（1 辺）×（1 辺）

答え
(1) $(a \times a)$ cm^2 　　　　(2) $(a \times a \times a)$ cm^3

教科書 P.72

問 4 〉 次の式を，累乗の指数を使って表しなさい。
(1) $a \times 7 \times a$ 　　　　(2) $x \times x \times (-2) \times x$
(3) $x \times y \times y \times x \times y$

ガイド 数は文字の前に書きます。同じ文字の積は累乗の指数を使って，$a \times a$ は a^2，$a \times a \times a$ は a^3 のように書きます。

答え
(1) $7a^2$ 　　　　(2) $-2x^3$ 　　　　(3) $x^2 y^3$

教科書 P.72

問 5 〉 次の式を，乗法の記号×を使って表しなさい。また，$a = \dfrac{1}{3}$ のときの式の値を求めなさい。
(1) $-12a$ 　　　　(2) $9a - 2$

ガイド 数と文字の間の×が省かれています。

答え
(1) $(-12) \times a$ 　　$(-12) \times \dfrac{1}{3} = -4$
(2) $9 \times a - 2$ 　　$9 \times \dfrac{1}{3} - 2 = 3 - 2 = 1$

問6 次の式を，乗法の記号×使って表しなさい。また，$a = -4$，$b = 2$のときの式の値を求めなさい。

(1) $-a$　　　(2) a^2　　　(3) $3a + 5b$　　　(4) $2a - 4b^2$

ガイド　数と文字，文字と文字の間の×が省かれています。
文字の累乗は，例えば$a^2 = a \times a$，$a^3 = a \times a \times a$です。

答え
(1) $(-1) \times a$　　$(-1) \times (-4) = 4$
(2) $a \times a$　　$(-4) \times (-4) = 16$
(3) $3 \times a + 5 \times b$　　$3 \times (-4) + 5 \times 2 = -12 + 10 = -2$
(4) $2 \times a - 4 \times b \times b$　　$2 \times (-4) - 4 \times 2 \times 2 = -8 - 16 = -24$

商の表し方

問7 次の式を，文字式の表し方にしたがって表しなさい。

(1) $x \div 6$　　　(2) $a \div b$　　　(3) $(x - y) \div 5$　　　(4) $a \div (-7)$

ガイド
(3) $(x - y)$の（ ）の中を1つの数と考えます。分数の形にするときは，（ ）をとります。
(4) $-$の符号は，分数の前に書きます。

答え
(1) $\dfrac{x}{6}$　　　(2) $\dfrac{a}{b}$　　　(3) $\dfrac{x - y}{5}$　　　(4) $-\dfrac{a}{7}$

問8 次の式を，除法の記号 $\div$ を使って表しなさい。また，$x = -3$，$y = 2$のときの式の値を求めなさい。

(1) $\dfrac{x}{7}$　　　(2) $\dfrac{x + y}{3}$　　　(3) $\dfrac{x}{9} - \dfrac{y}{5}$

ガイド　分子や分母が和や差の形になっているときは，（ ）をつけましょう。

答え
(1) $x \div 7$　　$(-3) \div 7 = -\dfrac{3}{7}$
(2) $(x + y) \div 3$　　$(-3 + 2) \div 3 = (-1) \div 3 = -\dfrac{1}{3}$
(3) $x \div 9 - y \div 5$　　$(-3) \div 9 - 2 \div 5 = -\dfrac{1}{3} - \dfrac{2}{5} = -\dfrac{5}{15} - \dfrac{6}{15} = -\dfrac{11}{15}$

問9 次の数量を，文字式の表し方にしたがって表しなさい。

(1) 長さamのテープを5等分したときの1本分の長さ
(2) 面積20 cm²，縦x cm の長方形の横の長さ
(3) 3つの荷物の重さが，それぞれa kg，b kg，c kg のとき，これらの荷物の重さの平均

ガイド

(1)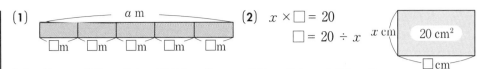

a m

□m □m □m □m □m

(2) $x × □ = 20$

$□ = 20 ÷ x$

x cm 20 cm²

□cm

(3) （3つの荷物の重さの平均）＝（3つの荷物の重さの合計）÷ 3

答え

(1) $a ÷ 5 = \dfrac{a}{5}$　　　答 $\dfrac{a}{5}$ m　　　(2) $20 ÷ x = \dfrac{20}{x}$　　　　答 $\dfrac{20}{x}$ cm

(3) $(a + b + c) ÷ 3 = \dfrac{a + b + c}{3}$　　答 $\dfrac{a + b + c}{3}$ kg

いろいろな数量の表し方

── 教科書 P.74 ──

問10 ▷ 例4（教科書 P.74）で，12分間歩いたとき，駅までの残りの道のりを求めなさい。

ガイド　例4で求めた式 $1500 - 70a$ で，a が12の場合を考えます。

答え　$1500 - 70 × 12 = 660$　　　　　　　答　660 m

── 教科書 P.74 ──

問11 ▷ 次の数量を，文字式で表しなさい。

(1) 分速60 m で a 分間歩いたときの道のり

(2) x km の道のりを時速4 km で歩いたときにかかる時間

(3) 1200 m の道のりを a 分間で歩いたときの速さ

(4) 自動車に乗って 140 km の道のりを走るとき，時速 x km で2時間走ったときの残りの道のり

ガイド

(1) （道のり）＝（速さ）×（時間）　分速は 60 m で，時間は a 分間です。

(2) （時間）＝（道のり）÷（速さ）　道のりが x km で，速さが時速4 km です。

(3) （速さ）＝（道のり）÷（時間）　道のりが 1200 m で，時間が a 分間です。

(4)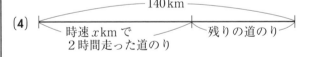

├──────── 140 km ────────┤

時速 x km で　　残りの道のり
2時間走った道のり

答え

(1) $60 × a = 60a$（m）　　　　　　　　　　　　答　$60a$ m

(2) $x ÷ 4 = \dfrac{x}{4}$（時間）　　　　　　　　　答　$\dfrac{x}{4}$ 時間

(3) $1200 ÷ a = \dfrac{1200}{a}$（m/min）

　　　　　　　　　答 $\dfrac{1200}{a}$ m/min $\left(分速\dfrac{1200}{a} \text{m}\right)$

(4) $140 - x × 2 = 140 - 2x$（km）　　　　答　$(140 - 2x)$ km

── 教科書 P.75 ──

問12 ▷ ある花火大会で，家から花火を見ていたら，花火が見えてからちょうど2秒後に音が聞こえてきました。その日の気温が30℃のとき，音の速さを求めなさい。また，家から花火までの距離（きょり）を求めなさい。

| ガイド | 気温が t℃のときの音の速さは，$(331.5 + 0.6t)$ m/s で求めることができます。 |

| 答 え | 気温が30℃のときの音の速さは，$331.5 + 0.6 \times 30 = 349.5$(m/s)　**答　349.5 m/s** |
| | 家から花火までの距離は，$349.5 \times 2 = 699$(m)　　　　　　　　　　**答　699 m** |

教科書 P.75

問13 ▷ 例6（教科書P.75）で，入場者が1400人のとき，水族館を訪れた子どもは何人ですか。

| ガイド | 例6で求めた式 $\frac{31}{100}x$ で，x が1400の場合を考えます。 |

| 答 え | $\frac{31}{100} \times 1400 = 434$　　　　　　　　　　　　　　　　　　　**答　434人** |

教科書 P.75

問14 ▷ 次の数量を文字式で表しなさい。
(1) x g の 12%　　　　　(2) y 円の 8%　　　　　(3) a 人の3割

| ガイド | (1) 12%… $\frac{12}{100} = \frac{3}{25}$，0.12　(2) 8%… $\frac{8}{100} = \frac{2}{25}$，0.08　(3) 3割… $\frac{3}{10}$，0.3 |

| 答 え | (1) $\frac{3}{25}x$ g $(0.12x$ g$)$　(2) $\frac{2}{25}y$ 円 $(0.08y$ 円$)$　(3) $\frac{3}{10}a$ 人 $(0.3a$ 人$)$ |

教科書 P.75

問15 ▷ 次の問いに答えなさい。
(1) 平成30年の国内での米の収穫量第1位は新潟県で，全収穫量の約8.1%でした。全収穫量を x t としたとき，新潟県の米の収穫量は約何 t ですか。
(2) ある店で，定価の2割引きセールを行っています。このとき，定価 a 円の品物はいくらで買うことができますか。
(3) ある中学校の昨年度の生徒数は x 人で，今年度は昨年度に比べ生徒数が3%増えました。今年度の生徒数は何人ですか。

ガイド	(1) （新潟県の米の収穫量）＝（全収穫量）$\times \frac{8.1}{100}$
	(2) （売っている値段）＝（定価）$\times \left(1 - \frac{2}{10}\right)$
	(3) （今年度の生徒数）＝（昨年度の生徒数）$\times \left(1 + \frac{3}{100}\right)$

答 え	(1) $x \times \frac{8.1}{100} = x \times \frac{81}{1000} = \frac{81}{1000}x$　　　**答　$\frac{81}{1000}x$ t　$(0.081x$ t$)$**
	(2) $a \times \left(1 - \frac{2}{10}\right) = \frac{4}{5}a$　　　　　　　　　**答　$\frac{4}{5}a$ 円　$(0.8a$ 円$)$**
	(3) $x \times \left(1 + \frac{3}{100}\right) = \frac{103}{100}x$　　　　　　　**答　$\frac{103}{100}x$ 人　$(1.03x$ 人$)$**

問 16 ▷ 次の図形の面積を，文字式で表しなさい。

(1) 底辺 a cm，
高さ h cm の三角形

(2) 上底 a cm，下底 b cm，
高さ h cm の台形

(3) 2本の対角線が a cm，
b cm のひし形

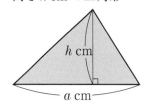 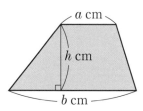 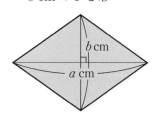

ガイド

三角形や台形の面積の公式に文字をあてはめてみましょう。

(1) （三角形の面積）＝（底辺）×（高さ）÷ 2
                    ↓   ↓
                  a cm h cm

$$a \times h \div 2 = \frac{ah}{2} \quad \left(= \frac{1}{2}ah\right)$$

(2) （台形の面積）＝（上底 ＋ 下底）×（高さ）÷ 2
                   ↓   ↓   ↓
                 a cm b cm h cm

$$(a + b) \times h \div 2 = \frac{(a + b)h}{2} \quad \left(= \frac{1}{2}(a + b)h\right)$$

(3) （ひし形の面積）＝（対角線）×（対角線）÷ 2
                       ↓   ↓
                     a cm b cm

$$a \times b \div 2 = \frac{ab}{2} \quad \left(= \frac{1}{2}ab\right)$$

答え

(1) $\frac{ah}{2}$ cm² $\left(\frac{1}{2}ah \text{ cm}^2\right)$

(2) $\frac{(a + b)h}{2}$ cm² $\left(\frac{1}{2}(a + b)h \text{ cm}^2\right)$

(3) $\frac{ab}{2}$ cm² $\left(\frac{1}{2}ab \text{ cm}^2\right)$

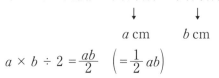

式の表す数量

問 17 ▷ 例 8（教科書 P.76）で，$5\,x$ 円，$(x + 14\,y)$ 円は，それぞれどんな数量を表していますか。

ガイド

$5\,x$ 円は大人 5 人の入園料，$(x + 14\,y)$ 円は大人 1 人と中学生 14 人の入園料の合計ということになります。

答え

$5\,x$ 円…大人 5 人の入園料

$(x + 14\,y)$ 円…大人 1 人と中学生 14 人の入園料の合計

問 18 　家から図書館までの道のりのうち，はじめの a m は分速 250 m で自転車で走り，残りの b m は分速 40 m で歩きました。このとき，次の式はどんな数量を表していますか。また，その単位をいいなさい。

(1) $a + b$　　　　　　　　(2) $\dfrac{a}{250} + \dfrac{b}{40}$

ガイド

(1) a m は，自転車で走った道のりを，b m は，歩いた道のりを表しています。

(2) $\dfrac{a}{250}$ 分は，自転車で走った時間を，$\dfrac{b}{40}$ 分は，歩いた時間を表しています。

答え

(1) 家から図書館までの道のり，単位…m

(2) 家から図書館まで行くのにかかった時間，単位…分

問 19 　右の図のような長方形の土地があります。次の式は，この長方形のどんな数量を表していますか。また，その単位をいいなさい。

(1) $3a$　　　(2) $2a + 6$　　　(3) $a + a + 3 + 3$

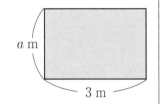

a m

3 m

ガイド

(1) a m は長方形の縦の長さ，3 m は長方形の横の長さを表しています。$3a$ は，$a \times 3$ で，（縦の長さ）×（横の長さ）ですから，長方形の面積を表しています。単位は，面積の単位 m² です。

(2) $2a + 6$ は，縦の長さ 2 つ分と横の長さ 2 つ分の合計を表しています。これは，長方形の周りの長さです。単位は，長さの単位 m です。

(3) $a + a + 3 + 3$ は，長方形の 4 つの辺の長さの合計なので，(2)と同じく長方形の周りの長さを表しています。単位は，長さの単位 m です。

答え

(1) 面積，単位…m²

(2) 周りの長さ，単位…m

(3) 周りの長さ，単位…m

 Tea Break

a^1 や a^0 はあるのかな？ 発展

☕ a^{-1} のように累乗の指数が -1 のとき，どんな数を表しているか考えてみましょう。ただし，$a \neq 0$ とします。

ガイド a^{-1} は，a^0 を a でわったものと考えられます。

答え $1 \div a = \dfrac{1}{a}$ 　　　　　　　　　　　　　　答 $\dfrac{1}{a}$

確かめよう

教科書 P.78

---

1 次の式を，文字式の表し方にしたがって表しなさい。

(1) $x \times 5$ (2) $\left(-\dfrac{1}{4}\right) \times a$

(3) $(x - y) \times 6$ (4) $(-1) \times x \times y$

(5) $y \times 4 \times y$ (6) $2 \times x + y \times 8$

(7) $a \div 9$ (8) $(a + b) \div 5$

ガイド

(1) 数を文字の前に書いて，×を省きます。
(2) （ ）を省きます。
(3) 数を$(x - y)$の前に書いて，×を省きます。
(4) 1と×を省きます。
(5) 同じ文字の積は，累乗の指数を使って表します。
(6) ＋を省くことはできません。
(7) ÷は分数の形にします。
(8) 分子の（ ）を省きます。

答え

(1) $5x$ (2) $-\dfrac{1}{4}a$ $\left(-\dfrac{a}{4}\right)$ (3) $6(x - y)$ (4) $-xy$

(5) $4y^2$ (6) $2x + 8y$ (7) $\dfrac{a}{9}$ $\left(\dfrac{1}{9}a\right)$ (8) $\dfrac{a + b}{5}$ $\left(\dfrac{1}{5}(a + b)\right)$

---

2 次の数量を，文字式で表しなさい。

(1) 1個5kgの荷物a個の重さ
(2) xLの水を，3人で等分したときの1人分の水の量
(3) a人の班が4つとb人の班が7つあるときの人数の合計
(4) 分速70mでx分間歩いたときの道のり
(5) 全校生徒x人の47%が女子であるときの女子の人数

ガイド

文字で考えるのがわかりにくいときは，具体的な数におきかえて，×や÷を使って表してみましょう。

答え

(1) $5 \times a = 5a$ 答 $5a$ kg

(2) $x \div 3 = \dfrac{x}{3}$ $\left(\dfrac{1}{3}x\right)$ 答 $\dfrac{x}{3}$ L $\left(\dfrac{1}{3}x\text{ L}\right)$

(3) $a \times 4 + b \times 7 = 4a + 7b$ 答 $(4a + 7b)$人

(4) $70 \times x = 70x$ 答 $70x$ m

(5) $x \times \dfrac{47}{100} = \dfrac{47}{100}x$ $(0.47x)$ 答 $\dfrac{47}{100}x$ 人 $(0.47x$ 人$)$

---

3 $a = -3$ のとき，次の式の値を求めなさい。

(1) $-4a$ (2) $a^2 - 2$ (3) $5a + 1$

ガイド a に -3 を代入して計算します。負の数を代入するときは，（　）をつけます。
(2) （　）をつけずに $a^2 = -3^2$ と書くのは，誤りです。

答え

(1) $-4a$
$= -4 \times (-3)$
$= 12$

(2) $a^2 - 2$
$= (-3)^2 - 2$
$= (-3) \times (-3) - 2$
$= 9 - 2$
$= 7$

(3) $5a + 1$
$= 5 \times (-3) + 1$
$= -15 + 1$
$= -14$

---

4 $x = 10$, $y = -7$ のとき，$2x - 3y$ の値を求めなさい。

ガイド x と y に，それぞれ 10，-7 を代入して計算します。

答え

$2x - 3y$
$= 2 \times 10 - 3 \times (-7)$
$= 20 + 21$
$= 41$

---

5 1000 円を持って買い物に行き，a 円の品物を 5 個買いました。このとき，次の式はどんな数量を表していますか。

(1) $5a$ 円   (2) $(1000 - 5a)$ 円

ガイド 数や文字の表す意味をよく考えましょう。
(1) $5a$ 円……$5a = a \times 5$

$\qquad\qquad\qquad \downarrow \qquad \searrow$
$\qquad\qquad\qquad a$ 円　5 個

a 円の品物 5 個の代金を表しています。
(2) $(1000 - 5a)$ 円……$1000 - 5a$

$\qquad\qquad\qquad\qquad\quad \downarrow \qquad\qquad \searrow 5a$ 円(買った品物の代金の合計)
$\qquad\qquad\qquad\qquad 1000$ 円(持って行ったお金)

1000 円から買った品物の代金の合計をひくと，おつり(残金)になります。

答え
(1) 買った品物の代金の合計
(2) おつり(残金)

[2] 式の計算

教科書のまとめ テスト前にチェック✓

☑️ ◎ 項と係数

$2a+6$という式で，加法の記号＋で結ばれた$2a$, 6を，この式の**項**という。

また，文字をふくむ項$2a$で，数の部分2をaの**係数**という。

☑️ ◎ 1次の項と1次式

$2a$や$-3x$のように，1つの文字と正の数や負の数との積で表される項を**1次の項**という。

$2a+6$のように，1次の項と数の項との和の式や，$2a$のように，1次の項だけの式を**1次式**という。

☑️ ◎ 1次式の加法・減法

1次式の加法では，2つの式の同じ文字の項どうし，数の項どうしをそれぞれまとめて，1つの1次式をつくる。

1次式の減法では，ひく式の各項の符号を変えて，加法に直して計算すればよい。

☑️ ◎ 1次式と数の乗法

項が2つの1次式と数の乗法は，数の乗法と同じように，分配法則を使って計算することができる。

$$a(b+c)=ab+ac \qquad (a+b)c=ac+bc$$

☑️ ◎ 1次式を数でわる除法

1次式を数でわる除法では，除法を乗法に直して計算するか，分数の形に直して計算すればよい。

☑️ ◎ 文字式の利用

文字式を利用することで，いろいろな考え方を文字式で表したり，1つの式にまとめたりすることができる。

注 項xで，xの係数は1
　項$-x$で，xの係数は-1
　項$\dfrac{x}{2}$で，xの係数は$\dfrac{1}{2}$

注 $8x^2$は，$8 \times x \times x$であり，文字が2つなので，1次の項ではなく，2次の項である。

注 1次式 $\dfrac{3a-7}{7x}$ 1次の項

注 縦書きの計算のしかた

$$\begin{array}{r} 3a+2 \\ +)\ 2a-5 \\ \hline 5a-3 \end{array} \qquad \begin{array}{r} 3a+2 \\ -)\ 2a-5 \\ \hline \downarrow \end{array}$$

$$\begin{array}{r} 3a+2 \\ +)\ -2a+5 \\ \hline a+7 \end{array}$$

注 $\dfrac{3}{2}x$のように係数が仮分数のときは，係数は仮分数のままにしておく。

74 教科書 P.79〜86

❶ 1次式の計算

項と係数

教科書 P.79

> **QUESTION Q** (教科書)77ページの問19⑵と⑶の式を比べてみましょう。どんなことがわかるでしょうか。
>
> ⑵ $2a + 6$　　　　　　　　　　⑶ $a + a + 3 + 3$

ガイド $2a$ は，a が2つあることで，$6 = 3 + 3$ です。

答え $2a + 6 = a + a + 3 + 3$　　　　　　　答　⑵と⑶は同じことを表している。

教科書 P.79

問1 次の式の項をいいなさい。また，文字をふくむ項の係数をいいなさい。

⑴ $5a - 20$　　⑵ $-9a + 8$　　⑶ $4 - x$　　⑷ $\dfrac{x}{2} + 7$

ガイド 加法の式に直して考えましょう。
係数は，文字をふくむ項を，数×文字の形に直して考えましょう。

⑶ $-x = (-1) \times x$　　　　　　⑷ $\dfrac{x}{2} = \dfrac{1}{2} \times x$

答え
⑴ $5a - 20 = 5a + (-20)$　　項…$5a$, -20　　項$5a$で，aの係数…5
⑵ $-9a + 8$　　　　　　　　　項…$-9a$, 8　　項$-9a$で，aの係数…-9
⑶ $4 - x = 4 + (-x)$　　　　　項…4, $-x$　　項$-x$で，xの係数…-1
⑷ $\dfrac{x}{2} + 7$　　　　　　　　　項…$\dfrac{x}{2}$, 7　　項$\dfrac{x}{2}$で，xの係数…$\dfrac{1}{2}$

教科書 P.79

問2 次の式のうち，1次式はどれですか。
㋐ $-8x$　　㋑ $x^2 + 1$　　㋒ $2a + 8$　　㋓ $\dfrac{2}{5}a - 7$

ガイド 1次式は，1次の項と数の項との和の式や，1次の項だけの式です。文字をふくむ項が1次の項かどうかを調べましょう。1次の項は，1つの文字と正，負の数との積です。

㋐ $-8x = (-8) \times x$…1次の項
㋑ $x^2 = x \times x$なので，文字が2つあり，1次の項ではありません。
㋒ $2a + 8 = 2 \times a + 8$…1次の項と数の項との和
㋓ $\dfrac{2}{5}a - 7 = \dfrac{2}{5} \times a + (-7)$…1次の項と数の項との和

答え ㋐, ㋒, ㋓

2章 文字式

教科書 P.79

75

問 3 ▷ 次の式を計算しなさい。

(1) $5x + 2x$　　　　(2) $9a - 6a$　　　　(3) $-7b + b$

(4) $-y - 4y$　　　　(5) $0.4x + 0.6x$　　　(6) $\dfrac{4}{5}a - \dfrac{1}{5}a$

ガイド

同じ文字をふくむ項は，分配法則によって1つの項にまとめましょう。
(3) b の係数は1，(4) $-y$ の係数は -1　なので注意しましょう。

答 え

(1) $5x + 2x$
$= (5 + 2)x$
$= 7x$

(2) $9a - 6a$
$= (9 - 6)a$
$= 3a$

(3) $-7b + b$
$= (-7 + 1)b$
$= -6b$

(4) $-y - 4y$
$= (-1 - 4)y$
$= -5y$

(5) $0.4x + 0.6x$
$= (0.4 + 0.6)x$
$= 1x = x$

(6) $\dfrac{4}{5}a - \dfrac{1}{5}a$
$= \left(\dfrac{4}{5} - \dfrac{1}{5}\right)a = \dfrac{3}{5}a$

問 4 ▷ 大和さんは，$4x + 1 - x + 5$ の計算を右のように しました。この計算は正しいですか。誤りがあれば， その箇所を示し，理由を説明しなさい。

正しいかな？

$4x + 1 - x + 5$
$= 4x - x + 1 + 5$
$= 3x + 6$
$= 9x$

ガイド

文字の項と数だけの項は，1つにまとめることはできません。

答 え

4行目が誤り。

(理由)　文字の項と数だけの項は1つにまとめられないので，3行目の $3x + 6$ が計算の答えになる。

問 5 ▷ 次の式を計算しなさい。

(1) $4x + 7 + 5x + 8$　　　　(2) $-3a + 5 + 9a - 2$

(3) $2x - 12 - 6x + 15$　　　(4) $-a + 2 - 3 - 8a$

ガイド

項を並べかえて，文字の項どうし，数の項どうしをそれぞれまとめます。

答 え

(1) $4x + 7 + 5x + 8$
$= 4x + 5x + 7 + 8$
$= (4 + 5)x + 7 + 8$
$= 9x + 15$

(2) $-3a + 5 + 9a - 2$
$= -3a + 9a + 5 - 2$
$= (-3 + 9)a + 5 - 2$
$= 6a + 3$

(3) $2x - 12 - 6x + 15$
$= 2x - 6x - 12 + 15$
$= (2 - 6)x - 12 + 15$
$= -4x + 3$

(4) $-a + 2 - 3 - 8a$
$= -a - 8a + 2 - 3$
$= (-1 - 8)a + 2 - 3$
$= -9a - 1$

76

1 次式どうしの加法・減法

教科書 P.81

Q 姉のリボンから a cm の長さをとろうとすると 7 cm たらず，妹のリボンから a cm の長さを 2 回とると 5 cm あまります。このとき，次のことを考えてみましょう。

(1) 2 人のリボンを合わせると何 cm になるでしょうか。

(2) 妹のリボンは姉のリボンより何 cm 長いでしょうか。

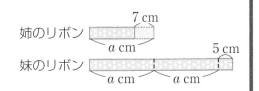

姉のリボン 7 cm, a cm

妹のリボン a cm, a cm, 5 cm

ガイド 姉のリボンは $(a-7)$ cm，妹のリボンは $(2a+5)$ cm です。2 人のリボンの和と差がどうなるか，図を使って考えてみましょう。

答え

(1) 2 人のリボンを合わせると，a cm の長さ 3 つ分より 2 cm 短くなるので，
$(3a-2)$ cm

(2) 妹のリボンから姉のリボンをひくと，a cm の長さ 1 つ分より 12 cm 長くなるので，
$(a+12)$ cm 長い

教科書 P.81

問 6 次の計算をしなさい。

(1) $(5x-4)+(3x-6)$

(2) $(2x+9)+(4x-3)$

(3) $(3a+5)+(-2a+8)$

(4) $(-7a-1)+(a+4)$

(5) $(-7+5x)+(2-5x)$

(6) $\left(\dfrac{3}{5}x-\dfrac{2}{3}\right)+\left(\dfrac{2}{5}x+\dfrac{1}{3}\right)$

ガイド かっこをはずして，2 つの式の同じ文字の項どうし，数の項どうしをそれぞれまとめます。項を並べかえるとき，項の符号ごと移動するように注意しましょう。

答え

(1) $(5x-4)+(3x-6)$
$=5x-4+3x-6$
$=5x+3x-4-6$
$=8x-10$

(2) $(2x+9)+(4x-3)$
$=2x+9+4x-3$
$=2x+4x+9-3$
$=6x+6$

(3) $(3a+5)+(-2a+8)$
$=3a+5-2a+8$
$=3a-2a+5+8$
$=a+13$

(4) $(-7a-1)+(a+4)$
$=-7a-1+a+4$
$=-7a+a-1+4$
$=-6a+3$

(5) $(-7+5x)+(2-5x)$
$=-7+5x+2-5x$
$=5x-5x-7+2$
$=-5$

(6) $\left(\dfrac{3}{5}x-\dfrac{2}{3}\right)+\left(\dfrac{2}{5}x+\dfrac{1}{3}\right)$
$=\dfrac{3}{5}x-\dfrac{2}{3}+\dfrac{2}{5}x+\dfrac{1}{3}$
$=\dfrac{3}{5}x+\dfrac{2}{5}x-\dfrac{2}{3}+\dfrac{1}{3}$
$=x-\dfrac{1}{3}$

問 7 ▷ 次の計算をしなさい。

(1) $(7x + 2) - (3x - 1)$ (2) $(x - 8) - (2x - 5)$

(3) $(-4a + 9) - (a + 3)$ (4) $(5a + 6) - (-2a + 6)$

(5) $(7 - x) - (2x + 8)$ (6) $\left(\dfrac{1}{3}x - 2\right) - \left(\dfrac{1}{2}x - 5\right)$

ガイド
答え

減法を加法に直すとき，ひく式の各項の符号が変わることに気をつけましょう。

(1) $(7x + 2) - (3x - 1)$
$= (7x + 2) + (-3x + 1)$
$= 7x + 2 - 3x + 1$
$= 4x + 3$

(2) $(x - 8) - (2x - 5)$
$= (x - 8) + (-2x + 5)$
$= x - 8 - 2x + 5$
$= -x - 3$

(3) $(-4a + 9) - (a + 3)$
$= (-4a + 9) + (-a - 3)$
$= -4a + 9 - a - 3$
$= -5a + 6$

(4) $(5a + 6) - (-2a + 6)$
$= (5a + 6) + (2a - 6)$
$= 5a + 6 + 2a - 6$
$= 7a$

(5) $(7 - x) - (2x + 8)$
$= (7 - x) + (-2x - 8)$
$= 7 - x - 2x - 8$
$= -3x - 1$

(6) $\left(\dfrac{1}{3}x - 2\right) - \left(\dfrac{1}{2}x - 5\right)$
$= \left(\dfrac{1}{3}x - 2\right) + \left(-\dfrac{1}{2}x + 5\right)$
$= \dfrac{1}{3}x - 2 - \dfrac{1}{2}x + 5$
$= \dfrac{2}{6}x - \dfrac{3}{6}x - 2 + 5$
$= -\dfrac{1}{6}x + 3$

項が1つの1次式と数の乗法・除法

問 8 ▷ 次の計算をしなさい。

(1) $6x \times 2$ (2) $(-7) \times 2y$ (3) $-3a \times 4$

(4) $-b \times (-9)$ (5) $10 \times 0.8x$ (6) $\dfrac{3}{2}a \times 6$

ガイド
答え

乗法の交換法則を用いて，数どうしの計算をします。

(1) $6x \times 2$
$= 6 \times x \times 2$
$= 6 \times 2 \times x$
$= 12x$

(2) $(-7) \times 2y$
$= (-7) \times 2 \times y$
$= -14y$

(3) $-3a \times 4$
$= -3 \times a \times 4$
$= -3 \times 4 \times a$
$= -12a$

(4) $-b \times (-9)$
$= (-1) \times b \times (-9)$
$= (-1) \times (-9) \times b$
$= 9b$

(5) $10 \times 0.8x$
$= 10 \times 0.8 \times x$
$= 8x$

(6) $\dfrac{3}{2}a \times 6$
$= \dfrac{3}{2} \times a \times 6$
$= \dfrac{3}{2} \times 6 \times a = 9a$

問 9 ▷ 次の計算をしなさい。

(1) $8x \div 2$　　　(2) $12x \div (-4)$　　　(3) $-10x \div (-5)$

(4) $-a \div 5$　　　(5) $9x \div 12$　　　(6) $15x \div \left(-\dfrac{3}{2}\right)$

ガイド

教科書P.82 例7［方法①］のように乗法に直して計算するか，［方法②］のように分数の形に直して計算します。

答え

［方法①］

(1) $8x \div 2$
$= 8x \times \dfrac{1}{2}$
$= 8 \times \dfrac{1}{2} \times x$
$= 4x$

(2) $12x \div (-4)$
$= 12x \times \left(-\dfrac{1}{4}\right)$
$= 12 \times \left(-\dfrac{1}{4}\right) \times x$
$= -3x$

(3) $-10x \div (-5)$
$= -10x \times \left(-\dfrac{1}{5}\right)$
$= (-10) \times \left(-\dfrac{1}{5}\right) \times x$
$= 2x$

(4) $-a \div 5$
$= -a \times \dfrac{1}{5}$
$= (-1) \times \dfrac{1}{5} \times a$
$= -\dfrac{1}{5}a \left(-\dfrac{a}{5}\right)$

(5) $9x \div 12$
$= 9x \times \dfrac{1}{12}$
$= 9 \times \dfrac{1}{12} \times x$
$= \dfrac{3}{4}x \left(\dfrac{3x}{4}\right)$

(6) $15x \div \left(-\dfrac{3}{2}\right)$
$= 15x \times \left(-\dfrac{2}{3}\right)$
$= 15 \times \left(-\dfrac{2}{3}\right) \times x$
$= -10x$

［方法②］

(1) $8x \div 2$
$= \dfrac{\overset{4}{8}x}{\underset{1}{2}}$
$= 4x$

(2) $12x \div (-4)$
$= -\dfrac{\overset{3}{12}x}{\underset{1}{4}}$
$= -3x$

(3) $-10x \div (-5)$
$= \dfrac{\overset{2}{10}x}{\underset{1}{5}}$
$= 2x$

(4) $-a \div 5$
$= -\dfrac{a}{5} \left(-\dfrac{1}{5}a\right)$

(5) $9x \div 12$
$= \dfrac{\overset{3}{9}x}{\underset{4}{12}}$
$= \dfrac{3x}{4} \left(\dfrac{3}{4}x\right)$

項が2つの1次式と数の乗法・除法

Q 縦2cm，横 x cmのタイルと縦2cm，横4cmのタイルを並べたときの面積は，どのように求めたらよいでしょうか。

ガイド

図のように，1つの長方形と考えて表した式と，2つの長方形の和と考えて表した式は等しいので，数の乗法と同じように，分配法則が成り立ちます。

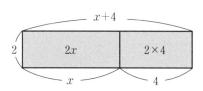

答え

$2(x + 4) = 2 \times x + 2 \times 4 = 2x + 8$　　　　　**答** $(2x + 8)$ cm²

問10▷ 次の計算をしなさい。

(1) $5(x + 2)$　　　　(2) $-2(4x + 5)$　　　　(3) $(1 - 6x) \times 3$

(4) $(a - 4) \times (-6)$　　　　(5) $-(-9x + 8)$　　　　(6) $\dfrac{2}{3}(9y + 6)$

ガイド　分配法則を使ってかっこをはずします。

答え

(1) $5(x + 2)$
$= 5 \times x + 5 \times 2$
$= 5x + 10$

(2) $-2(4x + 5)$
$= (-2) \times 4x + (-2) \times 5$
$= -8x - 10$

(3) $(1 - 6x) \times 3$
$= 1 \times 3 + (-6x) \times 3$
$= 3 - 18x$

(4) $(a - 4) \times (-6)$
$= a \times (-6) + (-4) \times (-6)$
$= -6a + 24$

(5) $-(-9x + 8)$
$= (-1) \times (-9x + 8)$
$= (-1) \times (-9x) + (-1) \times 8$
$= 9x - 8$

(6) $\dfrac{2}{3}(9y + 6)$
$= \dfrac{2}{3} \times 9y + \dfrac{2}{3} \times 6$
$= 6y + 4$

問11▷ 次の計算をしなさい。

(1) $\dfrac{3x + 1}{2} \times 4$　　　　(2) $12 \times \dfrac{x - 3}{4}$

ガイド　約分をしたあと，分配法則を使ってかっこをはずします。

答え

(1) $\dfrac{3x + 1}{2} \times 4 = \dfrac{(3x + 1) \times 4}{2}$
$= (3x + 1) \times 2$
$= 6x + 2$

(2) $12 \times \dfrac{x - 3}{4} = \dfrac{12 \times (x - 3)}{4}$
$= 3(x - 3)$
$= 3x - 9$

問12▷ 次の計算をしなさい。

(1) $(2x + 6) \div 2$　　(2) $(12a - 8) \div (-4)$　　(3) $(10x - 5) \div \dfrac{5}{2}$

ガイド　教科書 P.84 例10 のように，乗法に直して計算しましょう。

答え

(1) $(2x + 6) \div 2$
$= (2x + 6) \times \dfrac{1}{2}$
$= 2x \times \dfrac{1}{2} + 6 \times \dfrac{1}{2}$
$= x + 3$

(2) $(12a - 8) \div (-4)$
$= (12a - 8) \times \left(-\dfrac{1}{4}\right)$
$= 12a \times \left(-\dfrac{1}{4}\right) + (-8) \times \left(-\dfrac{1}{4}\right)$
$= -3a + 2$

(3) $(10x - 5) \div \dfrac{5}{2}$
$= (10x - 5) \times \dfrac{2}{5}$
$= 10x \times \dfrac{2}{5} + (-5) \times \dfrac{2}{5}$
$= 4x - 2$

問 13 ▷ 真央さんは，$(8x - 3) \div 2$ の計算を，右のように，分数の形に直して行いました。この計算は正しいですか。誤りがあれば，正しく直しなさい。

正しいかな？

$$(8x - 3) \div 2$$
$$= \frac{\overset{4}{\cancel{8}}x - 3}{\underset{1}{\cancel{2}}}$$
$$= 4x - 3$$

ガイド 約分するためには，分子の $8x$ だけでなく，-3 も 2 でわらなければならないので，この計算は誤りです。

答 え 正しくない。

$$(8x - 3) \div 2 = (8x - 3) \times \frac{1}{2} = 8x \times \frac{1}{2} + (-3) \times \frac{1}{2} = 4x - \frac{3}{2}$$

いろいろな計算

問 14 ▷ 次の計算をしなさい。

(1) $(6x + 1) + 3(x + 2)$ (2) $2(-a + 6) + 4(a - 3)$

(3) $-3(3x - 5) + 7(2x - 1)$ (4) $2(a + 5) - 8(a + 1)$

(5) $6(x - 2) - 2(3x - 7)$ (6) $-(a - 8) - 5(-2a + 4)$

ガイド 分配法則を使ってかっこをはずし，文字の項どうし，数の項どうしをそれぞれまとめます。

(4)～(6) 減法なので，かっこをはずすときは，符号に注意します。

(6) $-(a - 8)$ は，$(-1) \times (a - 8)$ と考えます。

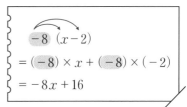

$$-8\ (x - 2)$$
$$= (-8) \times x + (-8) \times (-2)$$
$$= -8x + 16$$

答 え

(1) $(6x + 1) + 3(x + 2)$
$= 6x + 1 + 3x + 6$
$= 9x + 7$

(2) $2(-a + 6) + 4(a - 3)$
$= -2a + 12 + 4a - 12$
$= 2a$

(3) $-3(3x - 5) + 7(2x - 1)$
$= -9x + 15 + 14x - 7$
$= 5x + 8$

(4) $2(a + 5) - 8(a + 1)$
$= 2a + 10 - 8a - 8$
$= -6a + 2$

(5) $6(x - 2) - 2(3x - 7)$
$= 6x - 12 - 6x + 14$
$= 2$

(6) $-(a - 8) - 5(-2a + 4)$
$= -a + 8 + 10a - 20$
$= 9a - 12$

問 15 ▷ 次の計算をしなさい。

(1) $\frac{1}{2}(6x + 4) + \frac{1}{3}(6x - 3)$ (2) $\frac{2}{3}(9a - 6) - \frac{1}{2}(2a - 10)$

ガイド 分配法則を使って，かっこをはずします。約分のしかたに気をつけましょう。

(**1**) $\dfrac{1}{2}(6x + 4) + \dfrac{1}{3}(6x - 3)$

$= \dfrac{1}{2} \times 6x + \dfrac{1}{2} \times 4 + \dfrac{1}{3} \times 6x + \dfrac{1}{3} \times (-3)$

$= 3x + 2 + 2x - 1 = \mathbf{5x + 1}$

(**2**) $\dfrac{2}{3}(9a - 6) - \dfrac{1}{2}(2a - 10)$

$= \dfrac{2}{3} \times 9a + \dfrac{2}{3} \times (-6) + \left(-\dfrac{1}{2}\right) \times 2a + \left(-\dfrac{1}{2}\right) \times (-10)$

$= 6a - 4 - a + 5 = \mathbf{5a + 1}$

❷ 文字式の利用

教科書 P.85

QUESTION Q (教科書)66, 67 ページの問題で，正方形が 5 個のときのストローの本数を，大和さん，真央さんはそれぞれ次のような式をつくって求めました。2 人の考え方を説明してみましょう。

大和さんの考え　式　$6 + 5 \times 2$

真央さんの考え　式　$4 \times 5 - 4$

ガイド　図のストローの色のちがいに注目して考えましょう。

答 え

大和　$6 + 5 \times 2$　縦のストローは正方形の数より 1 本多い 6 本あって，横のストローは正方形の数の 2 倍の 10 本ある。
（灰）（赤）

真央　$4 \times 5 - 4$　正方形を別々につくったと考えると，$4 \times 5 = 20$（本）あって，2 度数えたストローの本数 4 本をひく。

教科書 P.85

1 大和さんの考え方で，正方形が a 個のときのストローの本数を求める式をつくります。□にあてはまる数や式を入れ，式のつくり方を説明してみましょう。（説明は 答え 欄）

ガイド　縦向きのストローと横向きのストローに分けてそれぞれの求め方を考えます。

答え

a 個

縦向きに並べたストローは，正方形の個数に1を加えた本数だから，

（ $a+1$ ）本，横向きに並べたストローは， a 本ずつ上下2列並べている

から， $2a$ 本必要である。したがって，ストローの本数を求める式は，次のようになる。

　　式　 $(a+1)+2a$

教科書 P.86

② 真央さんの考え方で，正方形が a 個のときのストローの本数を求める式をつくってみましょう。また，式のつくり方を説明してみましょう。

a 個

ガイド　1つ1つの正方形を別々につくった場合を考えてから，2度数えたストローの本数をひきます。

 答え　（例）　正方形1つを4本のストローでつくると考えると，正方形 a 個では，ストローは $4a$ 本必要である。正方形の辺が重なる部分は，2度数えているので，その分をひく必要がある。重なる辺の数は，$(a-1)$ なので，ストローの本数を求める式は，$4a-(a-1)$ となる。

教科書 P.86

③ (教科書)68ページの **Q** の美月さんや(教科書)69ページの問2の拓真さんの考え方では，正方形が a 個のときのストローの本数を求める式は，それぞれ次(右)のようになりました。

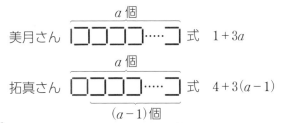

美月さん　式　 $1+3a$

a 個

拓真さん　式　 $4+3(a-1)$

$(a-1)$ 個

拓真さんの式，**①** の大和さんの式，**②** の真央さんの式をそれぞれ計算し，その結果を美月さんの式と比べてみましょう。

ガイド　文字式の計算のきまりにしたがって計算しましょう。

答え　拓真さん　 $4+3(a-1)=4+3a-3=3a+1$
　　大和さん　 $(a+1)+2a=a+1+2a=3a+1$
　　真央さん　 $4a-(a-1)=4a-a+1=3a+1$
　　美月さんの式は $1+3a$ なので，計算の結果は，どれも美月さんの式と同じになる。

2章 文字式

教科書 P.85～86

83

4 次(右)のように，同じ長さのストローを使って，正三角形を
横につないだ形をつくります。正三角形を a 個つくるとき，
ストローは何本必要でしょうか。いろいろな考え方で式をつ
くってみましょう。

| ガイド | 教科書85ページ，86ページの大和さん，真央さん，美月さん，拓真さんの考え
方を参考にしましょう。 |

| 答え | **(例)**・大和さんと同じ考え　$(a + 1) + a$
・真央さんと同じ考え　$3a - (a - 1)$
・美月さんと同じ考え　$1 + 2a$
・拓真さんと同じ考え　$3 + 2(a - 1)$ |

5 ストローの本数を文字式を利用して考えると，どんなよさがあると考えられるでしょ
うか。これまでに学んだことをふりかえって，まとめてみましょう。

| ガイド | **4**で求めた式を計算すると，どれも $2a + 1$ になります。 |

| 答え | **(例)**　文字式を利用すると，自分の考えを簡潔に表現したり，相手にわかりやす
く伝えたりすることができる。また，文字式の計算で式をより簡単にするこ
とができる。 |

 2 式の計算

確かめよう

1 次の式の項をいいなさい。また，文字をふくむ項の係数をいいなさい。

(1) $-5x + 9$ 　　　　　　　　　　　(2) $\dfrac{a}{3} - 5$

| ガイド | 項には，文字をふくむ項と数だけの項があります。文字をふくむ項で，数の部分
を係数といいます。 |

| 答え | (1) **項**…$-5x$，9　**項** $-5x$ で，x の係数…-5
(2) **項**…$\dfrac{a}{3}$，-5　**項** $\dfrac{a}{3}$ で，a の係数…$\dfrac{1}{3}$ |

2 次の計算をしなさい。
(1) $2a - 9a$ 　　　　　　　　　(2) $4x + x$
(3) $3a - 7 + 6a - 1$ 　　　　　　(4) $-x + 9 + 5x - 2$

| ガイド | 1つの式の中に同じ文字をふくむ項があるときは，分配法則を使って，それらを
1つの項にまとめることができます。
また，数だけの項は数だけの項でまとめます。 |

答え

(1) $2a - 9a$
$= (2 - 9)a$
$= -7a$

(2) $4x + x$
$= (4 + 1)x$
$= 5x$

(3) $3a - 7 + 6a - 1$
$= 3a + 6a - 7 - 1$
$= (3 + 6)a - 7 - 1$
$= 9a - 8$

(4) $-x + 9 + 5x - 2$
$= -x + 5x + 9 - 2$
$= (-1 + 5)x + 9 - 2$
$= 4x + 7$

---

3 次の計算をしなさい。

(1) $(3a + 1) + (5a - 8)$

(2) $(2x - 4) + (-x + 6)$

(3) $(x - 7) - (-8x + 3)$

(4) $(-3a - 5) - (-9a - 7)$

答え

(1) $(3a + 1) + (5a - 8)$
$= 3a + 1 + 5a - 8$
$= 8a - 7$

(2) $(2x - 4) + (-x + 6)$
$= 2x - 4 - x + 6$
$= x + 2$

(3) $(x - 7) - (-8x + 3)$
$= (x - 7) + (8x - 3)$
$= x - 7 + 8x - 3$
$= 9x - 10$

(4) $(-3a - 5) - (-9a - 7)$
$= (-3a - 5) + (9a + 7)$
$= -3a - 5 + 9a + 7$
$= 6a + 2$

---

4 次の計算をしなさい。

(1) $4a \times (-2)$

(2) $(-6) \times (-5x)$

(3) $2(3x - 7)$

(4) $(x - 8) \times (-3)$

(5) $\dfrac{2x - 1}{3} \times 6$

(6) $(-18a) \div 6$

(7) $4x \div 10$

(8) $(20a - 12) \div 4$

ガイド

数と1次式の積は，分配法則を使ってかっこをはずします。符号に注意しましょう。

$$a(b + c) = ab + ac$$

答え

(1) $4a \times (-2)$
$= 4 \times a \times (-2)$
$= 4 \times (-2) \times a$
$= -8a$

(2) $(-6) \times (-5x)$
$= (-6) \times (-5) \times x$
$= 30x$

(3) $2(3x - 7)$
$= 2 \times 3x + 2 \times (-7)$
$= 6x - 14$

(4) $(x - 8) \times (-3)$
$= x \times (-3) + (-8) \times (-3)$
$= -3x + 24$

(5) $\dfrac{2x - 1}{3} \times 6$
$= \dfrac{(2x - 1) \times 6}{3}$
$= (2x - 1) \times 2$
$= 4x - 2$

(6) $(-18a) \div 6$
$= (-18a) \times \dfrac{1}{6}$
$= (-18) \times \dfrac{1}{6} \times a$
$= -3a$

(7) $4x \div 10$
$= 4x \times \dfrac{1}{10}$
$= 4 \times \dfrac{1}{10} \times x$
$= \dfrac{2}{5}x$

(8) $(20a - 12) \div 4$
$= (20a - 12) \times \dfrac{1}{4}$
$= 20a \times \dfrac{1}{4} + (-12) \times \dfrac{1}{4}$
$= 5a - 3$

5 次の計算をしなさい。

(1) $2(3a - 4) + 3(a + 2)$

(2) $6(5x + 3) + 4(-7x - 4)$

(3) $7(x + 2) - 4(2x - 5)$

(4) $-2(-3a + 1) - 5(a - 8)$

答え

(1) $2(3a - 4) + 3(a + 2)$
$= 6a - 8 + 3a + 6$
$= 9a - 2$

(2) $6(5x + 3) + 4(-7x - 4)$
$= 30x + 18 - 28x - 16$
$= 2x + 2$

(3) $7(x + 2) - 4(2x - 5)$
$= 7x + 14 - 8x + 20$
$= -x + 34$

(4) $-2(-3a + 1) - 5(a - 8)$
$= 6a - 2 - 5a + 40$
$= a + 38$

▶式の計算

計算力を高めよう 3

教科書 P.88

no.1 1次式

(1) $4a + 3a$

(2) $8a - 6a$

(3) $-2x - 4x$

(4) $9a - 10a$

(5) $-2x + 7x$

(6) $4a + 6 + a + 3$

(7) $-5x + 10 + 3x - 9$

(8) $7 - 8a - a + 6$

(9) $2.7x - 1.4x$

(10) $\dfrac{2}{3}y + \dfrac{5}{6}y$

答え

(1) $4a + 3a$
$= (4 + 3)a$
$= 7a$

(2) $8a - 6a$
$= (8 - 6)a$
$= 2a$

(3) $-2x - 4x$
$= (-2 - 4)x$
$= -6x$

(4) $9a - 10a$
$= (9 - 10)a$
$= -a$

(5) $-2x + 7x$
$= (-2 + 7)x$
$= 5x$

(6) $4a + 6 + a + 3$
$= 4a + a + 6 + 3$
$= 5a + 9$

(7) $-5x + 10 + 3x - 9$
$= -5x + 3x + 10 - 9$
$= -2x + 1$

(8) $7 - 8a - a + 6$
$= -8a - a + 7 + 6$
$= -9a + 13$

(9) $2.7x - 1.4x$
$= (2.7 - 1.4)x$
$= 1.3x$

(10) $\dfrac{2}{3}y + \dfrac{5}{6}y$
$= \dfrac{4}{6}y + \dfrac{5}{6}y$
$= \dfrac{9}{6}y$
$= \dfrac{3}{2}y$

no. 2 1次式の加法・減法

(1) $(6x + 2) + (2x - 9)$ (2) $(5 - 6x) + (9x - 7)$ (3) $\left(\dfrac{4}{9}x - \dfrac{5}{3}\right) + \left(\dfrac{5}{9}x + \dfrac{4}{3}\right)$

(4) $(7x + 4) - (5x - 1)$ (5) $(-2y + 8) - (3y + 6)$ (6) $(14 - a) - (-9 - a)$

(7) $\left(\dfrac{1}{4}y + 6\right) - \left(-\dfrac{1}{2}y - 3\right)$

答え

(1) $(6x + 2) + (2x - 9)$
$= 6x + 2 + 2x - 9$
$= 8x - 7$

(2) $(5 - 6x) + (9x - 7)$
$= 5 - 6x + 9x - 7$
$= 3x - 2$

(3) $\left(\dfrac{4}{9}x - \dfrac{5}{3}\right) + \left(\dfrac{5}{9}x + \dfrac{4}{3}\right)$
$= \dfrac{4}{9}x - \dfrac{5}{3} + \dfrac{5}{9}x + \dfrac{4}{3}$
$= x - \dfrac{1}{3}$

(4) $(7x + 4) - (5x - 1)$
$= 7x + 4 - 5x + 1$
$= 2x + 5$

(5) $(-2y + 8) - (3y + 6)$
$= -2y + 8 - 3y - 6$
$= -5y + 2$

(6) $(14 - a) - (-9 - a)$
$= 14 - a + 9 + a$
$= 23$

(7) $\left(\dfrac{1}{4}y + 6\right) - \left(-\dfrac{1}{2}y - 3\right)$
$= \dfrac{1}{4}y + 6 + \dfrac{1}{2}y + 3$
$= \dfrac{3}{4}y + 9$

no. 3 1次式と数の乗法・除法

(1) $9a \times 3$ (2) $(-5) \times 8x$ (3) $-0.6y \times 4$

(4) $12 \times \dfrac{4}{3}a$ (5) $15y \div 5$ (6) $21a \div (-3)$

(7) $(-8x) \div 20$ (8) $10a \div \dfrac{5}{12}$ (9) $-3(a + 7)$

(10) $(6x - 5) \times 4$ (11) $\dfrac{1}{2}(8a - 6)$ (12) $\dfrac{12x - 5}{4} \times 8$

(13) $(10x - 35) \div 5$ (14) $(-6a + 9) \div (-3)$ (15) $(12x + 4) \div \dfrac{2}{3}$

答え

(1) $9a \times 3$
$= 9 \times a \times 3$
$= 27a$

(2) $(-5) \times 8x$
$= (-5) \times 8 \times x$
$= -40x$

(3) $-0.6y \times 4$
$= (-0.6) \times y \times 4$
$= -2.4y$

(4) $12 \times \dfrac{4}{3}a$
$= 12 \times \dfrac{4}{3} \times a$
$= 16a$

(5) $15y \div 5$
$= \dfrac{15y}{5}$
$= 3y$

(6) $21a \div (-3)$
$= -\dfrac{21a}{3}$
$= -7a$

(7) $(-8x) \div 20$
$= (-8x) \times \dfrac{1}{20}$
$= -\dfrac{2}{5}x$

(8) $10a \div \dfrac{5}{12}$
$= 10a \times \dfrac{12}{5}$
$= 24a$

(9) $-3(a + 7)$
$= (-3) \times a + (-3) \times 7$
$= -3a - 21$

(10) $(6x - 5) \times 4$
$= 6x \times 4 + (-5) \times 4$
$= 24x - 20$

(11) $\dfrac{1}{2}(8a - 6)$
$= \dfrac{1}{2} \times 8a + \dfrac{1}{2} \times (-6)$
$= 4a - 3$

(12) $\dfrac{12x - 5}{4} \times 8$
$= \dfrac{(12x - 5) \times 8}{4}$
$= (12x - 5) \times 2$
$= 24x - 10$

(13) $(10x - 35) \div 5$
$= (10x - 35) \times \dfrac{1}{5}$
$= 10x \times \dfrac{1}{5} + (-35) \times \dfrac{1}{5}$
$= 2x - 7$

(14) $(-6a + 9) \div (-3)$
$= (-6a + 9) \times \left(-\dfrac{1}{3}\right)$
$= -6a \times \left(-\dfrac{1}{3}\right) + 9 \times \left(-\dfrac{1}{3}\right)$
$= 2a - 3$

(15) $(12x + 4) \div \dfrac{2}{3} = (12x + 4) \times \dfrac{3}{2}$
$= 12x \times \dfrac{3}{2} + 4 \times \dfrac{3}{2}$
$= 18x + 6$

---

no.4 いろいろな計算

(1) $4x + 5(2x - 7)$
(2) $7(2a - 1) + 6(-3a + 2)$
(3) $-(4a + 7) + 3(a + 5)$
(4) $9x - 2(x - 8)$
(5) $8(y - 1) - (7y + 2)$
(6) $-5(x - 1) - 4(2x + 1)$
(7) $6(2a + 4) - 8(3 - a)$
(8) $\dfrac{1}{4}(x - 8) + \dfrac{1}{2}(x - 4)$
(9) $\dfrac{1}{9}(3x + 7) - \dfrac{1}{3}(x + 2)$

答え

(1) $4x + 5(2x - 7)$
$= 4x + 10x - 35$
$= 14x - 35$

(2) $7(2a - 1) + 6(-3a + 2)$
$= 14a - 7 - 18a + 12$
$= -4a + 5$

(3) $-(4a + 7) + 3(a + 5)$
$= -4a - 7 + 3a + 15$
$= -a + 8$

(4) $9x - 2(x - 8)$
$= 9x - 2x + 16$
$= 7x + 16$

(5) $8(y - 1) - (7y + 2)$
$= 8y - 8 - 7y - 2$
$= y - 10$

(6) $-5(x - 1) - 4(2x + 1)$
$= -5x + 5 - 8x - 4$
$= -13x + 1$

(7) $6(2a + 4) - 8(3 - a)$
$= 12a + 24 - 24 + 8a$
$= 20a$

(8) $\dfrac{1}{4}(x - 8) + \dfrac{1}{2}(x - 4)$
$= \dfrac{1}{4}x - 2 + \dfrac{1}{2}x - 2$
$= \dfrac{1}{4}x + \dfrac{2}{4}x - 2 - 2$
$= \dfrac{3}{4}x - 4$

(9) $\dfrac{1}{9}(3x + 7) - \dfrac{1}{3}(x + 2)$
$= \dfrac{1}{3}x + \dfrac{7}{9} - \dfrac{1}{3}x - \dfrac{2}{3}$
$= \dfrac{1}{3}x - \dfrac{1}{3}x + \dfrac{7}{9} - \dfrac{6}{9}$
$= \dfrac{1}{9}$

2章のまとめの問題

基本

---

1 次の式を，文字式の表し方にしたがって表しなさい。
(1) $x \times x \times 8$　(2) $7 \div x$　(3) $5 \times a + 1 \times b$　(4) $(x - 1) \div 2$

ガイド 数は文字の前に，同じ文字の積は累乗の形に，除法は分数の形にします。

答え (1) $8x^2$　(2) $\dfrac{7}{x}$　(3) $5a + b$　(4) $\dfrac{x-1}{2}$ $\left(\dfrac{1}{2}(x-1) \right)$

---

2 次の数量を，文字式で表しなさい。
(1) 1個 a 円の品物 7 個と 1 個 b 円の品物 3 個を買ったときの代金の合計
(2) x L の水があるとき，その 20%の水の量
(3) 10 km の道のりを，時速 3 km で x 時間歩いたときの残りの道のり
(4) 長さ a m のテープを，b 本に等しく分けたときの 1 本分の長さ

答え
(1) $a \times 7 + b \times 3 = 7a + 3b$　　　　　　　　　答 $(7a + 3b)$円

(2) $x \times \dfrac{20}{100} = \dfrac{1}{5}x$ $\left(\dfrac{x}{5}, \ 0.2x \right)$　　答 $\dfrac{1}{5}x$ L $\left(\dfrac{x}{5} \text{L}, \ 0.2x \text{L} \right)$

(3) $10 - 3 \times x = 10 - 3x$　　　　　　　　答 $(10 - 3x)$ km

(4) $a \div b = \dfrac{a}{b}$　　　　　　　　　　　　答 $\dfrac{a}{b}$ m

---

3 $x = -9$, $y = 2$ のとき，次の式の値を求めなさい。
(1) $2x + 8$　(2) $4x^2$　(3) $3x + 5y$　(4) $6y - x$

答え
(1) $2x + 8$	(2) $4x^2$	(3) $3x + 5y$	(4) $6y - x$
$= 2 \times (-9) + 8$	$= 4 \times (-9)^2$	$= 3 \times (-9) + 5 \times 2$	$= 6 \times 2 - (-9)$
$= -18 + 8$	$= 4 \times 81$	$= -27 + 10$	$= 12 + 9$
$= -10$	$= 324$	$= -17$	$= 21$

---

4 次の計算をしなさい。
(1) $-5x + 7x$　　　　　　　　(2) $x + 9 - 4x - 1$
(3) $a - \dfrac{2}{5}a$　　　　　　　(4) $(-3a + 7) + (2a - 4)$
(5) $(x - 1) - (3x - 4)$　　　(6) $7a \times (-8)$
(7) $3 \times 0.2x$　　　　　　　(8) $(-8x) \div \dfrac{4}{3}$
(9) $(-2x + 8) \times \dfrac{1}{2}$　　　(10) $(-8x + 20) \div (-4)$
(11) $3a - 2(a + 1)$　　　　(12) $4(4x - 3) + 2(5 - 6x)$

(1)　$-5x + 7x$
$= 2x$

(2)　$x + 9 - 4x - 1$
$= x - 4x + 9 - 1$
$= -3x + 8$

(3)　$a - \dfrac{2}{5}a = \left(1 - \dfrac{2}{5}\right)a$
$= \dfrac{3}{5}a$

(4)　$(-3a + 7) + (2a - 4)$
$= -3a + 7 + 2a - 4$
$= -a + 3$

(5)　$(x - 1) - (3x - 4)$
$= x - 1 - 3x + 4$
$= -2x + 3$

(6)　$7a \times (-8)$
$= -56a$

(7)　$3 \times 0.2x$
$= 0.6x$

(8)　$(-8x) \div \dfrac{4}{3}$
$= (-8x) \times \dfrac{3}{4}$
$= -6x$

(9)　$(-2x + 8) \times \dfrac{1}{2}$
$= (-2x) \times \dfrac{1}{2} + 8 \times \dfrac{1}{2}$
$= -x + 4$

(10)　$(-8x + 20) \div (-4)$
$= (-8x + 20) \times \left(-\dfrac{1}{4}\right)$
$= 2x - 5$

(11)　$3a - 2(a + 1)$
$= 3a - 2a - 2$
$= a - 2$

(12)　$4(4x - 3) + 2(5 - 6x)$
$= 16x - 12 + 10 - 12x$
$= 4x - 2$

⑤　右のような図形について，次の式はどんな数量を表していますか。
(1)　$ab - cd$　　(2)　$2(a + b)$

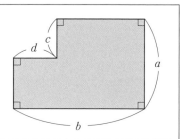

　右の図をもとに考えましょう。

(1)　図形の面積
(2)　図形の周りの長さ

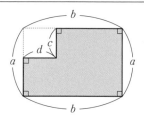

応 用

1　次の計算をしなさい。

(1)　$0.5x - 1.8 - 1.3x + 2.4$

(2)　$\left(\dfrac{2}{3}x - 3\right) + \left(\dfrac{x}{2} + \dfrac{3}{4}\right)$

(3)　$-\dfrac{4}{3}\left(6x - \dfrac{3}{8}\right)$

(4)　$\dfrac{1}{4}(8 + x) - \dfrac{5}{8}(2x - 16)$

(1)　$0.5x - 1.8 - 1.3x + 2.4$
$= 0.5x - 1.3x - 1.8 + 2.4$
$= -0.8x + 0.6$

(2)　$\left(\dfrac{2}{3}x - 3\right) + \left(\dfrac{x}{2} + \dfrac{3}{4}\right)$
$= \dfrac{2}{3}x - 3 + \dfrac{x}{2} + \dfrac{3}{4}$
$= \dfrac{4}{6}x + \dfrac{3}{6}x - \dfrac{12}{4} + \dfrac{3}{4} = \dfrac{7}{6}x - \dfrac{9}{4}$

(3)　$-\dfrac{4}{3}\left(6x - \dfrac{3}{8}\right)$
$= -\dfrac{4}{3} \times 6x + \left(-\dfrac{4}{3}\right) \times \left(-\dfrac{3}{8}\right)$
$= -8x + \dfrac{1}{2}$

(4)　$\dfrac{1}{4}(8 + x) - \dfrac{5}{8}(2x - 16)$
$= 2 + \dfrac{1}{4}x - \dfrac{5}{4}x + 10$
$= -x + 12$

90

2　$x = -6$，$y = 9$ のとき，次の式の値を求めなさい。

(1)　$xy + y^2$ (2)　$\dfrac{x^2}{9} - \left(-\dfrac{2}{3}y\right)$

答　え

(1)　$xy + y^2$
$= (-6) \times 9 + 9^2$
$= -54 + 81$
$= 27$

(2)　$\dfrac{x^2}{9} - \left(-\dfrac{2}{3}y\right)$
$= \dfrac{(-6)^2}{9} - \left(-\dfrac{2}{3} \times 9\right)$
$= 4 + 6$
$= 10$

3　次のように，5を最初の数として，数が規則正しく並んでいます。
　　5，8，11，14，17，20，23，…
陸さんは，a 番目の数を，$3a + 2$ という式で表しました。次の問いに答えなさい。
(1)　この式は正しいですか。 (2)　30番目の数を求めなさい。

ガイド

$a = 1$，$a = 2$，$a = 3$，……のとき，$3a + 2$ の式の値を求めて，並んでいる数と比べてみましょう。30番目の数は，$a = 30$ のときの $3a + 2$ の式の値です。

答　え

(1)　$a = 1$ のとき，$3a + 2 = 3 \times 1 + 2 = 5$
　　$a = 2$ のとき，$3a + 2 = 3 \times 2 + 2 = 8$
　　$a = 3$ のとき，$3a + 2 = 3 \times 3 + 2 = 11$
　　　　　　$\vdots$
　　$a = 7$ のとき，$3a + 2 = 3 \times 7 + 2 = 23$　となるので，**式は正しい。**
(2)　$a = 30$ のとき，$3a + 2 = 3 \times 30 + 2 = 92$ 答　92

4　右の図のように，碁石を並べて正方形をつくります。1辺に並べる碁石の個数を x 個として碁石の総数を求めるとき，次の問いに答えなさい。
(1)　真央さんは，右の図のように正方形を4つの部分に分けて碁石の総数を求めました。真央さんの考え方を表す式を書きなさい。
(2)　真央さんとは別の考え方で碁石の総数を求め，それを右の図（図は 答　え 欄）に示しなさい。また，その考え方を表す式を書きなさい。

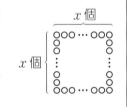

答　え

(1)　x 個より1個少ない部分が4つあります。
　　$(x - 1) \times 4 = 4(x - 1)$ 答　$4(x - 1)$
(2)　（例）

$(x - 2) \times 4 + 4 = 4(x - 2) + 4$

答　$4(x - 2) + 4$

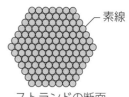

素線

1 広島県と愛媛県を結ぶ瀬戸内しまなみ海道には，いくつもの橋があります。この橋の中の1つである因島大橋はつり橋と呼ばれ，ケーブルを使って支えられています。ケーブルは，次(右)のような，素線と呼ばれる針金の一種を集めたストランドから構成されています。

ストランドの断面

(1) ストランドの断面は正六角形の形をしています。1辺に並ぶ素線が1本増えると，素線の総数がいくつ増えるかを，健太さんは次のように考えました。

> ストランドの断面の1辺に並ぶ素線が1本増えると，素線の総数は，いちばん外側の素線の数だけ増える。たとえば，1辺に並ぶ素線が3本から4本に増えると，
>
> $4 \times 6 - 6 = 18$
>
> より，素線の総数は18本増える。

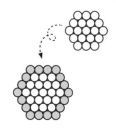

　健太さんの考えを使って，1辺に並ぶ素線が1本増えて n 本になると，素線の総数は何本増えるかを，文字式で表しなさい。

(2) ストランドの1辺に並ぶ素線を5本にしたとき，必要な素線の総数は何本ですか。

ガイド 1辺に並ぶ素線が n 本になると，辺は6本あるから，いちばん外側の素線の数は，$n \times 6$（本）になりますが，正六角形の頂点の部分の6本を2度数えているのでその分をひき，素線の総数は，$n \times 6 - 6$（本）増えます。

答え

(1) $n \times 6 - 6 = 6n - 6$ 　　　　　　　　　　　　　　　　　　　　答　$(6n - 6)$本

(2) 中央の1本のあと，(1)の式で $n = 2$ のときから順に調べていくと，

$n = 2$ のとき，$6 \times 2 - 6 = 6$

$n = 3$ のとき，$6 \times 3 - 6 = 12$

$n = 4$ のとき，$6 \times 4 - 6 = 18$

$n = 5$ のとき，$6 \times 5 - 6 = 24$

となるので，必要な素線の総数は，

$1 + 6 + 12 + 18 + 24 = 61$（本）　　　　　　　　　　　　　　　　　答　61本

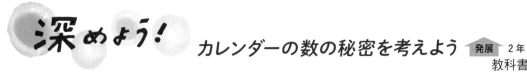

カレンダーの数の秘密を考えよう

発展 2年
教科書 P.93

1 右のカレンダーの数の並びから，いろいろなきまりを見つけてみましょう。

日	月	火	水	木	金	土
				1	2	3
4	5	6	7	8	9	10
11	12	13	14	15	16	17
18	19	20	21	22	23	24
25	26	27	28	29	30	31

答え （例）・縦に並ぶ3つの数で，上下の数の和は中央の数の2倍に等しい。
・斜めに並ぶ3つの数の和は，中央の数の3倍に等しい。
・十字に並ぶ5つの数の和は，中央の数の5倍に等しい。

2 拓真さんは，右のように，「縦に並んだ3つの数の和は，中央の数の3倍に等しい」ことに気づきました。どの場所でもそのことがいえるかどうかを，確かめてみましょう。

```
…   ② …
…   ⑨ …
…   ⑯ …
```

$2+9+16=27=9×3$

ガイド いろいろな数で確かめてみましょう。

答え どの場所でもいえる。

3 なぜ，2のようなことがいえるのでしょうか。拓真さんは，このことを次（説明は **答え** 欄）のように説明しました。□にあてはまる数を書き入れてみましょう。

ガイド カレンダーのしくみから考えていきましょう。カレンダーでは，同じ曜日を縦に並べるため，ある日の数と次の週の同じ曜日の数は7だけちがいます。

答え

縦に並ぶ3つの数を，中央の数を基準に考えると，上の数はそれより 7 だけ小さく，下の数はそれより 7 だけ大きい。
したがって，この3つの数を加えると，− 7 と + 7 が打ち消しあって0になり，和は中央の数の3倍になる。

4 縦に並ぶ3つの数で，中央の数を a とすると，上の数と下の数はどのように表せますか。また，それらの3つの数の和はどんな数といえるでしょうか。

ガイド 中央の数を a とすると，上の数は7日前だから $a - 7$，下の数は7日後だから $a + 7$ になります。

答え 上の数… $a - 7$，下の数… $a + 7$
この3つの数の和は，
　$(a - 7) + a + (a + 7) = 3a$
3つの数の和…中央の数の3倍に等しい。

5 1で見つけたほかのきまりについて，説明したり，文字を使って表したりして考えてみましょう。

答え

（例1）

中央の数を a とすると，右上の数は $a - 6$，左下の数は $a + 6$
　$(a - 6) + a + (a + 6)$
$= a - 6 + a + a + 6$
$= 3a$
斜めに並ぶ3つの数の和は，中央の数の3倍に等しい。

（例2）

$$a \quad a+1$$
$$\boxed{11} \quad \boxed{12}$$
$$\boxed{18} \quad \boxed{19}$$
$$a+7 \quad a+8$$

左上の数を a とすると，右下の数は $a + 8$，右上の数は $a + 1$，左下の数は $a + 7$
$$a + (a + 8) \quad\vdots\quad (a + 1) + (a + 7)$$
$$= a + a + 8 \quad\vdots\quad = a + 1 + a + 7$$
$$= 2a + 8 \quad\vdots\quad = 2a + 8$$
斜めの2数の和は等しい。

（例3）

$$a-7$$
$$\cdots \;\boxed{2}\; \cdots$$
$$a-1\;\boxed{8}\;\boxed{9}^{a}\;\boxed{10}\;a+1$$
$$\cdots\;\boxed{16}\;\cdots$$
$$a+7$$

中央の数を a とすると，5つの数の和は，
　$(a - 7) + (a - 1) + a + (a + 1) + (a + 7)$
$= 5a$

$$a-8 \qquad a-6$$
$$\boxed{7}\;\cdots\;\boxed{9}$$
$$\cdots\;\boxed{15}^{a}\;\cdots$$
$$\boxed{21}\;\cdots\;\boxed{23}$$
$$a+6 \qquad a+8$$

中央の数を a とすると，5つの数の和は，
　$(a - 8) + (a - 6) + a + (a + 6) + (a + 8)$
$= 5a$
図のような5つの数の和は，どちらも中央の数の5倍に等しい。

94

3章 1次方程式

教科書 P.95

1 4人が持っているクリップと1円玉の重さを天びんで比べると，次の①〜③のような状態になりました。このことから，4人の中では誰のものがもっとも重いといえるでしょうか。また，誰のものがもっとも軽いといえるでしょうか。

①  ②  ③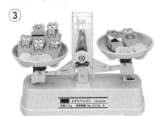

拓真さん 大和さん　　拓真さん 真央さん　　大和さん 美月さん

ガイド
①（拓真さん）＜（大和さん）
②（拓真さん）＝（真央さん）
③（美月さん）＜（大和さん）
①，③より，大和さんがいちばん重いことがわかり，②より，拓真さんと真央さんが同じ重さということがわかるが，それが美月さんより軽いかどうかはわからない。

答え
もっとも重い…大和さん，もっとも軽い…わからない

教科書 P.95

2 1では，誰のものがもっとも軽いかがわかりませんでした。4人の持っているクリップと1円玉の重さを比べるには，どうすればよいでしょうか。

答え
拓真さんと真央さんは同じ重さなので，拓真さん（真央さん）と美月さんでどちらが重いかを比べればよい。

教科書 P.95

3 1円玉1枚の重さは1gです。クリップ1個の重さを求めるには，どうすればよいでしょうか。

ガイド
重さが等しい関係に注目しましょう。

答え
②はつり合っているので，両方の皿からそれぞれクリップ1個と1円玉2枚を取り除いてもつり合う。すると，クリップ2個と1円玉8枚がつり合い，クリップ2個が8gとわかる。クリップ1個は4gになる。

$\boxed{1}$ 方程式

教科書のまとめ テスト前にチェック☑

☑ ◎ 等式と不等式

　等号を使って数量の関係を表した式を**等式**という。また，不等号を使って数量の関係を表した式を**不等式**という。

　等式や不等式で，等号や不等号の左側の式を**左辺**，右側の式を**右辺**，左辺と右辺を合わせて**両辺**という。

☑ ◎ 方程式とその解

　x の値によって成り立ったり成り立たなかったりする等式を，x についての**方程式**という。

　方程式を成り立たせる x の値を，方程式の**解**といい，方程式の解を求めることを，方程式を**解く**という。

☑ ◎ 等式の性質

　一般に，等式には次の性質がある。
① 等式の両辺に同じ数や式を加えても，等式は成り立つ。
② 等式の両辺から同じ数や式をひいても，等式は成り立つ。
③ 等式の両辺に同じ数をかけても，等式は成り立つ。
④ 等式の両辺を 0 でない同じ数でわっても，等式は成り立つ。

☑ ◎ 移項

　等式の一方の辺にある項を，符号を変えて他方の辺に移す操作を，**移項**という。

☑ ◎ 方程式を解く手順

① 係数に小数や分数があるときは，整数に直すとよい。かっこがあれば，かっこをはずす。
② 文字の項を左辺に，数の項を右辺に移項する。
③ 両辺をそれぞれ計算し，$ax = b(a \neq 0)$ の形にする。
④ 両辺を x の係数 a でわる。

☑ ◎ 1 次方程式

　すべての項を左辺に移項して整理すると，「$ax + b = 0$ $(a \neq 0)$」の形になる方程式を，**1 次方程式**という。

覚 **等式と不等式**

等式　　$\underline{3x + 2} = \underline{x + 10}$

不等式　$\underline{3x + 2} < \underline{5x + 3}$

　　　　　左辺　　　　右辺

　　　　　　　　両辺

注 方程式 $3x + 2 = x + 10$ は，x の値が 4 のとき，左辺と右辺の値が等しくなり，成り立つ。したがって，この方程式の解は 4 である。

覚 等式 $A = B$ があるとき，同じ数や式 m に対して，
① $A + m = B + m$
② $A - m = B - m$
③ $Am = Bm$
④ $\dfrac{A}{m} = \dfrac{B}{m}$　$(m \neq 0)$
が成り立つ。

注 係数に小数をふくむ方程式では，両辺に 10，100 などをかけて，係数を整数に直す。

注 係数に分数をふくむ方程式では，両辺に分母の公倍数をかけて，係数を整数に直す。このようにすることを，**分母をはらう**という。

① 等式と不等式

| 教科書 P.96 |

QUESTION Q 前ページ（教科書 P.95）の ①①，②の天びんについて，2 つの数量の重さの関係を式で表すにはどうしたらよいか考えてみましょう。クリップ 1 個の重さを x g，1 円玉 1 枚の重さを 1 g として考えてみましょう。

ガイド 2 つの数の関係を等号や不等号を使って表したように，2 つの式の関係を等号や不等号を使って表しましょう。

答え ① $3x + 2 < 5x + 3$ ② $3x + 2 = x + 10$

教科書 P.97

問 1 (教科書)95 ページの ①③の関係を，不等式で表しなさい。

$(5x+3)$ g $(2x+4)$ g

ガイド 天びんの左側と右側で，下がっている方が重くなります。

答え $5x + 3 > 2x + 4$

教科書 P.98

問 2 次の数量の関係を，等式や不等式で表しなさい。
(1) 1 本 a 円の鉛筆 3 本と 1 個 b 円の消しゴム 2 個の代金の合計は，300 円より高い。
(2) 1 個 3 kg の荷物 a 個と 1 個 5 kg の荷物 b 個の重さの合計は，40 kg である。
(3) 3600 m の道のりを分速 x m で走ると，かかった時間は 15 分未満だった。
(4) ある数 x の 3 倍に 5 を加えると，17 になる。

ガイド
(1) (1 本 a 円の鉛筆 3 本の代金) + (1 個 b 円の消しゴム 2 個の代金) > 300 円
(2) (3 kg の荷物 a 個の重さ) + (5 kg の荷物 b 個の重さ) = 40 kg
(3) (3600 m の道のりを分速 x m で走るのにかかった時間) < 15 分
     「時間 = 道のり ÷ 速さ」です。
(4) x の 3 倍は $3x$ これに 5 を加えると，$3x + 5$
     (ある数 x の 3 倍 + 5) = 17

答え
(1) $3a + 2b > 300$
(2) $3a + 5b = 40$
(3) $\dfrac{3600}{x} < 15$
(4) $3x + 5 = 17$

3 章 1 次方程式

問 3 次の数量の関係を，不等式で表しなさい。

(1) 男子 a 人と女子 b 人の人数の合計は，30 人以上であった。

(2) 1 本 40 円の鉛筆 a 本と 1 冊 180 円のノート 1 冊を買ったときの代金の合計が，500 円以下であった。

(3) 長さ x m の紙テープを 5 等分したところ，1 本分の長さは 2 m 以上になった。

(4) a 人の参加者のうち 25 人が帰ったので，残った人数は 10 人以下になった。

ガイド 不等式で，「～より大きい」，「～より小さい」，「～未満」などは，＞や＜を使います。「以上」，「以下」の表現があるときは，≧や≦を使って表します。

(1) （男子 a 人）＋（女子 b 人）≧ 30 人　「以上」だから≧を使います。

(2) （40 円の鉛筆 a 本の代金）＋（180 円のノート 1 冊の代金）≦ 500 円
「以下」だから≦を使います。

(3) （x m を 5 等分した長さ）≧ 2 m　　「以上」だから≧を使います。

x m の 5 等分は，$x \div 5 = \dfrac{x}{5}$ (m) となります。

(4) （a 人）－（帰った 25 人）≦（残った人数）　「以下」だから≦を使います。

答え (1) $a + b \geqq 30$

(2) $40\,a + 180 \leqq 500$

(3) $\dfrac{x}{5} \geqq 2$

(4) $a - 25 \leqq 10$

等式や不等式の表している数量

問 4 ある植物園の入園料は，大人 1 人が x 円，中学生 1 人が y 円です。このとき，次の等式や不等式がどんな数量の関係を表しているか答えなさい。

(1) $2\,x + y = 1250$

(2) $3\,x > 5\,y$

ガイド (1) $2\,x$ は大人 2 人分の入園料です。

(2) $3\,x$ は大人 3 人分の入園料で，$5\,y$ は中学生 5 人分の入園料です。

答え (1) 大人 2 人と中学生 1 人の入園料の合計は 1250 円である。

(2) 大人 3 人分の入園料は，中学生 5 人分の入園料より高い。

問 5 縦 a cm，横 b cm の長方形があります。このとき，次の等式や不等式は，この長方形について，どんな数量の関係を表していますか。ことばで説明しなさい。

(1) $a > b$　　　　(2) $ab = 48$

(3) $2(a + b) \leqq 32$

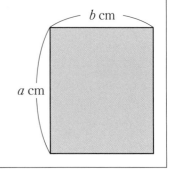

| ガイド | それぞれの等式や不等式の a に「縦の長さ」，b に「横の長さ」のことばを入れて，ことばの式をつくってみましょう。 |

(1) $a > b$

(縦の長さ)＞(横の長さ)

(2) $ab = 48$

(縦の長さ)×(横の長さ) $= 48$

(3) $2(a + b) \leqq 32$

$2 \times \{(縦の長さ) + (横の長さ)\} \leqq 32$

| 答え | |

(1) 縦の長さは，横の長さより長い。

(2) 長方形の面積は，48 cm² である。

(3) 長方形の周りの長さは，32 cm 以下である。

② 方程式

教科書 P.100

 (教科書)95 ページの ②の天びんについて，左右の重さの関係を等式で表すと，$3x + 2 = x + 10$ となります。この式の x の値を求めるには，どうすればよいか考えてみましょう。

| ガイド | 天びんの左右の皿から同じ重さのものを取り除いても，天びんはつり合います。 |

| 答え | **(例)** 等式の左辺と右辺からそれぞれ x をひくと，右辺の x がなくなり，x の値が求められる。 |

教科書 P.100

| 問 1 | **Q**の等式 $3x + 2 = x + 10$ の両辺の x に 1 から 5 までの整数をそれぞれ代入して，等式が成り立つかどうかを調べなさい。また，このことから，クリップ 1 個の重さは，何 g になりますか。 |

| ガイド | $x = 2$ のとき，左辺は $3 \times 2 + 2 = 8$，右辺は $2 + 10 = 12$，$8 < 12$ だから，(左辺)＜(右辺)になります。$x = 3$，4，5 のときも同じように調べましょう。(左辺)＝(右辺)になるときの x の値が，クリップ 1 個の重さです。 |

| 答え | |

x の値	左辺 $3x + 2$ の値	大小関係	右辺 $x + 10$ の値
1	$3 \times 1 + 2 = 5$	＜	$1 + 10 = 11$
2	$3 \times 2 + 2 = 8$	＜	$2 + 10 = 12$
3	$3 \times 3 + 2 = 11$	＜	$3 + 10 = 13$
4	$3 \times 4 + 2 = 14$	＝	$4 + 10 = 14$
5	$3 \times 5 + 2 = 17$	＞	$5 + 10 = 15$

等式が成り立つのは，$3 \times 4 + 2 = 4 + 10$ で $x = 4$ のときです。これは，クリップ 1 個の重さが 4 g であることを示しています。

答 4 g

3章 1次方程式

教科書 P.101

[問 2] 次の方程式の解は，3，4，5のうちどれですか。

(1) $2x - 3 = 7$　　(2) $x + 2 = 10 - x$

ガイド 方程式のxに3，4，5をそれぞれ代入して，左辺と右辺の値が等しくなるかどうかを調べます。

答え

(1) $x = 3$のとき，(左辺) $= 2 \times 3 - 3 = 3$

$x = 4$のとき，(左辺) $= 2 \times 4 - 3 = 5$

$x = 5$のとき，(左辺) $= 2 \times 5 - 3 = 7$

右辺の値は7なので，等式が成り立つのは，$x = 5$のとき。　**解は5**

(2) $x = 3$のとき，(左辺) $= 3 + 2 = 5$，(右辺) $= 10 - 3 = 7$

$x = 4$のとき，(左辺) $= 4 + 2 = 6$，(右辺) $= 10 - 4 = 6$

$x = 5$のとき，(左辺) $= 5 + 2 = 7$，(右辺) $= 10 - 5 = 5$

等式が成り立つのは，$x = 4$のとき。　**解は4**

教科書 P.101

[問 3] 次の㋐～㋓の方程式のうち，解が2であるものはどれですか。また，解が-2であるものはどれですか。

㋐ $3x + 2 = 8$　　㋑ $x - 5 = 3$

㋒ $-2x = 4$　　㋓ $2x - 3 = x - 1$

ガイド 方程式のxに2を代入して等式が成り立つとき，その方程式の解は2です。
また，方程式のxに-2を代入して等式が成り立つとき，その方程式の解は-2です。

答え

[解が2であるものを調べる]

㋐ $x = 2$のとき，(左辺) $= 3 \times 2 + 2 = 8$，(右辺) $= 8$

㋑ $x = 2$のとき，(左辺) $= 2 - 5 = -3$，(右辺) $= 3$

㋒ $x = 2$のとき，(左辺) $= -2 \times 2 = -4$，(右辺) $= 4$

㋓ $x = 2$のとき，(左辺) $= 2 \times 2 - 3 = 1$，(右辺) $= 2 - 1 = 1$

㋐～㋓のうち，等式が成り立つのは㋐と㋓。

答　㋐，㋓

[解が-2であるものを調べる]

㋐ $x = -2$のとき，(左辺) $= 3 \times (-2) + 2 = -4$，(右辺) $= 8$

㋑ $x = -2$のとき，(左辺) $= (-2) - 5 = -7$，(右辺) $= 3$

㋒ $x = -2$のとき，(左辺) $= -2 \times (-2) = 4$，(右辺) $= 4$

㋓ $x = -2$のとき，(左辺) $= 2 \times (-2) - 3 = -7$，(右辺) $= (-2) - 1 = -3$

㋐～㋓のうち，等式が成り立つのは㋒。

答　㋒

❸ 方程式の解き方

── 教科書 P.102 ──

 Q (教科書)95 ページの ❶ ②の天びんでは,
　　左側の重さは, $(3x + 2)\,\mathrm{g}$,
　　右側の重さは, $(x + 10)\,\mathrm{g}$
です。天びんがつり合ったままで, 片方がクリップ1個に
なるようにするには, どんな操作をすればよいでしょうか。

ガイド つり合っている天びんでは, 両方の皿から同じ重さのものを取り除いたり, 両方
の重さを半分にしたりしても, 天びんはつり合ったままになります。

答え 次の順で操作すればよい。
① 両方の皿から1円玉を2枚取り除く
② 両方の皿からクリップを1個取り除く
③ それぞれの皿にのっているものを半分にする

等式の性質を使った方程式の解き方

── 教科書 P.104 ──

問 1 前ページ(教科書 P.103)の例1(1)で, $x = -8$ をもとの方程式に代入して, -8 が
解であることを確かめなさい。また, (2)で, $x = 7$ をもとの方程式に代入して, 7
が解であることを確かめなさい。

答え
(1) 左辺に $x = -8$ を代入すると, (左辺) $= -8 + 6 = -2$　(左辺) $=$ (右辺)と
なり, 等式が成り立つから, -8 は, 方程式 $x + 6 = -2$ の解である。
(2) 左辺に $x = 7$ を代入すると, (左辺) $= 7 - 3 = 4$　(左辺) $=$ (右辺)となり,
等式が成り立つから, 7 は, 方程式 $x - 3 = 4$ の解である。

── 教科書 P.104 ──

問 2 次の方程式を解きなさい。
(1) $x + 4 = 10$　　　　　　　(2) $x + 7 = -2$
(3) $x - 6 = 3$　　　　　　　(4) $x - 2 = -8$

ガイド 等式の性質①または②を使って, 方程式を「$x = $(数)」の形にしましょう。

答え
(1) 　　　$x + 4 = 10$　　　　　　(2) 　　　$x + 7 = -2$
両辺から4をひくと, 　　　　　　両辺から7をひくと,
$x + 4 - 4 = 10 - 4$　　　　　　$x + 7 - 7 = -2 - 7$
　　　$x = 6$　　**答** $x = 6$　　　　　$x = -9$　　**答** $x = -9$
(3) 　　　$x - 6 = 3$　　　　　　(4) 　　　$x - 2 = -8$
両辺に6を加えると, 　　　　　　両辺に2を加えると,
$x - 6 + 6 = 3 + 6$　　　　　　$x - 2 + 2 = -8 + 2$
　　　$x = 9$　　**答** $x = 9$　　　　　$x = -6$　　**答** $x = -6$

3章 1次方程式

問 3 ▷ 次の方程式を解きなさい。

(1) $4x = 32$　　　(2) $-3x = 18$　　　(3) $-x = -10$

(4) $8x = 4$　　　(5) $\dfrac{1}{3}x = 5$　　　(6) $\dfrac{1}{5}x = -6$

(7) $-\dfrac{1}{2}x = -8$　　　(8) $\dfrac{x}{7} = -1$

ガイド　等式の性質③または④を使って，方程式を「$x =$（数）」の形にしましょう。

答え

(1)　　　$4x = 32$
両辺を 4 でわると，
$$\frac{4x}{4} = \frac{32}{4}$$
$$x = 8$$
答　$x = 8$

(2)　　　$-3x = 18$
両辺を -3 でわると，
$$\frac{-3x}{-3} = \frac{18}{-3}$$
$$x = -6$$
答　$x = -6$

(3)　　　$-x = -10$
両辺を -1 でわると，
$$\frac{-x}{-1} = \frac{-10}{-1}$$
$$x = 10$$
答　$x = 10$

(4)　　　$8x = 4$
両辺を 8 でわると，
$$\frac{8x}{8} = \frac{4}{8}$$
$$x = \frac{1}{2}$$
答　$x = \dfrac{1}{2}$

(5)　　　$\dfrac{1}{3}x = 5$
両辺に 3 をかけると，
$$\frac{1}{3}x \times 3 = 5 \times 3$$
$$x = 15$$
答　$x = 15$

(6)　　　$\dfrac{1}{5}x = -6$
両辺に 5 をかけると，
$$\frac{1}{5}x \times 5 = (-6) \times 5$$
$$x = -30$$
答　$x = -30$

(7)　　　$-\dfrac{1}{2}x = -8$
両辺に -2 をかけると，
$$-\frac{1}{2}x \times (-2) = (-8) \times (-2)$$
$$x = 16$$
答　$x = 16$

(8)　　　$\dfrac{x}{7} = -1$
両辺に 7 をかけると，
$$\frac{x}{7} \times 7 = -1 \times 7$$
$$x = -7$$
答　$x = -7$

問 4 ▷ これまでの学習をもとに，解が 8 になる方程式をつくりなさい。

ガイド　等式の性質を使って，$x = 8$ の両辺に同じ数を加えたり，かけたりすれば，解が 8 になるいろいろな方程式をつくることができます。

答え　$x + 12 = 20$,　$x - 5 = 3$,　$2x = 16$,　$\dfrac{3}{4}x = 6$　など

教科書 P.105

Q 次の㋐，㋑は，等式の性質を使って方程式を解いたものです。それぞれ，どんな等式の性質を使っているでしょうか。解き方を説明してみましょう。

㋐

$$x-9=3 \quad ①$$
$$x-9+9=3+9$$
$$x=3+9 \quad ②$$
$$x=12$$

㋑

$$2x=6+x \quad ①$$
$$2x-x=6+x-x$$
$$2x-x=6 \quad ②$$
$$x=6$$

答え

㋐ 等式の両辺に同じ数や式を加えても，等式は成り立つ。
両辺に 9 をたしている。

㋑ 等式の両辺から同じ数や式をひいても，等式は成り立つ。
両辺から x をひいている。

教科書 P.105

1 拓真さんは，Q㋐で，①と②の式を比べ，右のようなことに気づきました。㋑では，①と②の式についてどんなことがいえるでしょうか。

①では左辺に数の項－9があったが，両辺に9を加えたために，②では左辺から－9が消えている。その代わりに，②では右辺に数の項＋9が現れている。

答え

①では，右辺に文字の項 x があったが，両辺から x をひいたために，②では右辺から x が消えている。その代わりに，②では左辺に文字の項 $-x$ が現れている。

教科書 P.105

2 Q㋐，㋑で，①の式からすぐに②の式を導くにはどうすればよいでしょうか。1で調べたことをもとに，説明しましょう。

㋐

$$x-9=3 \quad ①$$
$$x=3+9 \quad ②$$

㋑

$$2x=6+x \quad ①$$
$$2x-x=6 \quad ②$$

答え

㋐ 左辺の -9 を，符号を変えて $+9$ として右辺に移す。

㋑ 右辺の x を，符号を変えて $-x$ として左辺に移す。

教科書 P.105

3 1，2で考えたことを使って，次の方程式を解いてみましょう。

(1) $x+7=-3$

(2) $-2x=8-3x$

答え

(1)
$$x+7=-3$$
$$x=-3-7$$
$$x=-10$$

答　$x=-10$

(2)
$$-2x=8-3x$$
$$-2x+3x=8$$
$$x=8$$

答　$x=8$

移項を使った方程式の解き方

─── 教科書 P.106 ───

問 5 ▷ 例3（教科書 P.106）で，解が正しいことを，解をもとの方程式に代入して確かめなさい。

答え

(1) $3x + 5 = -4$ の左辺に，$x = -3$ を代入すると，

（左辺）$= 3 \times (-3) + 5 = -9 + 5 = -4$

（右辺）$= -4$ 方程式が成り立つので，$x = -3$ は解である。

(2) $5x = -2x + 14$ の両辺に，それぞれ $x = 2$ を代入すると，

（左辺）$= 5 \times 2 = 10$

（右辺）$= -2 \times 2 + 14 = -4 + 14 = 10$

方程式が成り立つので，$x = 2$ は解である。

─── 教科書 P.106 ───

問 6 ▷ 次の方程式を解きなさい。

(1) $2x + 1 = 9$ (2) $4x - 5 = -13$

(3) $3x = -2x - 15$ (4) $2x = 3x - 8$

ガイド 文字の項を左辺に，数の項を右辺に移項します。整理をしたら，両辺を x の係数でわります。

答え

(1) $2x + 1 = 9$

1を移項すると，

$2x = 9 - 1$

$2x = 8$

$x = 4$ **答 $x = 4$**

(2) $4x - 5 = -13$

-5 を移項すると，

$4x = -13 + 5$

$4x = -8$

$x = -2$ **答 $x = -2$**

(3) $3x = -2x - 15$

$-2x$ を移項すると，

$3x + 2x = -15$

$5x = -15$

$x = -3$ **答 $x = -3$**

(4) $2x = 3x - 8$

$3x$ を移項すると，

$2x - 3x = -8$

$-x = -8$

$x = 8$ **答 $x = 8$**

─── 教科書 P.107 ───

問 7 ▷ 次の方程式を解きなさい。

(1) $6x - 12 = 3x$ (2) $7x - 3 = 5x + 7$

(3) $5x + 15 = -2x + 1$ (4) $3 + 7x = 4x - 6$

(5) $8 + 2x = 3x - 1$ (6) $-3x + 2 = x + 4$

答え

(1) $6x - 12 = 3x$

-12, $3x$ を移項すると，

$6x - 3x = 12$

$3x = 12$

$x = 4$ **答 $x = 4$**

(2) $7x - 3 = 5x + 7$

-3, $5x$ を移項すると，

$7x - 5x = 7 + 3$

$2x = 10$

$x = 5$ **答 $x = 5$**

104

教科書 P.106 〜 107

(**3**) $5x + 15 = -2x + 1$
　　$15,\ -2x$ を移項すると，
　　　$5x + 2x = 1 - 15$
　　　　　$7x = -14$
　　　　　　$x = -2$　　　答　$x = -2$

(**4**) $3 + 7x = 4x - 6$
　　$3,\ 4x$ を移項すると，
　　　$7x - 4x = -6 - 3$
　　　　　$3x = -9$
　　　　　　$x = -3$　　　答　$x = -3$

(**5**) $8 + 2x = 3x - 1$
　　$8,\ 3x$ を移項すると，
　　　$2x - 3x = -1 - 8$
　　　　　$-x = -9$
　　　　　　$x = 9$　　　答　$x = 9$

(**6**) $-3x + 2 = x + 4$
　　$2,\ x$ を移項すると，
　　　$-3x - x = 4 - 2$
　　　　　$-4x = 2$
　　　　　　$x = -\dfrac{1}{2}$　　　答　$x = -\dfrac{1}{2}$

◤ かっこをふくむ方程式 ◢

── 教科書 P.107 ──

問 8 ▷ 次の方程式を解きなさい。
(**1**) $2(x - 5) + 1 = 7$
(**2**) $4x - 7(x + 2) = -5$
(**3**) $-2(x + 3) = 5x + 8$
(**4**) $3(x - 8) = -6(x + 4)$

ガイド
(**4**) 左辺と右辺の両方にかっこがあるときも，それぞれ分配法則を使ってかっこをはずします。

答え
(**1**) $2(x - 5) + 1 = 7$
　　$2x - 10 + 1 = 7$
　$-10,\ 1$ を移項すると，
　　　　　$2x = 7 + 10 - 1$
　　　　　$2x = 16$
　　　　　　$x = 8$
　　　　　　　　答　$x = 8$

(**2**) $4x - 7(x + 2) = -5$
　　$4x - 7x - 14 = -5$
　-14 を移項すると，
　　　$4x - 7x = -5 + 14$
　　　　$-3x = 9$
　　　　　$x = -3$
　　　　　　　　答　$x = -3$

(**3**) $-2(x + 3) = 5x + 8$
　　$-2x - 6 = 5x + 8$
　$-6,\ 5x$ を移項すると，
　　$-2x - 5x = 8 + 6$
　　　　$-7x = 14$
　　　　　$x = -2$
　　　　　　　　答　$x = -2$

(**4**) $3(x - 8) = -6(x + 4)$
　　$3x - 24 = -6x - 24$
　$-24,\ -6x$ を移項すると，
　　$3x + 6x = -24 + 24$
　　　　$9x = 0$
　　　　　$x = 0$
　　　　　　　　答　$x = 0$

◤ 小数や分数をふくむ方程式 ◢

── 教科書 P.108 ──

問 9 ▷ 次の方程式を解きなさい。
(**1**) $0.4x + 2 = 0.3x$
(**2**) $0.25x = 0.2x - 0.1$

係数が小数第二位まであるときは，両辺に 100 をかけます。

(1) $\quad 0.4\,x + 2 = 0.3\,x$

両辺に 10 をかけると，

$(0.4\,x + 2) \times 10 = 0.3\,x \times 10$

$4\,x + 20 = 3\,x$

$4\,x - 3\,x = -20$

$x = -20$

答　$x = -20$

(2) $\quad 0.25\,x = 0.2\,x - 0.1$

両辺に 100 をかけると，

$0.25\,x \times 100 = (0.2\,x - 0.1) \times 100$

$25\,x = 20\,x - 10$

$25\,x - 20\,x = -10$

$5\,x = -10$

$x = -2$　　　答　$x = -2$

教科書 P.109

問10 次の方程式を解きなさい。

(1) $\dfrac{1}{2}\,x = \dfrac{2}{5}\,x - 1$

(2) $\dfrac{2}{3}\,x - \dfrac{1}{2} = \dfrac{1}{6}\,x + 2$

(3) $\dfrac{x-3}{2} = -4$

(4) $\dfrac{x+2}{6} = \dfrac{x-3}{4}$

係数に分数をふくむ方程式では，両辺に分母の公倍数（最小公倍数）をかけて，係数を整数に直してから解きます。

このように，両辺に分母の公倍数をかけて，係数を整数に直すことを，「分母をはらう」といいます。

(1) 分母 2，5 の公倍数をかけます。

(2) 分母 3，2，6 の公倍数をかけます。

(4) 分母 6，4 の公倍数をかけます。

(1) $\quad \dfrac{1}{2}\,x = \dfrac{2}{5}\,x - 1$

両辺に 10 をかけると，

$\dfrac{1}{2}\,x \times 10 = \left(\dfrac{2}{5}\,x - 1\right) \times 10$

$5\,x = 4\,x - 10$

$5\,x - 4\,x = -10$

$x = -10$

答　$x = -10$

(2) $\quad \dfrac{2}{3}\,x - \dfrac{1}{2} = \dfrac{1}{6}\,x + 2$

両辺に 6 をかけると，

$\left(\dfrac{2}{3}\,x - \dfrac{1}{2}\right) \times 6 = \left(\dfrac{1}{6}\,x + 2\right) \times 6$

$4\,x - 3 = x + 12$

$4\,x - x = 12 + 3$

$3\,x = 15$

$x = 5$　　　答　$x = 5$

(3) $\quad \dfrac{x-3}{2} = -4$

両辺に 2 をかけると，

$\dfrac{x-3}{2} \times 2 = -4 \times 2$

$x - 3 = -8$

$x = -8 + 3$

$x = -5$　　答　$x = -5$

(4) $\quad \dfrac{x+2}{6} = \dfrac{x-3}{4}$

両辺に 12 をかけると，

$\dfrac{x+2}{6} \times 12 = \dfrac{x-3}{4} \times 12$

$2(x + 2) = 3(x - 3)$

$2x + 4 = 3x - 9$

$2\,x - 3\,x = -9 - 4$

$-x = -13$

$x = 13$　　　答　$x = 13$

問11 真央さんは, $\frac{2}{3}x = \frac{1}{2}x - 7$ の解を右のように求めました。この解き方は正しいですか。誤りがあれば, 正しく直しなさい。

正しいかな？

$$\frac{2}{3}x = \frac{1}{2}x - 7$$

両辺に6をかけると,

$$4x = 3x - 7$$

$$x = -7 \qquad 答 \; x = -7$$

ガイド 両辺に6をかけるところで, -7 はそのままになっています。

答え

$$\frac{2}{3}x = \frac{1}{2}x - 7$$

両辺に6をかけると,

$$\frac{2}{3}x \times 6 = \left(\frac{1}{2}x - 7\right) \times 6$$

$$4x = 3x - 42$$

$$4x - 3x = -42$$

$$x = -42$$

答　正しくない, $x = -42$

1　方程式

確かめよう

1 次の数量の関係を, 等式や不等式で表しなさい。
(1) 80 cm のひもから x cm の長さを3回とると, 5 cm 残る。
(2) 1個 a kg の荷物7個の重さは, 40 kg より重くなる。
(3) 120円のカレーパン x 個と200円の牛乳を買ったときの代金は, 160円のコロッケパン y 個を買ったときの代金と等しい。
(4) 時速4 km で x 時間歩いたときの道のりは, 20 km 以下である。

ガイド (1) 図に表すと右のようになります。

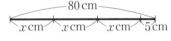

(2) (a kg の荷物7個の重さ) > 40 kg
(3) (120円のカレーパン x 個の代金) + (200円の牛乳の代金)
　　= (160円のコロッケパン y 個の代金)
(4) (道のり) = (速さ) × (時間), 「20 km 以下」は, 「ちょうど20 km, または, 20 km より少ないこと」なので, $\leqq$ を使うことに注意しましょう。

答え
(1) $80 - 3x = 5$
(2) $7a > 40$
(3) $120x + 200 = 160y$
(4) $4x \leqq 20$

2 次の㋐～㋒の方程式のうち，解が3であるものはどれですか。

㋐ $x-7=10$　　㋑ $4x=12$　　㋒ $3x+1=9$

[ガイド] 方程式に $x=3$ を代入して，成り立つものを見つけましょう。

[答え] ㋑

3 次の方程式を，等式の性質を使って解きなさい。

(1) $x-4=-1$　　(2) $x+5=-2$

(3) $7x=-42$　　(4) $\frac{1}{3}x=9$

[ガイド] 方程式を解いたら，もとの方程式にその値を代入し，成り立つかどうか確かめておきましょう。

[答え]

(1)
$$x-4=-1$$
$$x-4+4=-1+4$$
$$x=3$$
答 $x=3$

(2)
$$x+5=-2$$
$$x+5-5=-2-5$$
$$x=-7$$
答 $x=-7$

(3)
$$7x=-42$$
$$\frac{7x}{7}=\frac{-42}{7}$$
$$x=-6$$
答 $x=-6$

(4)
$$\frac{1}{3}x=9$$
$$\frac{1}{3}x\times3=9\times3$$
$$x=27$$
答 $x=27$

4 次の方程式を解きなさい。

(1) $2x-3=5$　　(2) $3x=5x-12$

(3) $6x-17=-3x+10$　　(4) $4x+12=7-x$

(5) $5-4x=2x-1$　　(6) $3(x-5)=-6$

[答え]

(1)
$$2x-3=5$$
$$2x=5+3$$
$$2x=8$$
$$x=4$$
答 $x=4$

(2)
$$3x=5x-12$$
$$3x-5x=-12$$
$$-2x=-12$$
$$x=6$$
答 $x=6$

(3)
$$6x-17=-3x+10$$
$$6x+3x=10+17$$
$$9x=27$$
$$x=3$$
答 $x=3$

(4)
$$4x+12=7-x$$
$$4x+x=7-12$$
$$5x=-5$$
$$x=-1$$
答 $x=-1$

(5)
$$5-4x=2x-1$$
$$-4x-2x=-1-5$$
$$-6x=-6$$
$$x=1$$
答 $x=1$

(6)
$$3(x-5)=-6$$
$$3x-15=-6$$
$$3x=-6+15$$
$$3x=9$$
$$x=3$$
答 $x=3$

教科書 P.110

計算力を高めよう 4

▶ 方程式

no.1 等式の性質

(1) $x + 5 = 9$　　**(2)** $x - 8 = 3$　　**(3)** $x + 1 = -7$

(4) $x - 6 = -5$　　**(5)** $8x = 48$　　**(6)** $-2x = 18$

(7) $-9x = -63$　　**(8)** $12x = 20$　　**(9)** $\frac{1}{4}x = 5$

(10) $\frac{x}{3} = -2$

答え

(1) $x + 5 = 9$
$x = 9 - 5$
$x = 4$　　答　$\underline{x = 4}$

(2) $x - 8 = 3$
$x = 3 + 8$
$x = 11$　　答　$\underline{x = 11}$

(3) $x + 1 = -7$
$x = -7 - 1$
$x = -8$　　答　$\underline{x = -8}$

(4) $x - 6 = -5$
$x = -5 + 6$
$x = 1$　　答　$\underline{x = 1}$

(5) $8x = 48$
$\frac{8x}{8} = \frac{48}{8}$
$x = 6$　　答　$\underline{x = 6}$

(6) $-2x = 18$
$\frac{-2x}{-2} = \frac{18}{-2}$
$x = -9$　　答　$\underline{x = -9}$

(7) $-9x = -63$
$\frac{-9x}{-9} = \frac{-63}{-9}$
$x = 7$　　答　$\underline{x = 7}$

(8) $12x = 20$
$\frac{12x}{12} = \frac{20}{12}$
$x = \frac{5}{3}$　　答　$\underline{x = \frac{5}{3}}$

(9) $\frac{1}{4}x = 5$
$\frac{1}{4}x \times 4 = 5 \times 4$
$x = 20$　　答　$\underline{x = 20}$

(10) $\frac{x}{3} = -2$
$\frac{x}{3} \times 3 = -2 \times 3$
$x = -6$　　答　$\underline{x = -6}$

no.2 係数が整数の方程式

(1) $4x - 5 = 7$　　**(2)** $3x + 7 = 4$　　**(3)** $-x + 8 = 2$

(4) $5 - 7x = -16$　　**(5)** $4x = 0$　　**(6)** $10x = 8x - 6$

(7) $-2x = 10 + 3x$　　**(8)** $5x + 21 = 2x$　　**(9)** $6x - 4 = x$

(10) $3x - 5 = x + 7$　　**(11)** $8x - 2 = 5x + 1$　　**(12)** $7x - 2 = 4x - 16$

(13) $x + 5 = 4x + 7$　　**(14)** $5 - 4x = 1 - 2x$　　**(15)** $2 - 5x = 3x - 10$

答え

(1) $4x - 5 = 7$
$4x = 7 + 5$
$4x = 12$
$x = 3$　　答　$\underline{x = 3}$

(2) $3x + 7 = 4$
$3x = 4 - 7$
$3x = -3$
$x = -1$　　答　$\underline{x = -1}$

(3) $-x + 8 = 2$
$-x = 2 - 8$
$-x = -6$
$x = 6$　　答　$\underline{x = 6}$

(4) $5 - 7x = -16$
$-7x = -16 - 5$
$-7x = -21$
$x = 3$　　答　$\underline{x = 3}$

(5) $\quad 4x = 0$

$\qquad x = 0$

$\qquad\qquad\qquad$ 答　$x = 0$

(6) $\quad 10x = 8x - 6$

$\qquad 10x - 8x = -6$

$\qquad\qquad 2x = -6$

$\qquad\qquad\quad x = -3\qquad$ 答　$x = -3$

(7) $\qquad -2x = 10 + 3x$

$\quad -2x - 3x = 10$

$\qquad\quad -5x = 10$

$\qquad\qquad x = -2\quad$ 答　$x = -2$

(8) $\quad 5x + 21 = 2x$

$\quad 5x - 2x = -21$

$\qquad 3x = -21$

$\qquad\quad x = -7\qquad$ 答　$x = -7$

(9) $\quad 6x - 4 = x$

$\quad 6x - x = 4$

$\qquad 5x = 4$

$\qquad\quad x = \dfrac{4}{5}\qquad$ 答　$x = \dfrac{4}{5}$

(10) $\quad 3x - 5 = x + 7$

$\quad 3x - x = 7 + 5$

$\qquad 2x = 12$

$\qquad\quad x = 6\qquad$ 答　$x = 6$

(11) $\quad 8x - 2 = 5x + 1$

$\quad 8x - 5x = 1 + 2$

$\qquad 3x = 3$

$\qquad\quad x = 1\qquad$ 答　$x = 1$

(12) $\quad 7x - 2 = 4x - 16$

$\quad 7x - 4x = -16 + 2$

$\qquad 3x = -14$

$\qquad\quad x = -\dfrac{14}{3}\qquad$ 答　$x = -\dfrac{14}{3}$

(13) $\quad x + 5 = 4x + 7$

$\quad x - 4x = 7 - 5$

$\qquad -3x = 2$

$\qquad\quad x = -\dfrac{2}{3}\qquad$ 答　$x = -\dfrac{2}{3}$

(14) $\quad 5 - 4x = 1 - 2x$

$\quad -4x + 2x = 1 - 5$

$\qquad -2x = -4$

$\qquad\quad x = 2\qquad$ 答　$x = 2$

(15) $\qquad 2 - 5x = 3x - 10$

$\quad -5x - 3x = -10 - 2$

$\qquad\quad -8x = -12$

$\qquad\qquad x = \dfrac{3}{2}\qquad$ 答　$x = \dfrac{3}{2}$

---

no.3　かっこをふくむ方程式

(1) $3(x + 6) = x + 2$

(2) $6x - (2x - 9) = 11$

(3) $9x - 2(3x + 5) = 2$

(4) $7(x - 2) = 4(x - 5)$

答　え

(1) $\quad 3(x + 6) = x + 2$

$\quad 3x + 18 = x + 2$

$\quad 3x - x = 2 - 18$

$\qquad 2x = -16$

$\qquad\quad x = -8\qquad$ 答　$x = -8$

(2) $\quad 6x - (2x - 9) = 11$

$\quad 6x - 2x + 9 = 11$

$\quad 6x - 2x = 11 - 9$

$\qquad 4x = 2$

$\qquad\quad x = \dfrac{1}{2}\qquad$ 答　$x = \dfrac{1}{2}$

(3) $\quad 9x - 2(3x + 5) = 2$

$\quad 9x - 6x - 10 = 2$

$\quad 9x - 6x = 2 + 10$

$\qquad 3x = 12$

$\qquad\quad x = 4\quad$ 答　$x = 4$

(4) $\quad 7(x - 2) = 4(x - 5)$

$\quad 7x - 14 = 4x - 20$

$\quad 7x - 4x = -20 + 14$

$\qquad 3x = -6$

$\qquad\quad x = -2\qquad$ 答　$x = -2$

教科書 P.111

no.4　係数に小数をふくむ方程式

(1) $0.4x + 0.2 = -1.8$

(2) $0.7x - 1 = 0.3x + 2$

(3) $0.13x = 0.07x - 0.3$

(4) $0.75x - 2 = 0.5x$

答え

(1) $0.4x + 0.2 = -1.8$
両辺に 10 をかけると，
$$4x + 2 = -18$$
$$4x = -18 - 2$$
$$4x = -20$$
$$x = -5 \qquad 答 \quad x = -5$$

(2) $0.7x - 1 = 0.3x + 2$
両辺に 10 をかけると，
$$7x - 10 = 3x + 20$$
$$7x - 3x = 20 + 10$$
$$4x = 30$$
$$x = \frac{15}{2} \qquad 答 \quad x = \frac{15}{2}$$

(3) $0.13x = 0.07x - 0.3$
両辺に 100 をかけると，
$$13x = 7x - 30$$
$$13x - 7x = -30$$
$$6x = -30$$
$$x = -5 \qquad 答 \quad x = -5$$

(4) $0.75x - 2 = 0.5x$
両辺に 100 をかけると，
$$75x - 200 = 50x$$
$$75x - 50x = 200$$
$$25x = 200$$
$$x = 8 \qquad 答 \quad x = 8$$

no.5　係数に分数をふくむ方程式

(1) $3x - 1 = \dfrac{x}{2}$

(2) $\dfrac{1}{2}x - \dfrac{1}{3} = -\dfrac{1}{3}x + 3$

(3) $\dfrac{x - 8}{3} = -5$

(4) $\dfrac{x + 5}{6} = \dfrac{3x + 1}{4}$

答え

(1) $3x - 1 = \dfrac{x}{2}$
両辺に 2 をかけると，
$$6x - 2 = x$$
$$6x - x = 2$$
$$5x = 2$$
$$x = \frac{2}{5} \qquad 答 \quad x = \frac{2}{5}$$

(2) $\dfrac{1}{2}x - \dfrac{1}{3} = -\dfrac{1}{3}x + 3$
両辺に 6 をかけると，
$$3x - 2 = -2x + 18$$
$$3x + 2x = 18 + 2$$
$$5x = 20$$
$$x = 4 \qquad 答 \quad x = 4$$

(3) $\dfrac{x - 8}{3} = -5$
両辺に 3 をかけると，
$$x - 8 = -15$$
$$x = -15 + 8$$
$$x = -7 \qquad 答 \quad x = -7$$

(4) $\dfrac{x + 5}{6} = \dfrac{3x + 1}{4}$
両辺に 12 をかけると，
$$2(x + 5) = 3(3x + 1)$$
$$2x + 10 = 9x + 3$$
$$2x - 9x = 3 - 10$$
$$-7x = -7$$
$$x = 1 \qquad 答 \quad x = 1$$

3章　1次方程式

2　1次方程式の利用

☑◎ 方程式を利用して問題を解く手順

❶ 問題の中にある，数量の関係を見つけ，図や表，こ
とばの式で表す。

❷ わかっている数量，わからない数量をはっきりさせ，
文字を使って方程式をつくる。

❸ 方程式を解く。

❹ 方程式の解が問題に適しているかどうかを確かめ，
適していれば問題の答えとする。

注 ふつうは，求める数量を x
とする。

注 方程式の解が，そのまま問
題の答えにならない場合があ
る。

☑◎ 比例式

$a : b = c : d$ のように，2つの比が等しいことを表した
式を**比例式**という。

$a : b = c : d$　ならば　$ad = bc$

注 比に関する問題は，文字を
使って比例式をつくると解き
やすい。

❶ 1次方程式の利用

教科書 P.112

 Q 1本 130 円のボールペン 2本とノート 3冊を買ったところ，代金の合計が 710 円にな
りました。ノート 1冊の値段は何円でしょうか。

答え

① 右の図のように，問題の数量関係を，図や表，
ことばの式などで表す。

ことばの式で表すと，

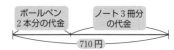

(ボールペン 2本分の代金) + (ノート 3冊分の代金) = 710 円

② わかっている数量，わからない数量をはっきりさせて，わからない数量を x
などの文字にして，方程式をつくる。

わかっている数量…ボールペン 1本の値段 130 円，代金の合計 710 円
わからない数量　…ノート 1冊の値段　→　これを x 円とする
方程式をつくる　…$130 \times 2 + 3x = 710$

③ 方程式を解く
②の方程式を解くと，$x = 150$

④ 方程式の解が問題に適しているかを確かめ，適していれば問題の答えとする。
ノート 1冊 150 円とすると，$130 \times 2 + 150 \times 3 = 710$ となり，$x = 150$ は
問題に適しているので，ノート 1冊の値段は 150 円である。

問 1 ▷ 1個240円のケーキ4個と1個90円のプリンを何個か買ったところ，代金の合計が1500円になりました。プリンを何個買ったかを求めるために，前ページ(教科書 P.112)の解き方と同じように考えます。次の問いに答えなさい。

(1) 数量の関係を，図とことばの式で表しなさい。

(2) わからない数量を文字を使って表し，(1)の図やことばの式から，方程式をつくりなさい。

(3) (2)でつくった方程式を解きなさい。

(4) (3)で求めた方程式の解が問題に適しているかどうかを確かめ，問題の答えを求めなさい。

答 え

(1)

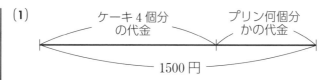

(ケーキ4個分の代金) + (プリン何個分かの代金) = 1500円

(2) プリンの個数を x 個とすると，
$$240 \times 4 + 90x = 1500$$

(3)
$$240 \times 4 + 90x = 1500$$
$$960 + 90x = 1500$$
$$90x = 1500 - 960$$
$$90x = 540$$
$$x = 6$$

(4) プリンを6個とすると，$240 \times 4 + 90 \times 6 = 1500$ となり，プリン6個は問題に適している。

答 6個

問 2 ▷ 長さ150 cmのリボンを姉と妹で分けたところ，姉は妹より30 cm長くなりました。妹のリボンは何cmですか。方程式をつくって求めなさい。

ガ イ ド

• わかっている数量　リボン全体の長さ…150 cm
　　　　　　　　　　姉のリボンは妹のリボンより30 cm長い。

• 求める数量　　　　妹のリボンの長さ… x cmとする。

姉のリボンの長さは，
$(x + 30)$ cmと表されます。

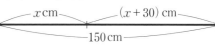

答 え

妹のリボンの長さを x cm とすると，
$$x + (x + 30) = 150$$
$$x + x = 150 - 30$$
$$2x = 120$$
$$x = 60$$

妹のリボンを60 cmとすると，$60 + 30 = 90$ より，姉のリボンは90 cm。

$60 + 90 = 150$ であるから，妹のリボン60 cmは問題に適している。

答　60 cm

問3 例2（教科書 P.114）で，$x = 7$ を $8x + 4$ に代入して，くりの個数が60個であることを確かめなさい。

答え くりの個数は，$8 \times 7 + 4 = 60$ より，**60個**

問4 ハンバーガーを7個買おうとしたところ，持っていたお金では80円たりなかったので，6個買ったら130円あまりました。ハンバーガー1個の値段を求めなさい。また，持っていたお金は何円ですか。

ガイド 求める数量のうち，ハンバーガー1個の値段を x 円とすると，ハンバーガーの代金と持っていたお金の間には，次のような関係があります。

(1) 7個買おうとしたら80円たりない。

(2) 6個買ったら，130円あまる。

(1)，(2)から持っていたお金を2通りの式で表し，方程式をつくりましょう。

答え ハンバーガー1個の値段を x 円とすると，

$$7x - 80 = 6x + 130$$
$$7x - 6x = 130 + 80$$
$$x = 210$$

持っていたお金は，$210 \times 7 - 80 = 1390$

一方，$210 \times 6 + 130 = 1390$

どちらも1390円となるから，ハンバーガー1個210円，持っていたお金1390円は問題に適している。

答 ハンバーガー1個の値段…210円，持っていたお金…1390円

 例2（教科書 P.114）で，求める2つの数量のうち，くりの個数を x 個として方程式をつくり，答えを求めてみよう。

[ガイド] くりの個数を x 個とします。
班の人数が次の㋐，㋑のような2通りの式で表せることに着目し，方程式をつくります。

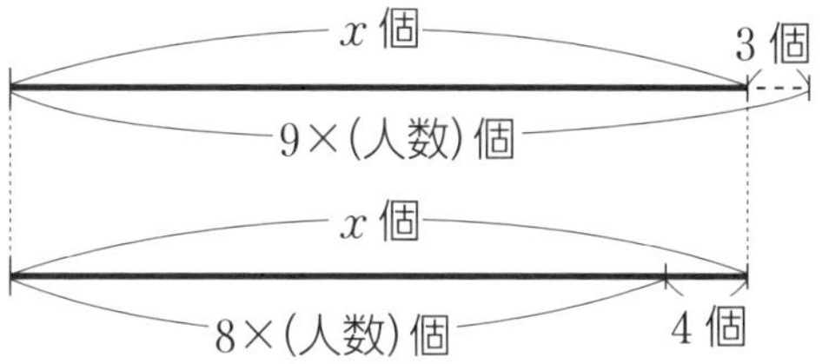

x 個
3 個
9×(人数) 個
x 個
8×(人数) 個
4 個

㋐ 1人9個ずつ分けると3個たりないから，x 個に3個たすと1人9個ずつ分けることができます。班の人数は，$\dfrac{x+3}{9}$ 人と表せます。

㋑ 1人8個ずつ分けると4個あまるから，x 個から4個ひくと1人8個ずつあまりなく分けることができます。班の人数は，$\dfrac{x-4}{8}$ 人と表せます。

[答え] **くりの個数を x 個とすると，**

$$\frac{x+3}{9}=\frac{x-4}{8}$$

両辺に72をかけると，

$$8(x+3)=9(x-4)$$
$$8x+24=9x-36$$
$$-x=-60$$
$$x=60$$

班の人数は，$\dfrac{60+3}{9}=7$

班の人数7人，くりの個数60個は，問題に適している。

答　班の人数…7人，くりの個数…60個

教科書 P.116

[問5] 前ページ(教科書 P.115)の例3で，妹が出発してからの時間を15分後にした場合には，方程式の解をそのまま答えにしてよいですか。また，その理由を説明しなさい。

[ガイド] 例3の式を，$60(x+15)=240x$ に変えて解いてみましょう。

[答え] **方程式 $60(x+15)=240x$ を解くと，$x=5$ となる。**
$240x$ に $x=5$ を代入すると，1200となる。
1200 m は 1 km をこえているから，家から駅までの間で，兄は妹に追いつくことはできない。したがって，方程式の解 $x=5$ をそのまま問題の答えにすることはできない。

教科書 P.116

[問6] トラックが高速道路のA地点を出発し，その1時間後に乗用車が同じA地点を出発しました。トラックの速さを時速60 km，乗用車の速さを時速100 kmとするとき，乗用車が出発してから何時間後にトラックに追いつきますか。

| ガ イ ド | 乗用車が出発してから x 時間後にトラックに追いつくとします。 |

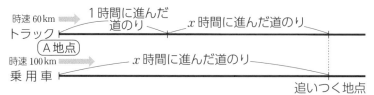

トラックと乗用車の進んだ道のりが等しいことから方程式をつくりましょう。

| 答 え | 乗用車が出発してから，x 時間後にトラックに追いつくとすると， |

$$60(x + 1) = 100 x$$
$$60 x + 60 = 100 x$$
$$- 40 x = - 60$$
$$x = 1.5$$

$60(x + 1)$，$100 x$ のそれぞれに $x = 1.5$ を代入すると，どちらも 150 となる。

乗用車とトラックの進んだ道のりは等しいから，$x = 1.5$ は問題に適している。

答　1.5 時間後

❷ 比例式

比例式

 家庭科で，ひき肉 300 g とたまねぎ 90 g を混ぜて，ハンバーグをつくりました。

(1) ひき肉とたまねぎの量を，できるだけ小さな自然数の比で表してみましょう。

(2) たまねぎが 150 g あります。ひき肉は何 g 必要でしょうか。

| ガ イ ド | (1) 比の前の数と後ろの数を，それぞれ同じ数でわったり，それぞれ同じ数をかけたりしても，比の値は変わりません。 |

| 答 え | (1) $300 : 90 = 10 : 3$ |

答　10 : 3

(2) ひき肉は，たまねぎの $10 \div 3 = \dfrac{10}{3}$(倍)の量が必要だから，

$$150 \times \dfrac{10}{3} = 500 (g)$$

答　500 g

教科書 P.117

| 問 1 | 次の比について，比の値を求めなさい。また，等しい比のものを見つけ，比例式で表しなさい。 |

(1) $3 : 4$　　　　(2) $7 : 5$　　　　(3) $15 : 20$　　　　(4) $6 : 2$

| ガ イ ド | $a : b$ の比の値は $\dfrac{a}{b}$ となります。約分できるときは約分しておきます。 |

| 答 え | (1) $\dfrac{3}{4}$　　　(2) $\dfrac{7}{5}$　　　(3) $\dfrac{15}{20} = \dfrac{3}{4}$　　　(4) $\dfrac{6}{2} = 3$ |

等しい比…$3 : 4 = 15 : 20$

116　教科書 P.116〜117

比例式の解き方

教科書 P.118

問 2 次の比例式を解きなさい。

(1) $x : 9 = 4 : 3$ (2) $8 : 5 = x : 6$

ガイド 両辺の比の値が等しいことから，1次方程式をつくります。

答え

(1) $\dfrac{x}{9} = \dfrac{4}{3}$

両辺に9をかけると，

$x = 12$

(2) $\dfrac{8}{5} = \dfrac{x}{6}$

両辺を入れかえると，

$\dfrac{x}{6} = \dfrac{8}{5}$

両辺に6をかけると，

$x = \dfrac{48}{5}$

教科書 P.118

問 3 問2(教科書 P.118)の比例式で，外側の2数の積と内側の2数の積が等しいことを確かめなさい。

ガイド それぞれの比例式で，外側の2数の積と内側の2数の積を求めます。x には，問2で求めた値を代入します。

答え

(1) 外側の2数の積…$12 \times 3 = 36$ 内側の2数の積…$9 \times 4 = 36$

(2) 外側の2数の積…$8 \times 6 = 48$ 内側の2数の積…$5 \times \dfrac{48}{5} = 48$

それぞれの比例式で，**外側の2数の積と内側の2数の積は等しい。**

教科書 P.119

問 4 比例式の性質を使って，次の比例式を解きなさい。

(1) $6 : 10 = 9 : x$ (2) $x : 4 = 7 : 8$

(3) $\dfrac{1}{3} : x = 2 : 9$ (4) $5 : 8 = (x - 2) : 16$

ガイド $a : b = c : d$ ならば $ad = bc$ であることから，1次方程式をつくって解きます。

答え

(1) $6 : 10 = 9 : x$

比例式の性質から，$6x = 10 \times 9$

$x = \dfrac{10 \times 9}{6}$

$x = 15$

(2) $x : 4 = 7 : 8$

比例式の性質から，$8x = 4 \times 7$

$x = \dfrac{4 \times 7}{8}$

$x = \dfrac{7}{2}$

(3) $\dfrac{1}{3} : x = 2 : 9$

比例式の性質から， $2x = \dfrac{1}{3} \times 9$

$2x = 3$

$x = \dfrac{3}{2}$

(4) $5 : 8 = (x - 2) : 16$

比例式の性質から，$8(x - 2) = 5 \times 16$

$x - 2 = \dfrac{5 \times 16}{8}$

$x - 2 = 10$

$x = 12$

3 章 1次方程式

比例式の利用

教科書 P.119

問 5 例3(教科書 P.119)で，牛乳 200 mL に対しては，コーヒーを何 mL 混ぜればよい
ですか。

ガイド 例3と同じように，最初につくったコーヒー牛乳と同じ割合で，コーヒーと牛乳
を混ぜます。ただし，今度は混ぜるコーヒーの量を x mL とします。

答え 混ぜるコーヒーの量を x mL とすると，

$$120 : 160 = x : 200$$
$$160\,x = 120 \times 200$$
$$x = 150$$

牛乳 200 mL に対してコーヒー 150 mL は，問題に適している。　　**答　150 mL**

教科書 P.120

問 6 高さが 2 m の棒の影の長さを測ったところ，3 m でした。このとき，影の長さが
10 m の木の高さは何 m ですか。四捨五入して小数第一位まで求めなさい。

ガイド 右の図のように，棒も木も地面に垂直に立っていて，
同じ時刻の影の長さを考えています。
このとき，棒の高さと影の長さの比は，木の高さと影の
長さの比に等しくなっています。

答え 木の高さを xm とすると，

$$2 : 3 = x : 10$$
$$3\,x = 2 \times 10$$
$$x = \frac{20}{3} = 6.66\cdots$$

四捨五入して小数第一位まで求めると，$x = 6.7$

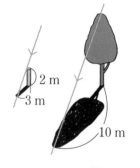

答　6.7 m

教科書 P.120

問 7 1 : 100000 の縮尺の地図上で，A 地点か
ら B 地点までの長さを測ると，4 cm で
した。A 地点から B 地点までの実際の
距離は何 km ですか。

ガイド 地図の縮尺は，地図上の長さと実際
の距離の比を表しています。

答え A 地点から B 地点までの実際の距
離を x cm とすると，

$$4 : x = 1 : 100000$$
$$x = 100000 \times 4$$
$$x = 400000$$

400000 cm = 4000 m = 4 km　　　　　　　　　　　　　　　　　　**答　4 km**

確かめよう

---

1 50円切手と120円切手を合わせて10枚買ったところ,代金の合計が920円になりました。それぞれの切手を何枚買いましたか。代金の関係から方程式をつくり,答えを求めなさい。

ガイド 50円切手を x 枚買ったとすると,120円切手は $(10 - x)$ 枚買ったことになります。

答え

50円切手を x 枚買ったとすると,
$$50x + 120(10 - x) = 920$$
$$50x + 1200 - 120x = 920$$
$$-70x = -280$$
$$x = 4$$
120円切手の枚数は,$10 - 4 = 6$

$50 \times 4 + 120 \times 6 = 920$ となるから,50円切手4枚,120円切手6枚は問題に適している。

答 50円切手…4枚,120円切手…6枚

---

2 折り紙を何人かの生徒に配るのに,1人に2枚ずつ配ると8枚あまり,1人に3枚ずつ配ると4枚たりません。生徒の人数と折り紙の枚数を求めなさい。

答え

生徒の人数を x 人とすると,
$$2x + 8 = 3x - 4$$
$$-x = -12$$
$$x = 12$$
折り紙の枚数は,$2 \times 12 + 8 = 32$

生徒の人数12人,折り紙の枚数32枚は,問題に適している。

生徒の人数… 12人
答 折り紙の枚数…32枚

---

3 比例式 $x : 8 = 7 : 12$ を解きなさい。

答え

$x : 8 = 7 : 12$ より,$12x = 8 \times 7$ $\boxed{a : b = c : d \text{ ならば } ad = bc}$
$$x = \frac{8 \times 7}{12}$$
$$x = \frac{14}{3}$$

---

4 テレビの画面の縦と横の長さの比は $9 : 16$ です。画面の縦の長さが50cmのとき,横の長さは約何cmですか。小数第二位を四捨五入して求めなさい。

答え

テレビの横の長さを x cmとすると,
$$50 : x = 9 : 16$$
$$9x = 50 \times 16$$
$$x = \frac{800}{9}$$
$$= 88.88\cdots$$
小数第二位を四捨五入すると,$x = 88.9$

答 88.9 cm

3章のまとめの問題

基本

$\boxed{1}$ 次の数量の関係を，等式や不等式で表しなさい。
(1) 1個 x 円のりんご 10 個と 200 円のかごの代金の合計は 1300 円である。
(2) ある数 x を 2 倍して 3 をひくと，x に 5 を加えた数より大きくなる。

ガイド (2) 不等号を使うときは，左辺と右辺のどちらが大きいのかに注意しましょう。

答え (1) $10x + 200 = 1300$ (2) $2x - 3 > x + 5$

$\boxed{2}$ 方程式 $3x - 5 = 7$ を次のようにして解きました。左下の①，②の操作には，それぞれどんな等式の性質が使われていますか。右下の㋐～㋓の中から選びなさい。また，そのときの m の値をいいなさい。

$$\begin{array}{l} 3x - 5 = 7 \\ 3x = 7 + 5 \quad ① \\ 3x = 12 \\ x = 4 \quad ② \end{array}$$

㋐ $A = B$ ならば，$A + m = B + m$
㋑ $A = B$ ならば，$A - m = B - m$
㋒ $A = B$ ならば，$Am = Bm$
㋓ $A = B$ ならば，$\dfrac{A}{m} = \dfrac{B}{m}$ $(m \neq 0)$

答え ① ㋐，$m = 5$ （㋑，$m = -5$） ② ㋓，$m = 3$ $\left(㋒, \ m = \dfrac{1}{3}\right)$

$\boxed{3}$ 次の方程式や，比例式を解きなさい。

(1) $\dfrac{1}{7}x = 4$ 　　(2) $3 + 4x = -9$ 　　(3) $8x = -3x + 11$

(4) $7x - 9 = 8x$ 　　(5) $3x - 7 = x + 5$ 　　(6) $1 - 6x = 4x - 9$

(7) $-2(x + 3) = 9 - 4x$ 　　(8) $0.6x - 1 = -0.7$ 　　(9) $\dfrac{1}{2}x + 3 = \dfrac{3}{4}x - 2$

(10) $5 : 2 = 20 : x$ 　　(11) $8 : x = 6 : 21$ 　　(12) $4 : 9 = x : 15$

答え

(1) $\dfrac{1}{7}x = 4$
　$x = 28$
　答 $\underline{x = 28}$

(2) $3 + 4x = -9$
　$4x = -9 - 3$
　$4x = -12$
　$x = -3$
　答 $\underline{x = -3}$

(3) $8x = -3x + 11$
　$8x + 3x = 11$
　$11x = 11$
　$x = 1$
　答 $\underline{x = 1}$

(4) $7x - 9 = 8x$
　$7x - 8x = 9$
　$-x = 9$
　$x = -9$
　答 $\underline{x = -9}$

(5) $3x - 7 = x + 5$
　$3x - x = 5 + 7$
　$2x = 12$
　$x = 6$
　答 $\underline{x = 6}$

(6) $1 - 6x = 4x - 9$
　$-6x - 4x = -9 - 1$
　$-10x = -10$
　$x = 1$
　答 $\underline{x = 1}$

(7) $-2(x+3)=9-4x$
$-2x-6=9-4x$
$-2x+4x=9+6$
$2x=15$
$x=\dfrac{15}{2}$

答　$x=\dfrac{15}{2}$

(8) $0.6x-1=-0.7$
両辺に 10 をかけると,
$6x-10=-7$
$6x=-7+10$
$6x=3$
$x=\dfrac{1}{2}$

答　$x=\dfrac{1}{2}$

(9) $\dfrac{1}{2}x+3=\dfrac{3}{4}x-2$
両辺に 4 をかけると,
$2x+12=3x-8$
$2x-3x=-8-12$
$-x=-20$
$x=20$

答　$x=20$

(10) $5:2=20:x$
$5x=2\times20$
$x=8$

答　$x=8$

(11) $8:x=6:21$
$6x=8\times21$
$x=28$

答　$x=28$

(12) $4:9=x:15$
$9x=4\times15$
$x=\dfrac{20}{3}$

答　$x=\dfrac{20}{3}$

---

4 次の問題について，下の問いに答えなさい。

> 兄は弟よりも 3 歳年上で，兄弟の年齢の和は 21 です。兄と弟の年齢はそれぞれ何歳ですか。

(1) 大和さんは，この問題を解くのに次のような方程式をつくりました。何を x で表したのかを答えなさい。

$x+(x-3)=21$

(2) (1)の方程式を解いて，この問題の答えを求めなさい。

ガイド
(1) 左辺の$(x-3)$は何を表しているか考えましょう。

答え
(1) 兄の年齢

(2) $x+(x-3)=21$
$x+x-3=21$
$x+x=21+3$
$2x=24$
$x=12$

弟の年齢は，$12-3=9$

$12+9=21$ だから, 兄の年齢 12 歳,
弟の年齢 9 歳は問題に適している。

答　兄…12 歳，弟…9 歳

---

5 水そう A には水が 29 L，水そう B には水が 10 L 入っていました。いま，A からある量だけ水をくんで B に移したところ，A の水の量が B の水の量の 2 倍になりました。移した水の量を求めなさい。

ガイド
移した水の量を x L として方程式をつくり，答えを求めましょう。
(A の水の量) − (移した水の量) = {(B の水の量) + (移した水の量)} × 2
上の式のそれぞれのことばに，数や文字 x を入れて方程式をつくりましょう。

答え 移した水の量を x L とすると,

$$29 - x = 2(10 + x)$$
$$29 - x = 20 + 2x$$
$$-x - 2x = 20 - 29$$
$$-3x = -9$$
$$x = 3$$

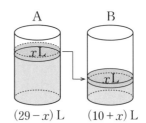

A   B

xL

xL

$(29 - x)$ L $(10 + x)$ L

$29 - 3 = 26$, $(10 + 3) \times 2 = 26$ となるから, 移した水の量 3L は問題に適している。

答　3 L

---

⑥ 3時間で 510 個の製品をつくる機械があります。この機械を何時間作動させれば 850 個の製品をつくることができますか。

ガイド 時間の比と個数の比は等しくなります。比例式をつくって解きましょう。

答え この機械を x 時間作動させたとすると,

$$3 : x = 510 : 850$$
$$510x = 3 \times 850$$
$$x = 5$$

5 時間は問題に適している。

答　5 時間

応用

1 次の方程式を解きなさい。

(1) $5x - 2(x + 3) = 3(1 - 4x)$

(2) $0.15x - 0.3 = 0.2x - 1$

(3) $0.3(x - 2) = 0.2x + 1$

(4) $\dfrac{1}{4}x - \dfrac{1}{3} = \dfrac{2}{3}x + \dfrac{1}{2}$

(5) $\dfrac{x + 3}{2} = \dfrac{x - 3}{5}$

(6) $x + \dfrac{x - 1}{2} = 1$

答え

(1) $5x - 2(x + 3) = 3(1 - 4x)$
$$5x - 2x - 6 = 3 - 12x$$
$$5x - 2x + 12x = 3 + 6$$
$$15x = 9$$
$$x = \frac{3}{5}$$

答　$x = \dfrac{3}{5}$

(2) $0.15x - 0.3 = 0.2x - 1$
$$(0.15x - 0.3) \times 100 = (0.2x - 1) \times 100$$
$$15x - 30 = 20x - 100$$
$$15x - 20x = -100 + 30$$
$$-5x = -70$$
$$x = 14$$

答　$x = 14$

(3) $0.3(x - 2) = 0.2x + 1$
$$0.3(x - 2) \times 10 = (0.2x + 1) \times 10$$
$$3(x - 2) = 2x + 10$$
$$3x - 6 = 2x + 10$$
$$3x - 2x = 10 + 6$$
$$x = 16$$

答　$x = 16$

(4) $\dfrac{1}{4}x - \dfrac{1}{3} = \dfrac{2}{3}x + \dfrac{1}{2}$
$$\left(\frac{1}{4}x - \frac{1}{3}\right) \times 12 = \left(\frac{2}{3}x + \frac{1}{2}\right) \times 12$$
$$3x - 4 = 8x + 6$$
$$3x - 8x = 6 + 4$$
$$-5x = 10$$
$$x = -2$$

答　$x = -2$

(5)
$$\frac{x+3}{2} = \frac{x-3}{5}$$
$$\frac{x+3}{2} \times 10 = \frac{x-3}{5} \times 10$$
$$5(x+3) = 2(x-3)$$
$$5x + 15 = 2x - 6$$
$$5x - 2x = -6 - 15$$
$$3x = -21$$
$$x = -7 \qquad 答 \quad x = -7$$

(6)
$$x + \frac{x-1}{2} = 1$$
$$\left(x + \frac{x-1}{2}\right) \times 2 = 1 \times 2$$
$$2x + (x - 1) = 2$$
$$2x + x - 1 = 2$$
$$2x + x = 2 + 1$$
$$3x = 3$$
$$x = 1 \qquad 答 \quad x = 1$$

---

2 x についての方程式 $3x - a = 8$ の解が 2 のとき，a の値を求めなさい。

答え

$3x - a = 8$ に，$x = 2$ を代入すると，
$$3 \times 2 - a = 8$$
$$6 - a = 8$$
$$-a = 8 - 6$$
$$-a = 2$$
$$a = -2$$

答 $a = -2$

---

3 A 市と B 市の間を自動車で往復しました。行きは時速 $40\,\mathrm{km}$，帰りは時速 $60\,\mathrm{km}$ で走り，往復で 5 時間かかりました。A 市と B 市の間の道のりを求めなさい。

答え

A 市と B 市の間の道のりを $x\,\mathrm{km}$ とすると，
$$\frac{x}{40} + \frac{x}{60} = 5$$
両辺に 120 をかけると，
$$3x + 2x = 600$$
$$5x = 600$$
$$x = 120$$

A 市と B 市の間の道のりを $120\,\mathrm{km}$ とすると，行きは 3 時間，帰りは 2 時間で，往復 5 時間になるので，道のり $120\,\mathrm{km}$ は問題に適している。

答 $120\,\mathrm{km}$

---

4 真央さんは，ある店で 1 個 150 円の品物を何個か買う予定でしたが，2 割引きセールを行っていたため，同じ金額で予定より 4 個多く買うことができました。真央さんがこの店で支払った金額を求めなさい。

答え

真央さんが買う予定だった品物の個数を x 個とすると，
$$150x = 150 \times (1 - 0.2) \times (x + 4)$$
$$150x = 120(x + 4)$$
$$150x = 120x + 480$$
$$150x - 120x = 480$$
$$30x = 480$$
$$x = 16$$

$$150 \times 16 = 2400（円）$$
$$150 \times 0.8 \times (16 + 4) = 2400（円）となり，$$
支払った金額 2400 円は問題に適している。

答 2400 円

3 章 1 次方程式

1 食料を生産地から食卓まで輸送するとき，フード・マイレージという考え方を使うことがあります。たとえば，1 t の食料を 1 km 運ぶとき，フード・マイレージは 1 tkm（トンキロメートル）と表します。食料を輸送するとき，トラックや船などの輸送手段を利用しますが，輸送時のフード・マイレージが少ないほど，二酸化炭素排出量が減ります。二酸化炭素は地球温暖化への影響が大きいと考えられているため，フード・マイレージが少ないほど環境によいと考えられます。

次の図は，フード・マイレージ 1 tkm 当たりの二酸化炭素排出量を，輸送手段ごとにまとめたものです。下の(1)～(3)の問いに答えなさい。

フード・マイレージ 1 tkm 当たりの二酸化炭素排出量（g）

鉄道 21　　トラック 167　　船 38　　飛行機 1510

(1) 北海道で生産された小麦粉 1 kg を，897 km 離れた東京までトラックで輸送します。このときの二酸化炭素排出量は何 g ですか。小数第一位を四捨五入して求めなさい。

(2) アメリカから日本までの輸送距離が 10447 km のとき，トラックと船を使って小麦粉 10 t を輸入すると，二酸化炭素排出量は 5990 kg でした。このとき，トラックと船それぞれの輸送距離を求めなさい。

(3) 二酸化炭素排出量について考えたとき，次の㋐～㋒の中から正しいものを選びなさい。

　　㋐ アメリカの小麦粉の方が日本の小麦粉よりも安いから，アメリカから輸入する方がよい。

　　㋑ 同じ量の小麦粉を運ぶ場合，トラックよりも鉄道で運ぶ方がよい。

　　㋒ 飛行機の方が船よりも輸送時間が短いから，飛行機で運ぶ方がよい。

ガイド

(1) トラックを使って小麦粉 1 t を 1 km 運ぶのに 167 g の二酸化炭素を排出することになります。

(2) トラックの輸送距離を x km として，方程式をつくります。

(3) ㋐ アメリカから輸入すると輸送距離が大きくなるから，二酸化炭素の排出量が増える可能性があります。

　　㋑ 問題の図からわかるように，同じ量の小麦粉を同じ距離だけ運ぶ場合，トラックよりも鉄道で運ぶ方が二酸化炭素の排出量は約8分の1になります。

　　㋒ フード・マイレージの考え方では，二酸化炭素の排出量は輸送するものの重さと輸送距離で計算することになるので，輸送時間は関係ありません。

答え

(1)　$1\,\text{kg} = 0.001\,\text{t}$ だから，フード・マイレージは，$0.001 \times 897 = 0.897\,(\text{tkm})$
したがって，二酸化炭素排出量は，$167 \times 0.897 = 149.799 \rightarrow 150\,(\text{g})$

$$\text{答　約}150\,\text{g}$$

(2)　トラックの輸送距離を $x\,\text{km}$ とすると，船の輸送距離は $(10447 - x)\,\text{km}$ と表される。
10 t の小麦粉を運ぶから，トラックのフード・マイレージは，$10x\,\text{tkm}$，船のフード・マイレージは，$10(10447 - x)\,\text{tkm}$ である。
$5990\,\text{kg} = 5990000\,\text{g}$ であるから，次の関係が成り立つ。

$$
\begin{aligned}
167 \times 10x + 38 \times 10(10447 - x) &= 5990000\\
1670x + 3969860 - 380x &= 5990000\\
1670x - 380x &= 5990000 - 3969860\\
1290x &= 2020140\\
x &= 1566 \qquad 10447 - 1566 = 8881
\end{aligned}
$$

トラックの輸送距離 $1566\,\text{km}$，船の輸送距離 $8881\,\text{km}$ は問題に適している。

$$\text{答　トラック}\cdots 1566\,\text{km},\ \text{船}\cdots 8881\,\text{km}$$

(3)　㋑

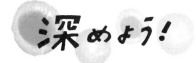

問題づくりにチャレンジ！

3章　1次方程式

1 美月さんは，次のような問題をつくりました。

> 1 本 150 円のジュースを何本か買って，2000 円を出したところ，おつりが 300 円でした。ジュースを何本買ったのでしょうか。

しかし，方程式をつくって解いてみると，この問題は答えが求められないことに気づきました。なぜ，答えが求められないのでしょうか。また，答えが求められるようにするためには，どこをどのように直せばよいでしょうか。

ガイド
求めるジュースの本数を x 本として，方程式をつくって解いてみましょう。
　$(2000\,\text{円}) - (\text{ジュースの代金}) = (\text{おつり})$

答え

$$
\begin{aligned}
2000 - 150x &= 300\\
- 150x &= 300 - 2000\\
- 150x &= -1700\\
x &= \frac{1700}{150} = \frac{34}{3} = 11\frac{1}{3}
\end{aligned}
$$

ジュースの本数は自然数でなければならないが，方程式の解は分数になってしまう。
（直し方の例）
ジュースの本数を 10 本にすると，おつりは，$2000 - 150 \times 10 = 500$
おつりを 500 円に直せばよい。

2 次の方程式や比例式で解くことのできる問題をつくってみましょう。
  (1) $3x + 80 = 230$
  (2) $8 : x = 3 : 2$

ガイド | (1) 買い物の場面での問題や，ひもの長さを考える問題などをつくってみましょう。
       (2) 小麦粉と砂糖を混ぜる問題などをつくってみましょう。

答え | (例)
(1)・みかん3個と80円のりんご1個を買ったところ，代金の合計が230円でした。
     みかん1個の値段はいくらですか。
   ・230cmのひもを，同じ長さずつ3本切り取ったら，80cm残りました。切
     り取ったひも1本の長さは何cmですか。
(2)・小麦粉と砂糖を3:2の割合で混ぜます。小麦粉を8カップ使うとき，砂糖
     は何カップ必要ですか。
   ・高さ3mの木の影の長さを測ったら，2mでした。このとき，高さ8mの
     木の影の長さは何mでしょうか。

4章 比例と反比例

1 縦 25 m，横 13 m，深さ 1.2 m のプールがあります。プール開きの前に，プールをきれいに掃除したあと，一定の割合で，プールが満水になるまで水を入れていきます。
プールに水を入れるとき，ともなって変わる 2 つの数量をいろいろ見つけましょう。

ガイド ともなって変わる 2 つの数量とは，一方の数量が変わるにつれて，もう一方の数量も変わる 2 つの数量のことをいいます。
プールに一定の割合で水を入れるというのは，単位時間当たりに同じ量の水を入れるということです。

答え （例）・水を入れる時間と水の深さ（水位）　・水を入れる時間と入った水の量
・水の深さ（水位）と残りの高さ　　　・水の深さ（水位）と水の量

2 次の①～③の水そうに一定の割合で水を入れます。水を入れる時間と水位の関係をグラフに表すと，それぞれ㋐～㋒のどれになるでしょうか。ただし，水位はいちばん高いところとします。
（水そうとグラフは教科書 129 ページを参照してください。）

ガイド ③では，水位が仕切り板をこえると水が右側に流れこむので，水位が変わらない時間帯があります。
答え ①は㋐，②は㋒，③は㋑

3 右の水そうに一定の割合で水を入れたとき，水を入れた時間と水位の関係をグラフに表すとどうなるでしょうか。おおよそのグラフをノートにかきましょう。
（水そうは教科書 129 ページを参照してください。）

ガイド 最初，水そうの底面積は小さいので，水位は速く高くなります。底面積が大きくなってからは，水位の高くなる速さはゆるやかになります。
答え 右の図

4 身のまわりから，ともなって変わる 2 つの数量の関係にあるものを探しましょう。

答え （例）・自転車で走ったときの，走った時間と進んだ道のり
・同じ品物を買うときの，個数と代金
・ある地点における時刻と気温

［.1］ 関数

✓◎ 変数
　いろいろな値をとる文字を変数という。

✓◎ 関数
　ともなって変わる2つの変数 x，y があって，x の値を決めると，それに対応する y の値がただ1つ決まるとき，y は x の関数であるという。

✓◎ 変域
　変数のとる値の範囲を，その変数の変域という。

注　変域を数直線上に表すとき，● はその数をふくむことを，○ はその数をふくまないことを意味する。

$$-10 \leqq x < 30$$

　　　　　　−10　　　　　　30

1 関数

　　教科書 P.130

 Q 縦90 cm の長方形の窓を x cm 開けたとき，開けた部分の周囲の長さを y cm とします。x と y の関係を，次の表(表は 答え 欄)にまとめてみましょう。

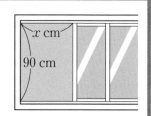

ガイド　開けた部分は，縦90 cm，横 x cm の長方形だから，周囲の長さ y は，$x \times 2 + 90 \times 2$ を計算して表にまとめましょう。

答え

開けた幅 x(cm)	10	20	30	40	50	60	…
周囲の長さ y(cm)	200	220	240	260	280	300	…

　　教科書 P.130

問1 ▷ 次の(1)～(3)で，y は x の関数であるといえますか。
　(1)　1辺の長さが x cm の正方形の面積は y cm² である。
　(2)　周囲の長さが x cm の長方形の面積は y cm² である。
　(3)　14 L の灯油を x L 使ったとき，残りは y L である。

ガイド　(1)　たとえば，1辺の長さが3 cm の正方形の面積は9 cm² で，1辺の長さが6 cm の正方形の面積は36 cm² です。

(2) たとえば，周囲の長さが 16 cm の長方形の面積は，縦 2 cm 横 6 cm のとき 12 cm² で，縦 3 cm 横 5 cm のとき 15 cm² です。このように，x の値を決めても，それに対応する y の値がただ 1 つに決まりません。

(3) たとえば，14 L の灯油を 2 L 使ったとき，残りは 12 L です。

答え

(1) y は x の関数であるといえる。

(2) y は x の関数であるとはいえない。

(3) y は x の関数であるといえる。

教科書 P.131

問 2 深さ 1.2 m のプールに，1 時間に 8 cm ずつ水位が増加するように水を入れます。水を入れ始めてから x 時間後の水位を y cm とするとき，次の問いに答えなさい。

(1) x と y の関係を，次の表（表は **答え** 欄）にまとめなさい。

(2) y は x の関数であるといえますか。

(3) y を x の式で表しなさい。また，x と y はどんな関係といえますか。

(4) プールが満水になるのは，水を入れ始めてから何時間後ですか。

ガイド

プールは直方体なので，同じ割合で水を入れると，同じ割合で水位が増加していきます。

(1) プールの水位が 1 時間に 8 cm ずつ増加するように，表に数を書き入れていきましょう。

(2) x の値を決めると，それに対応する y の値がただ 1 つ決まります。

(3) y の値を求めるとき，x の値にいくらをかければよいでしょうか。また，x の値が 2 倍，3 倍，…になると，y の値はどうなるでしょうか。

答え

(1)

水を入れ始めてからの時間 x（時間）	0	1	2	3	4	5	6	…
プールの水位 y（cm）	0	8	16	24	32	40	48	…

(2) y は x の関数であるといえる。

(3) $y = 8\,x$，比例の関係

(4) 満水の水位は 120 cm だから，$120 \div 8 = 15$　　　　答　15 時間後

教科書 P.131

問 3 問 2（教科書 P.131）のプールに，1 時間に x cm ずつ水位が増加するように水を入れると，y 時間で満水になりました。このとき，次の問いに答えなさい。

(1) x と y の関係を，次の表（表は **答え** 欄）にまとめなさい。

(2) y は x の関数であるといえますか。

(3) y を x の式で表しなさい。また，x と y はどんな関係といえますか。

ガイド

(1) 満水の水位は 120 cm だから，
（満水になるまでの時間）＝ 120 ÷（1 時間当たりの水位の増加量）です。

(2) x の値を決めると，それに対応する y の値がただ 1 つ決まります。

(3) (1)より，$y = \dfrac{(\text{きまった数})}{x}$ になります。

(1)

1時間当たりの水位の増加量 x(cm)	…	4	8	12	16	…
満水になるまでの時間 y(時間)	…	30	15	10	7.5	…

$x = 4$ のとき　　　　$120 \div 4 = 30$（時間）

$x = 12$ のとき　　　$120 \div 12 = 10$（時間）

$x = 16$ のとき　　　$120 \div 16 = 7.5$（時間）

(2) y は x の関数であるといえる。

(3) $y = \dfrac{120}{x}$, 反比例の関係

教科書 P.132

問 4 ▷ 前ページ（教科書 P.131）の問 2 の x, y の関係で，y の変域を不等号を使って表しなさい。

ガイド 変域は，変数のとる値の範囲です。

答え 深さ 120 cm のプールが満水になるまでなので，y の値は 120 までである。
したがって，y の変域は，$0 \leqq y \leqq 120$

教科書 P.132

問 5 ▷ 次のそれぞれの場合について，x の変域を不等号を使って表しなさい。

(1) x の変域が -10 以上である。

(2) x の変域が 30 未満である。

(3) x の変域が -10 以上 30 未満である。

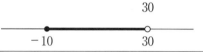

ガイド
(1) 「以上」は，$>$ と $=$ をまとめた記号 $\geqq$ を使います。
(2) 「未満」は，ある数より小さいことを表す記号 $<$ を使います。
(3) 「以上」を表す記号と「未満」を表す記号を使います。

答え **(1)** $x \geqq -10$　　**(2)** $x < 30$　　**(3)** $-10 \leqq x < 30$

---

1 関数

確かめよう

教科書 P.132

1 長さ 10 m のテープを x m 使った残りを y m とするとき，次の問いに答えなさい。

(1) $x = 2$ のときの y の値を求めなさい。

(2) y は x の関数であるといえますか。

(3) x の変域が $0 \leqq x \leqq 7$ のときの y の変域を求めなさい。

ガイド
(2) x の値を決めると，それに対応する y の値がただ 1 つ決まります。
(3) $y = 10 - x$ の式に，$x = 0$，$x = 7$ を代入して対応する y の値を求めます。

答え **(1)** $y = 8$　　**(2)** y は x の関数であるといえる。　　**(3)** $3 \leqq y \leqq 10$

⎡2⎤ 比例

☑◎ 定数

$y = 2x$ の式で，x の係数 2 は x や y の値が変化しても変わらない一定の数である。このような数を**定数**という。

☑◎ 比例

y が x の関数であり，次のような式で表せるとき，y は x に**比例する**という。

$$y = ax$$

ただし，a は 0 でない定数で，この a を**比例定数**という。

注　$y = ax$ で，定数 a が負の数の場合も比例の関係である。

☑◎ 座標軸

直角に交わる 2 本の数直線を考える。このとき，横の数直線を x **軸**，または**横軸**，縦の数直線を y **軸**，または**縦軸**，x 軸と y 軸を合わせて**座標軸**，座標軸の交わる点 O を**原点**という。

覚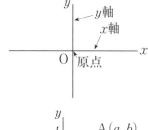

☑◎ 座標

点 A から x 軸，y 軸にそれぞれ垂直な直線を引き，x 軸，y 軸と交わる点の目盛りの数値を読み取り，数の組 (a, b) で表す。このとき，

a を点 A の x **座標**，b を点 A の y **座標**，

(a, b) を点 A の**座標**という。

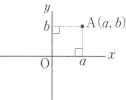

注　原点 O の座標は $(0, 0)$ である。

☑◎ 比例のグラフ

比例を表す関数 $y = ax$ のグラフは，原点を通る直線である。

① $a > 0$ のとき

グラフは右上がりで，x の値が増加すると，y の値も増加する。

② $a < 0$ のとき

グラフは右下がりで，x の値が増加すると，y の値は減少する。

注　$y = ax$ のグラフ

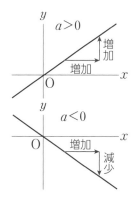

4章 比例と反比例

1 比例と式

Q 右の図のように，深さ 20 cm の空の水そうに，1 分間に 2 cm ずつ水位が増加するように水を入れています。現在の水位を基準の 0 cm とし，x 分後の水位を y cm とします。

(1) x と y の関係を，次の表（表は 答え 欄）にまとめてみましょう。

(2) x の値が 2 倍，3 倍，…になると，y の値はどうなるでしょうか。$x > 0$，$x < 0$ のそれぞれの変域で調べてみましょう。

(3) $x \neq 0$ のとき，対応する x と y の値について，$\dfrac{y}{x}$ の値を，それぞれ求めてみましょう。また，$\dfrac{y}{x}$ の値は何を表しているでしょうか。

ガイド

現在が基準の 0 分だから，－1 分は現在より 1 分前を表しています。

(1) 1 分間に 2 cm ずつ水位が増加することから，1 分前の水位は現在より 2 cm 低く，1 分後の水位は現在より 2 cm 高くなっています。

(2) x の値が正の数のときと，負の数のときで，x の値が 2 倍，3 倍，…となるときの y の値の変化のしかたを調べます。

(3) $x = 1$ のとき $y = 2$ なので，$\dfrac{y}{x} = \dfrac{2}{1} = 2$ となります。x がほかの値のときも，同様に計算してみましょう。

$\dfrac{y}{x}$ で求められる数が何を表しているかを考えます。

答え

(1)

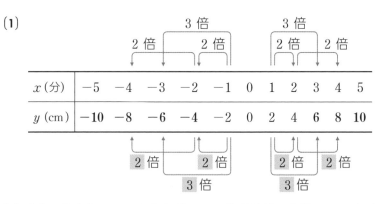

x（分）	-5	-4	-3	-2	-1	0	1	2	3	4	5
y（cm）	-10	-8	-6	-4	-2	0	2	4	6	8	10

(2) (1)の表から，$x > 0$ のとき，x の値が 2 倍，3 倍，…になると，y の値も 2 倍，3 倍，…になる。

$x < 0$ のとき，x の値が 2 倍，3 倍，…になると，y の値も 2 倍，3 倍，…になる。

(3) $x \neq 0$ のとき，すべての対応する x と y の値について，$\dfrac{y}{x} = 2$ となる。

$\dfrac{y}{x}$ の値は，1 分間の水位の増加量を表している。

教科書 P.134

問 1 次の(1)〜(4)について，y を x の式で表しなさい。また，y は x に比例するものはどれですか。比例しているものについては，比例定数をいいなさい。
(1) 時速 40 km で走る自動車が，x 時間に進む道のりは y km である。
(2) 1 辺の長さが x cm のひし形の周囲の長さは y cm である。
(3) 4 L のジュースを x 人で等分すると，1 人当たり y L である。
(4) x 人の 5% は y 人である。

ガイド
(1) （道のり）＝（速さ）×（時間）です。
(2) （ひし形の周囲の長さ）＝（1 辺の長さ）× 4 です。
(3) （1 人当たりの量）＝ 4 L ÷（等分する人数）です。
(4) x 人の 5% は，$x \times 0.05$ です。

答え
(1) $y = 40x$　y は x に比例する。**比例定数 40**
(2) $y = 4x$　y は x に比例する。**比例定数 4**
(3) $y = \dfrac{4}{x}$　y は x に比例しない。
(4) $y = 0.05x \left(y = \dfrac{1}{20}x\right)$　y は x に比例する。**比例定数 $0.05 \left(\dfrac{1}{20}\right)$**

教科書 P.135

Q 省略

教科書 P.135

問 2 **Q** (教科書 P.135)について，次の問いに答えなさい。
(1) x と y の関係を，次の表(表は **答え** 欄)にまとめなさい。
(2) y は x に比例するといえますか。その理由も説明しなさい。
(3) x の値が増加すると，y の値はどうなりますか。

ガイド
(1) 「1 分間に 2 cm ずつ水位が減少する」ので，1 分後には現在より 2 cm 低くなり，これを − 2 cm と表します。逆に，1 分前には現在より 2 cm 高く，2 分前には現在より 4 cm 高くなっていて，それぞれ正の数で表します。
(2) x の値が 2 倍，3 倍，…と変わると，それに対応する y の値はどのように変わるかを調べたり，教科書 P.134 の比例のまとめのように，x と y の対応のしかたを確かめてみましょう。
(3) (1)の表をもとに調べましょう。

答え
(1)

x(分)	−5	−4	−3	−2	−1	0	1	2	3	4	5
y(cm)	10	8	6	4	2	0	−2	−4	−6	−8	−10

(2) (1)の表から，x が正の数でも負の数でも，x の値が 2 倍，3 倍，…と変わると，y の値も 2 倍，3 倍，…と変わる。また，x と y の関係は，$y = -2x$ で表される。
したがって，**y は x に比例するといえる。**
(3) x の値が増加すると，**y の値は減少する。**

問 3 ▷ 📖(教科書 P.135)で，1 分間に 3 cm ずつ水位が減少するように水を抜くとき，y を x の式で表しなさい。

ガイド 📖では，1 分間に 2 cm ずつ水位が減少するように水を抜くとき，$y = -2x$ と表すことができました。このことをもとに考えましょう。

毎分 2 cm ずつ水位が減少する → -2 cm → $y = -2x$

毎分 3 cm ずつ水位が減少する → -3 cm → $y = -3x$

答え $y = -3x$

問 4 ▷ 次の式で表すことができる関数のうち，y が x に比例するのはどれですか。また，そのときの比例定数をいいなさい。

㋐ $y = 8x$ ㋑ $y = x + 4$ ㋒ $y = -10x$ ㋓ $y = \dfrac{x}{4}$

ガイド y が x の関数であり，変数 x，y の間に $y = ax$ の関係が成り立つとき，y は x に比例するといいます。ただし，a は 0 でない定数で，この a を比例定数といいます。

㋐ $y = 8x$ y は，8 と x の積で表されています。

㋑ $y = x + 4$ y は，x と 4 の和で表されています。

㋒ $y = -10x$ y は，-10 と x の積で表されています。

㋓ $y = \dfrac{x}{4}$ y は，$\dfrac{1}{4}$ と x の積で表されています。

答え ㋐…比例定数 8， ㋒…比例定数 -10， ㋓…比例定数 $\dfrac{1}{4}$

比例の式の求め方

問 5 ▷ y が x に比例するとき，次の(1)，(2)のそれぞれの場合について，y を x の式で表しなさい。また，$x = -4$ のときの y の値を求めなさい。

(1) $x = -3$ のとき $y = 15$ (2) $x = -2$ のとき $y = -6$

ガイド x と y の関係を $y = ax$ と表し，あたえられた x，y の値を代入して a の値を求めます。次に，求めた式に $x = -4$ を代入して，y の値を求めます。

答え

(1) y は x に比例するから，比例定数を a とすると，
$$y = ax$$
$x = -3$ のとき $y = 15$ であるから，これらを代入すると，
$$15 = a \times (-3)$$
これを解くと，$a = -5$
したがって，$y = -5x$
この式に $x = -4$ を代入すると，
$$y = -5 \times (-4)$$
$$= 20$$
答 $y = -5x$, $y = 20$

(2) y は x に比例するから，比例定数を a とすると，
$$y = ax$$
$x = -2$ のとき $y = -6$ であるから，これらを代入すると，
$$-6 = a \times (-2)$$
これを解くと，$a = 3$
したがって，$y = 3x$
この式に $x = -4$ を代入すると，
$$y = 3 \times (-4)$$
$$= -12$$
答 $y = 3x$, $y = -12$

教科書 P.136

問 6 50 g のおもりをつるすと 4 cm のびるばねがあります。ばねののびはおもりの重さに比例するとして，次の問いに答えなさい。

(1) このばねに x g のおもりをつるすと y cm のびるとして，y を x の式で表しなさい。

(2) このばねに 80 g のおもりをつるすと何 cm のびますか。

(3) x の変域が $0 \leqq x \leqq 100$ のとき，y の変域を求めなさい。

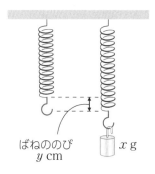

ばねののび y cm　x g

ガイド （ばね全体の長さ）＝（おもりをつるさないときの長さ）＋（ばねののび）ですが，この問題では，おもりの重さ x g とばねののび y cm が比例することをもとに考えます。

答え

(1) y は x に比例するから，比例定数を a とすると，
$$y = ax$$
$x = 50$ のとき $y = 4$ であるから，これらを代入すると，
$$4 = a \times 50$$
これを解くと，$a = \dfrac{2}{25}$
したがって，$y = \dfrac{2}{25}x$
答 $y = \dfrac{2}{25}x$

(2) $x = 80$ を(1)で求めた式に代入すると，
$$y = \dfrac{2}{25} \times 80 = \dfrac{32}{5}(6.4)$$
答 $\dfrac{32}{5}$ cm (6.4 cm)

(3) $x = 0$，$x = 100$ のときの y の値を求めると，
$x = 0$ のとき，$y = \dfrac{2}{25} \times 0 = 0$
$x = 100$ のとき，$y = \dfrac{2}{25} \times 100 = 8$
答 $0 \leqq y \leqq 8$

4章 比例と反比例

② 座標と比例のグラフ

◀ 座標 ▶

教科書 P.137

Q 右の図（図は 答え 欄）に，前ページ（教科書 P.136）の
問 5 (2) の $x = -2$, $y = -6$ の点を表すには，どうすればよいか考えてみましょう。

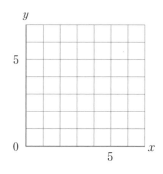

ガイド 負の数を数直線上に表すとき，数直線を 0 より左の方向へのばして，もとの数直線と同じ間隔で目盛りをとったことを思い出しましょう。

答え

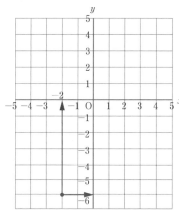

横の軸を 0 より左の方向，縦の軸を 0 より下の方向にそれぞれのばし，もとの軸と同じ間隔で負の目盛りをとって，左の図のように点を表せばよい。

教科書 P.138

問 1 点 B(3, 2) を，上（右）の図にかき入れなさい。

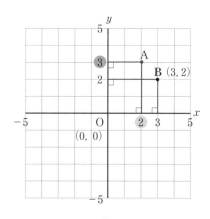

ガイド 点 B の x 座標は 3，y 座標は 2 です。
点 B は，原点から右へ 3，上へ 2 進んだ点と考えることもできます。

答え 右の図

教科書 P.138

問 2 右の図で，点 A，B，C，D，E の座標をいいなさい。

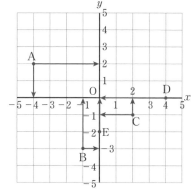

ガイド 右のようにして，x 軸，y 軸と交わる点の目盛りの数値を読み取り，
　A(x 座標，y 座標)
のように表します。

答え A(−4, 2)　　　B(−1, −3)
C(2, −1)　　　D(4, 0)
E(0, −2)

教科書 P.138

問 3 ▷ 次の点を，右の図にかき入れなさい。
P(1, 3)　　　　Q(− 3, 4)
R(− 2, − 4)　　S(3, − 2)
T(0, 2)　　　　U(− 4.5, 0)

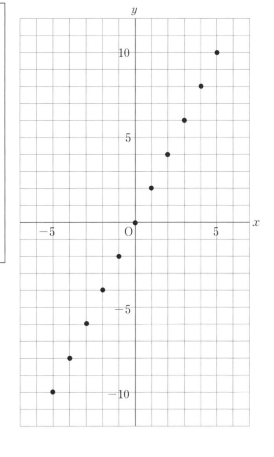

 ガイド

P(1, 3)は，原点から右へ1，上へ3進んだ点です。他の点も同じように考えましょう。
T(0, 2)は，x座標が0なのでy軸上の点，U(− 4.5, 0)は，y座標が0なのでx軸上の点です。

答 え | 右の図

◀ 比例のグラフ ▶

教科書 P.139

QUESTION Q 省略

教科書 P.139

問 4 ▷ Q (教科書 P.139)の表の対応する x，y の値の組を，それぞれ x 座標，y 座標とする点(− 5, − 10)，…，(5, 10)を，右の図にかき入れなさい。

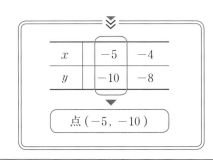

x	− 5	− 4
y	− 10	− 8

点 (− 5, − 10)

答 え | 右の図

4 章 比例と反比例

問 5 ▷ **Q**（教科書 P.139）で，x の値を−5から5まで 0.5 おきにとり，それらに対応する点を，右の図（図は 答え 欄）にかき入れなさい。

ガイド
答 え

x の値を−5から5まで 0.5 おきにとって，x と y の対応の表をつくります。

関数 $y = 2x$ について，x の値を 0.5 おきにとって対応の表をつくると，下のようになる。

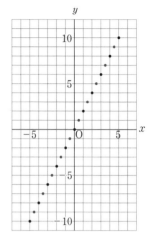

x	-5	-4.5	-4	-3.5	-3	-2.5	-2
y	-10	-9	-8	-7	-6	-5	-4

-1.5	-1	-0.5	0	0.5	1	1.5	2	2.5	3
-3	-2	-1	0	1	2	3	4	5	6

3.5	4	4.5	5
7	8	9	10

この表の値に対応する点をかき入れると，**右上の図**のようになる。

問 6 ▷ 関数 $y = -2x$ について，次の問いに答えなさい。

(1) x の値に対応する y の値を求め，次の表（表は 答え 欄）にまとめなさい。

(2) グラフはどんな形になりますか。上の表（表は 答え 欄）の対応する x，y の値をそれぞれ x 座標，y 座標とする点を，右上の図（図は 答え 欄）にかき入れなさい。

(3) x の変域をすべての数として，$y = -2x$ のグラフを，右上の図（図は 答え 欄）にかき入れなさい。

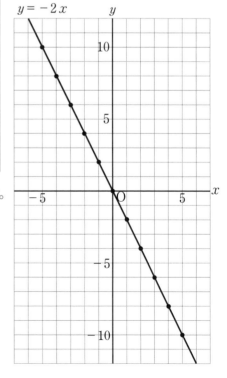

ガイド
答 え

(2)は 11 個の点の並び，(3)は直線になります。

(1)
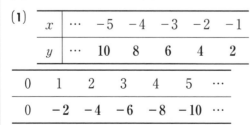

x	$\cdots$	-5	-4	-3	-2	-1
y	$\cdots$	10	8	6	4	2

0	1	2	3	4	5	$\cdots$
0	-2	-4	-6	-8	-10	$\cdots$

(2) 直線，右の図の •

(3) 右の図の • をつないだ直線

問 7 ▷ 次の関数について，x，y の対応の表をつくり，グラフを右の図にかき入れなさい。

(1) $y = 3x$

(2) $y = -3x$

(3) $y = \dfrac{1}{2}x$

(4) $y = -\dfrac{1}{2}x$

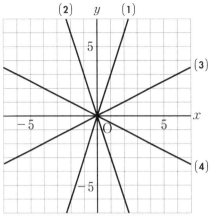

答え

(1)

x	$\cdots$	-3	-2	-1	0	1	2	3	$\cdots$
y	$\cdots$	-9	-6	-3	0	3	6	9	$\cdots$

グラフは**右上の図**

(2)

x	$\cdots$	-3	-2	-1	0	1	2	3	$\cdots$
y	$\cdots$	9	6	3	0	-3	-6	-9	$\cdots$

グラフは**右上の図**

(3)

x	$\cdots$	-4	-3	-2	-1	0	1	2	3	4	$\cdots$
y	$\cdots$	-2	$-\dfrac{3}{2}$	-1	$-\dfrac{1}{2}$	0	$\dfrac{1}{2}$	1	$\dfrac{3}{2}$	2	$\cdots$

グラフは**右上の図**

(4)

x	$\cdots$	-4	-3	-2	-1	0	1	2	3	4	$\cdots$
y	$\cdots$	2	$\dfrac{3}{2}$	1	$\dfrac{1}{2}$	0	$-\dfrac{1}{2}$	-1	$-\dfrac{3}{2}$	-2	$\cdots$

グラフは**右上の図**

問 8 ▷ 次の問いに答えなさい。

(1) 関数 $y = 2x$ では，x の値が 1 増加すると，y の値はどのように変化しますか。表やグラフをもとに説明しなさい。

(2) 関数 $y = -2x$ について，(1)と同じことを調べなさい。

(3) (1)，(2)で調べたことや，問 7（教科書 P.141）でかいたグラフから，関数 $y = ax$ のグラフについて，比例定数 a が正の数のときと負の数のときで，共通するところや異なるところをいいなさい。

答え

(1) y の値は 2 増加する。　　(2) y の値は 2 減少する。

(3) 共通するところ：原点を通る直線である。x の値が 1 増加したときの y の値の増加や減少の割合が一定である。

異なるところ：a が正の数のとき，x の値が増加すると y の値も増加し，右上がりの直線になる。a が負の数のとき，x の値が増加すると y の値は減少し，右下がりの直線になる。

問 9 ▷ 次の関数のグラフを，原点ともう１つの点を決めて，左（右）の図にかき入れなさい。

(1) $y = \dfrac{1}{4}x$

(2) $y = -\dfrac{5}{2}x$

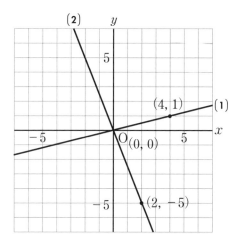

ガイド

(1) $x = 4$ のとき，$y = 1$ であるから，原点 $(0,\ 0)$ と $(4,\ 1)$ を通る直線をかけばよい。

(2) $x = 2$ のとき，$y = -5$ であるから，原点 $(0,\ 0)$ と $(2,\ -5)$ を通る直線をかけばよい。

答 え 右上の図

教科書 P.142

問 10 ▷ 右の図について，次の問いに答えなさい。

(1) 比例のグラフ①の比例定数は正の数，負の数のどちらですか。

(2) ①のグラフが点 $(2,\ 3)$ を通ることを利用して比例定数を求め，y を x の式で表しなさい。

(3) 比例のグラフ②について，(1)，(2)の考え方にならって，y を x の式で表しなさい。

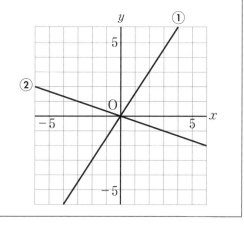

ガイド

(1) $y = ax$ のグラフで，$a > 0$ ならば右上がりの直線，$a < 0$ ならば右下がりの直線になります。

(2) $x = 2$，$y = 3$ を使います。

(3) ②のグラフは，点 $(3,\ -1)$ や $(-3,\ 1)$，$(6,\ -2)$ や $(-6,\ 2)$ を通っています。

答 え

(1) ①は右上がりの直線なので，$a > 0$　　**比例定数は正の数**

(2) y は x に比例するから，比例定数を a とすると，

$$y = ax$$

$x = 2$ のとき $y = 3$ であるから，これらを代入すると，

$$3 = a \times 2$$

これを解くと，$a = \dfrac{3}{2}$

したがって，　$y = \dfrac{3}{2}x$

答　$y = \dfrac{3}{2}x$

---

(3) ②は右下がりの直線なので，比例定数は負の数になる。

　　　y は x に比例するから，比例定数を a とすると，
$$y = ax$$
　　$x = 3$ のとき $y = -1$ であるから，これらを代入すると，
$$-1 = a \times 3$$
　　これを解くと，$a = -\dfrac{1}{3}$

　　したがって，　$y = -\dfrac{1}{3}x$

答　$y = -\dfrac{1}{3}x$

② 比例

確かめよう

教科書 P.143

1 底辺 $12\,\mathrm{cm}$，高さ $x\,\mathrm{cm}$ の三角形の面積を $y\,\mathrm{cm}^2$ とするとき，
次の問いに答えなさい。
(1)　y を x の式で表しなさい。
(2)　y は x に比例するといえますか。

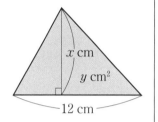

答え

(1)　(三角形の面積) $= \dfrac{1}{2} \times$ (底辺) $\times$ (高さ) より，
$$y = \dfrac{1}{2} \times 12 \times x = 6x$$
答　$y = 6x$

(2)　**y は x に比例するといえる。**

2 y は x に比例し，$x = 4$ のとき $y = 12$ です。y を x の式で表しなさい。また，$x = -6$
のときの y の値を求めなさい。

ガイド　求める式を $y = ax$ とおいて，比例定数 a の値を求めます。

答え

y は x に比例するから，比例定数を a とすると，
$$y = ax$$
$x = 4$ のとき $y = 12$ であるから，これらを代入すると，
$$12 = a \times 4$$
これを解くと，$a = 3$
したがって，　$y = 3x$
この式に $x = -6$ を代入すると，
$$y = 3 \times (-6)$$
$$= -18$$
答　$y = 3x,\ y = -18$

4章　比例と反比例

3 右の図で，点Aの座標をいいなさい。また，点B$(3, -1)$を，右の図にかき入れなさい。

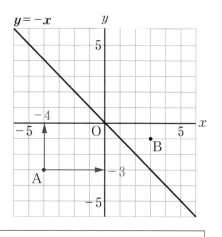

点Aのx座標とy座標を読み取りましょう。

点A$(-4, -3)$　　点Bは**右の図**

---

4 関数$y = -x$のグラフを，右（上）の図にかき入れなさい。

$y = -x$のグラフは，$(0, 0)$，$(5, -5)$，$(-5, 5)$などの点を通ります。直線をかきやすいように点をとりましょう。

x	$\cdots$	-6	-5	-4	-3	-2	-1	0	1	2	3	4	5	6	$\cdots$
y	$\cdots$	6	5	4	3	2	1	0	-1	-2	-3	-4	-5	-6	$\cdots$

上の図の直線

---

5 右のグラフについて，yをxの式で表しなさい。

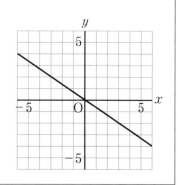

グラフは点$(3, -2)$や点$(-3, 2)$などを通っています。$y = ax$の式にこれら1組の値を代入して，aの値を求めます。

yはxに比例するから，比例定数をaとすると，
$$y = ax$$
$x = 3$のとき，$y = -2$であるから，これらを代入すると，
$$-2 = 3a$$
これを解くと，$a = -\dfrac{2}{3}$

したがって，　$y = -\dfrac{2}{3}x$

答　$y = -\dfrac{2}{3}x$

　教科書 P.143

3 反比例

教科書のまとめ テスト前にチェック✓

☑◎ **反比例**

y が x の関数であり，次のような式で表せるとき，y は x に反比例するという。

$$y = \frac{a}{x}$$

ただし，a は 0 でない定数で，この a を**比例定数**という。

📝 反比例のときも，a を比例定数という。

☑◎ **反比例のグラフ**

反比例を表す関数 $y = \frac{a}{x}$ のグラフは，次の図のような2つのなめらかな曲線になる。このような1組の曲線を**双曲線**という。

📝 $a > 0$ のとき，$x < 0$，$x > 0$ のそれぞれの変域で，x の値が増加すると，y の値は減少する。$a < 0$ のとき，$x < 0$，$x > 0$ のそれぞれの変域で，x の値が増加すると，y の値も増加する。

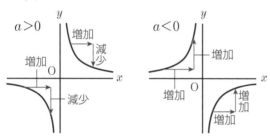

① 反比例と式

教科書 P.144

問 1 面積 $6\,\text{cm}^2$ の長方形について，次の問いに答えなさい。

(1) 次の方眼上（図は次ページ 答え 欄）に，点 O を1つの頂点として，面積 $6\,\text{cm}^2$ の長方形をいろいろかきなさい。

(2) 横の長さを $x\,\text{cm}$，縦の長さを $y\,\text{cm}$ として，x と y の関係を次の表（表は次ページ 答え 欄）にまとめなさい。

(3) x の値が 2 倍，3 倍，…になると，y の値はどうなるでしょうか。

ガイド （長方形の面積）＝（縦の長さ）×（横の長さ）だから，たとえば，横を $12\,\text{cm}$ にすると，縦は $0.5\,\text{cm}$ になります。

答え

(1)
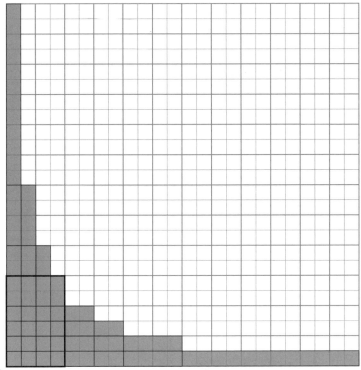

O

(1目盛りを 0.5cm とします)

(2)

x(cm)	…	1	2	3	4	5	6	…
y(cm)	…	6	3	2	1.5	1.2	1	…

(3) 右の表から，x の値が 2 倍，3 倍，
…になると，それに対応する y の
値は，$\frac{1}{2}$ 倍，$\frac{1}{3}$ 倍，…になることが
わかる。

2倍 ⌢ 3倍 ⌢

x(cm)	1	2	3	4	5	6
y(cm)	6	3	2	1.5	1.2	1

$\frac{1}{2}$ 倍 ⌣ $\frac{1}{3}$ 倍 ⌣

教科書 P.145

問 2 ▷ 次の(1)～(3)について，y を x の式で表しなさい。また，y は x に反比例するといえ
ますか。

(1) 18 m のロープを x 等分したとき，1 本分の長さが y m である。
(2) 500 mL のジュースを x mL 飲んだとき，残りが y mL である。
(3) 面積 30 cm²，底辺 x cm の三角形の高さが y cm である。

ガイド

・ y を x の式で表すので，式は $y = \cdots$ の形にします。

・ $y = \dfrac{a}{x}$（a は 0 でない定数）のとき，y は x に反比例します。

答え

(1) $y = 18 \div x$ ➡ $y = \dfrac{18}{x}$ 　　y は x に反比例するといえる。

(2) $x + y = 500$ ➡ $y = 500 - x$ 　y は x に反比例するとはいえない。

(3) $y = 30 \times 2 \div x$ ➡ $y = \dfrac{60}{x}$ 　y は x に反比例するといえる。

144

Q 関数 $y = \dfrac{6}{x}$ について，x と y の関係を，次の表（表は 答え 欄）にまとめてみましょう。$x < 0$ のとき，x の値が2倍，3倍になると，y の値はどうなるでしょうか。

答え

x	$\cdots$	-6	-5	-4	-3	-2	-1	0	1	2	3	4	5	6	$\cdots$
y	$\cdots$	-1	-1.2	-1.5	-2	-3	-6	✕	6	3	2	1.5	1.2	1	$\cdots$

注 上の表の×印は，$x = 0$ は除いて考えることを示している。

右の表から，**$x < 0$ のとき，x の値が2倍，3倍になると，それに対応する y の値は，$\dfrac{1}{2}$倍，$\dfrac{1}{3}$倍になることがわかる。**

3倍　2倍

x	$\cdots$	-6	-5	-4	-3	-2	-1	0
y	$\cdots$	-1	-1.2	-1.5	-2	-3	-6	✕

$\dfrac{1}{3}$倍　$\dfrac{1}{2}$倍

問 3 関数 $y = -\dfrac{6}{x}$ について，次の問いに答えなさい。
(1) y は x に反比例するといえますか。また，その理由を説明しなさい。
(2) x と y の関係を，次の表（表は 答え 欄）にまとめなさい。
(3) x の値が2倍，3倍，$\cdots$になると，y の値はどうなりますか。$x > 0$，$x < 0$ のそれぞれの変域で調べなさい。

ガイド (3) (2)の表から y の値の変化を調べましょう。

答え (1) $y = -\dfrac{6}{x} = \dfrac{-6}{x}$ と考えると，$y = \dfrac{a}{x}$ の形の式（$a = -6$）で表せるから，**y は x に反比例するといえる。**

(2)

x	$\cdots$	-6	-5	-4	-3	-2	-1	0	1	2	3	4	5	6	$\cdots$
y	$\cdots$	1	1.2	1.5	2	3	6	✕	-6	-3	-2	-1.5	-1.2	-1	$\cdots$

(3)

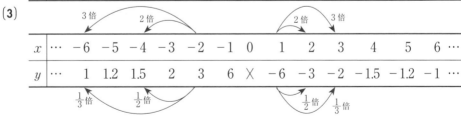

上のように，$x > 0$，$x < 0$ のどちらの変域でも，x の値が2倍，3倍，$\cdots$になると，それに対応する y の値は $\dfrac{1}{2}$倍，$\dfrac{1}{3}$倍，$\cdots$になる。

教科書 P.146

問 4 次の式で表すことができる関数のうち，y が x に反比例するものはどれですか。また，そのときの比例定数をいいなさい。

㋐　$y = \dfrac{12}{x}$　　　㋑　$y = \dfrac{x}{12}$　　　㋒　$y = -\dfrac{4}{x}$　　　㋓　$xy = -20$

答え ｜ ㋐…比例定数 12，㋒…比例定数 -4，㋓…比例定数 -20

反比例の式の求め方

教科書 P.147

問 5 y が x に反比例するとき，次の(1)，(2)のそれぞれの場合について，y を x の式で表しなさい。また，$x = -3$ のときの y の値を求めなさい。

(1)　$x = 2$ のとき $y = 9$　　　　　　(2)　$x = 6$ のとき $y = -4$

ガイド 教科書 P.147 の例 2 と同じ手順で考えます。

答え

(1)　y は x に反比例するから，比例定数を a とすると，
$$y = \frac{a}{x}$$
$x = 2$ のとき $y = 9$ であるから，これらを代入すると，
$$9 = \frac{a}{2}$$
これを解くと，$a = 18$
したがって，　$y = \dfrac{18}{x}$
この式に $x = -3$ を代入すると，
$$y = \frac{18}{-3} = -6$$
答　$y = \dfrac{18}{x}$，$y = -6$

(2)　y は x に反比例するから，比例定数を a とすると，
$$y = \frac{a}{x}$$
$x = 6$ のとき $y = -4$ であるから，これらを代入すると，
$$-4 = \frac{a}{6}$$
これを解くと，$a = -24$
したがって，　$y = -\dfrac{24}{x}$
この式に $x = -3$ を代入すると，
$$y = -\frac{24}{-3} = 8$$
答　$y = -\dfrac{24}{x}$，$y = 8$

教科書 P.147

問 6 1分間に 4 L ずつ水を入れると，1時間で満水になる浴そうがあります。次の問いに答えなさい。

(1)　この浴そうには，何 L の水が入りますか。

(2)　1分間に x L ずつ水を入れると，y 分で満水になるとするとき，y を x の式で表しなさい。

(3)　1分間に 5 L ずつ水を入れると，何分で満水になりますか。

答え

(1)　$4 \times 60 = 240$　　　　　　　　　　　　　　　　答　240 L

(2)　$xy = 240$ より，$y = \dfrac{240}{x}$　　　　　　　　答　$y = \dfrac{240}{x}$

(3)　$x = 5$ を $y = \dfrac{240}{x}$ に代入すると，$y = \dfrac{240}{5} = 48$　　答　48 分

② 反比例のグラフ

教科書 P.148

QUESTION **Q** 省略

教科書 P.148

問 1 ▷ **Q** (教科書 P.148)の表の対応する x, y の値の組を，次の図(図は 答え 欄)にかき入れなさい。

答 え 下の図の黒い点

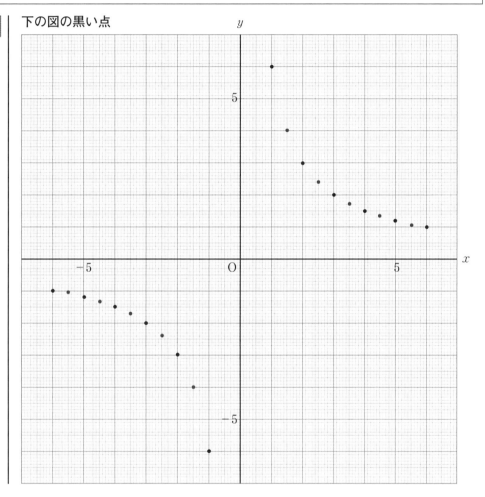

教科書 P.149

問 2 ▷ 前ページ(教科書 P.148)の **Q** で，x の値を -6 から 6 まで 0.5 おきにとり，それらに対応する点を，前ページ(上)の図にかき入れなさい。

ガイド $6 \div x$ の値を順に計算していきます。電卓を使うとよいでしょう。

答 え 上の図の赤い点

問 3 ▷ 関数 $y = -\dfrac{6}{x}$ のグラフを，x，y の対応の表をつくり，右の図（図は 答え 欄）にかき入れなさい。

ガイド x と y の関係を表にまとめ，それぞれの点をとってなめらかな曲線で結び，グラフをかきます。

答え 教科書 P.148 の 🔲 と同じようにして表をつくると，次のようになる。

x	-6	-5	-4	-3	-2	-1	0	1	2	3	4	5	6
y	1	1.2	1.5	2	3	6	✕	-6	-3	-2	-1.5	-1.2	-1

この表の対応する x，y の値をそれぞれ x 座標，y 座標とする点をとってなめらかな曲線で結ぶと，**グラフは下の図のような双曲線になる。**

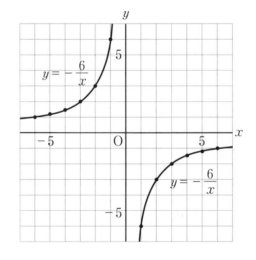

問 4 ▷ 関数 $y = \dfrac{6}{x}$ と $y = -\dfrac{6}{x}$ のそれぞれについて，次の問いに答えなさい。

(1) $x > 0$ のとき，x の値が増加すると，y の値は増加しますか。それとも減少しますか。

(2) $x < 0$ のとき，(1)と同じことを調べなさい。

ガイド 教科書 P.148 の 🔲 の表や，P.149 のグラフから考えましょう。

答え (1) $y = \dfrac{6}{x}$ については，x の値が増加すると，y の値は減少する。

$y = -\dfrac{6}{x}$ については，x の値が増加すると，y の値も増加する。

(2) $y = \dfrac{6}{x}$ については，x の値が増加すると，y の値は減少する。

$y = -\dfrac{6}{x}$ については，x の値が増加すると，y の値も増加する。

Tea Break

双曲線の先端は？

関数 $y = \dfrac{6}{x}$ では,

$x = 0.1$ のとき　　　　$y = 60$

$x = 0.01$ のとき　　　$y = 600$

$x = 0.001$ のとき　　$y = 6000$

　　　　⋮

のように, $x > 0$ のとき, x の値を 0 に近づけていくと, y の値は限りなく大きくなっていきます。したがって, 右の図で, グラフの左側の先端は, y 軸に近づきながら限りなく上方にのびていることがわかります。

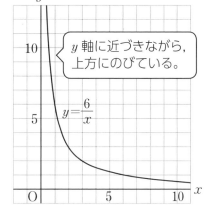

y 軸に近づきながら, 上方にのびている。

$y = \dfrac{6}{x}$

☕🧮 $x = 10,\ 100,\ 1000,\ 10000,\ \cdots$ と, x の値を大きくしていくとき, 反比例のグラフについてどんなことがわかるでしょうか。

答え

$x = 10$ のとき　　　　$y = 0.6$

$x = 100$ のとき　　　$y = 0.06$

$x = 1000$ のとき　　$y = 0.006$

$x = 10000$ のとき　$y = 0.0006$

　　　　⋮

のように, $x > 0$ のとき, x の値を限りなく大きくしていくと, y の値は $y > 0$ で限りなく小さくなって, 0 に近づいていく。

このことから, **グラフの先端は, 右の方にいくにしたがって, 限りなく x 軸に近づいていく**ことがわかる。

③ 反比例

確かめよう

教科書 P.151

1 面積 $24\ \text{cm}^2$, 底辺 $x\ \text{cm}$ の平行四辺形の高さを $y\ \text{cm}$ とするとき, 次の問いに答えなさい。

(1) x と y の関係を, 次のページ [答え] 欄の表にまとめなさい。

(2) y を x の式で表しなさい。

(3) y は x に反比例するといえますか。

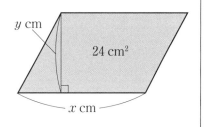

$y\ \text{cm}$

$24\ \text{cm}^2$

$x\ \text{cm}$

ガイド

（平行四辺形の面積）＝（底辺）×（高さ）より, （高さ）＝$\dfrac{（平行四辺形の面積）}{（底辺）}$

4章 比例と反比例

149

教科書 P.150〜151

(1)

x(cm)	⋯	2	3	4	5	6	8	12	⋯
y(cm)	⋯	12	8	6	4.8	4	3	2	⋯

(2) $y = \dfrac{24}{x}$

(3) y は x に反比例するといえる。

---

2 y は x に反比例し，$x = -2$ のとき $y = 9$ です。y を x の式で表しなさい。また，$x = 6$ のときの y の値を求めなさい。

ガイド 求める式を $y = \dfrac{a}{x}$ とおき，次に対応する x の値と y の値を代入して a の値を求めます。

答 え y は x に反比例するから，比例定数を a とすると，
$$y = \dfrac{a}{x}$$
$x = -2$ のとき $y = 9$ であるから，これらを代入すると，
$$9 = \dfrac{a}{-2}$$
これを解くと，$a = -18$
したがって，$y = -\dfrac{18}{x}$
この式に $x = 6$ を代入すると，
$$y = -\dfrac{18}{6}$$
$$= -3$$

答 $y = -\dfrac{18}{x}$, $y = -3$

---

3 関数 $y = \dfrac{12}{x}$ のグラフを，右の図にかき入れなさい。

ガイド x と y の関係を表にまとめると次のようになります。点をなめらかに結びましょう。

x	⋯	-12	-6	-4	-3	-2	-1
y	⋯	-1	-2	-3	-4	-6	-12

0	1	2	3	4	6	12	⋯
×	12	6	4	3	2	1	⋯

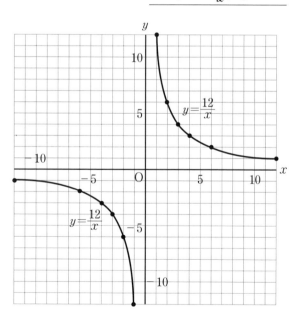

答 え 右の図

4 比例と反比例の利用

教科書のまとめ テスト前にチェック☑

☑◎ **比例の利用**

比例関係にある 2 つの数量を見つけ，それらに関する問題を解決するには，式やグラフを活用する。

比例の式…$y = ax$（a は 0 でない定数）

比例のグラフ…原点を通る直線

☑◎ **反比例の利用**

反比例関係にある 2 つの数量を見つけ，それらに関する問題を解決するには，式やグラフを活用する。

反比例の式…$y = \dfrac{a}{x}$（a は 0 でない定数）

反比例のグラフ…なめらかな 2 つの曲線（双曲線）

注 比例 $y = ax$ は，$\dfrac{y}{x} = a$ とも表せるので，商が一定の関係とみることができる。

注 反比例 $y = \dfrac{a}{x}$ は，$xy = a$ とも表せるので，積が一定の関係とみることができる。

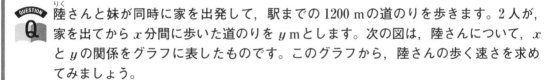

❶ 比例と反比例の利用

教科書 P.152

QUESTION Q 陸さんと妹が同時に家を出発して，駅までの 1200 m の道のりを歩きます。2 人が，家を出てから x 分間に歩いた道のりを y m とします。次の図は，陸さんについて，x と y の関係をグラフに表したものです。このグラフから，陸さんの歩く速さを求めてみましょう。

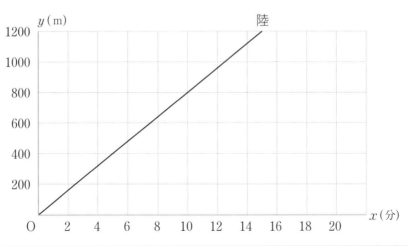

ガイド グラフから，陸さんは家から駅まで一定の速さで歩いていることがわかります。また，グラフ上の点の座標から，10 分間で 800 m 歩いていることもわかります。

答え $800 \div 10 = 80$

答 分速 80 m

問 1 ❓(教科書 P.152)について，次の問いに答えなさい。

(1) 陸さんについて，y を x の式で表しなさい。

(2) 妹が分速 60 m で歩くとするときのグラフを上の図(図は 答え 欄)にかき入れ，y を x の式で表しなさい。また，妹は，家を出てから何分後に駅に着きますか。

(3) 陸さんが駅に着いたとき，妹は駅の手前何 m の地点にいますか。

ガイド

(2) 妹は分速 60 m ですから，出発した 10 分後には 600 m のところにいます。$y = 60x$ のグラフは原点を通る直線になります。妹が駅に着く時間は，グラフから読み取るか，$y = 60x$ の式に $y = 1200$ を代入して求めます。

(3) 陸さんが駅に着くときの x の値を求めます。

答え

(1) 陸さんの歩く速さは，分速 80 m だから，$y = 80x$　　　**答　$y = 80x$**

(2)
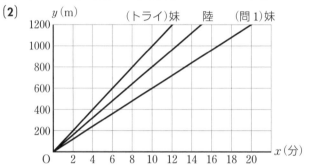

妹の歩く速さは，分速 60 m だから，$y = 60x$　　　**答　$y = 60x$**

$y = 60x$ に $y = 1200$ を代入すると，$1200 = 60x$　　$x = 20$　　**答　20 分後**

(3) $y = 80x$ に $y = 1200$ を代入すると，$1200 = 80x$　　$x = 15$

$x = 15$ のとき，$y = 60 × 15 = 900$　　　$1200 - 900 = 300$

答　駅の手前 300 m の地点

 ❓(教科書 P.152)で，妹が分速 100 m で歩くとしたときのグラフをかいてみよう。また，そのグラフと陸さんのグラフを利用して，問題をつくってみよう。

答え

グラフは上の図

(例)　妹と陸さんの間の道のりが 200 m になるのは，出発してから何分後ですか。

（答　10 分後）

問 2 右下の図のような天びんがあります。支点より左には乾電池(かんでんち)をつるして固定し，支点より右にはおもりをつるし，おもりの重さと支点からの距離(きょり)をいろいろ変えて，左右がつり合うようにします。このとき，おもりの重さ x g と支点からの距離 y cm の関係を調べたところ，次の表のようになりました。下の問いに答えなさい。

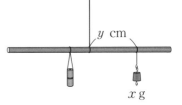
y cm

x g

x (g)	10	20	30	40	50
y (cm)	30	15	10	7.5	6

（1） y を x の式で表しなさい。

（2） x と y はどんな関係にありますか。

（3） 60 g のおもりをつるすとき，支点から何 cm の距離でつり合いますか。

（4） 支点から 12 cm の距離でつり合うのは何 g のおもりですか。

ガイド 表より，x の値が 2 倍，3 倍，…になると，y の値は $\frac{1}{2}$ 倍，$\frac{1}{3}$ 倍，…になるので，y は x に反比例していることがわかります。

答え

（1） $y = \dfrac{300}{x}$

（2） **反比例の関係**にある。

（3） $y = \dfrac{300}{x}$ に，$x = 60$ を代入して，$y = 5$ <u>答　5 cm</u>

（4） $xy = 300$ だから，この式に，$y = 12$ を代入して，$x = 25$ <u>答　25 g</u>

問 3 ある工場では，牛乳パック 30 枚からトイレットペーパーを 5 個つくることができます。牛乳パック x 枚からトイレットペーパーを y 個つくることができるとしたとき，次の問いに答えなさい。

（1） y を x の式で表しなさい。

（2） この工場では，牛乳パック 132 枚からトイレットペーパーを何個つくることができますか。

ガイド 牛乳パック x 枚とトイレットペーパー y 個で，y は x に比例すると考えられます。教科書 P.154 の例 2 を参考にしましょう。

答え

（1） y は x に比例するから，比例定数を a とすると，

$$y = ax$$

$x = 30$ のとき $y = 5$ であるから，これらを代入すると，

$$5 = a \times 30$$

これを解くと，$a = \dfrac{1}{6}$

したがって，$y = \dfrac{1}{6}x$

<u>答　$y = \dfrac{1}{6}x$</u>

4章 比例と反比例

(2) (1)で求めた式に $x = 132$ を代入すると,

$$y = \frac{1}{6} \times 132$$

$$= 22$$

答　22 個

別　解

(2) $30 : 132 = 5 : y$

$30y = 132 \times 5$　　これを解くと，$y = 22$

答　22 個

図形における利用

教科書 P.155

問 4 ▷ 例3（教科書 P.155）について，次の問いに答えなさい。

(1) 点 P が A から 5 cm 動いたときの三角形 APD の面積を求めなさい。

(2) x と y の変域をそれぞれ求めなさい。

答　え

(1) 例3より，$y = 6x$ に $x = 5$ を代入すると，$y = 6 \times 5 = 30$　　答　$30\,\mathrm{cm}^2$

(2) $AB = 12$ cm だから，$0 \leqq x \leqq 12$

$x = 12$ を $y = 6x$ に代入すると，$y = 6 \times 12 = 72$ より，$0 \leqq y \leqq 72$

答　x の変域…$0 \leqq x \leqq 12$, y の変域…$0 \leqq y \leqq 72$

教科書 P.155

問 5 ▷ 右の図のような正方形 ABCD があります。点 P は辺 AB 上を，点 Q は辺 AD 上を，三角形 APQ の面積がつねに $6\,\mathrm{cm}^2$ であるように動きます。AP の長さが x cm のときの AQ の長さを y cm として，次の問いに答えなさい。

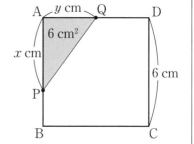

(1) y を x の式で表しなさい。

(2) y は x に比例しますか。それとも反比例しますか。

(3) x と y の変域をそれぞれ求めなさい。

ガイド

三角形 APQ の面積は，$\frac{1}{2} \times$ AP $\times$ AQ で計算できます。

答　え

(1) $\frac{1}{2} \times$ AP $\times$ AQ $= 6$ より，AQ $= 6 \times 2 \div$ AP　よって，$y = \dfrac{12}{x}$

答　$y = \dfrac{12}{x}$

(2) $y = \dfrac{12}{x}$ は反比例の式である。　　　　答　y は x に反比例する

(3) x の最大値は 6 だから，$x = 6$ を $y = \dfrac{12}{x}$ に代入すると，$y = 2$

これより，y の最小値は 2

y の最大値も 6 だから，$y = 6$ を $y = \dfrac{12}{x}$ に代入すると，$x = 2$

これより，x の最小値は 2

答　x の変域…$2 \leqq x \leqq 6$, y の変域…$2 \leqq y \leqq 6$

学校の健康診断などで行われる視力検査では，次ページ（教科書 P.157）の図のような，ランドルト環と呼ばれる，一部分にすき間があいている図を使った，視力検査表が用いられています。この視力検査表で，ともなって変わる 2 つの数量を探し，その数量がどんな関係になっているか調べてみましょう。

① 視力を x，環の外側の直径を y mm として，x と y の関係を調べます。次ページ（教科書 P.157）の視力検査表を使って外側の直径を測り，次の表に書き入れましょう。

ガ イ ド

定規では，1 mm までしか目盛りがないので，目盛りの間の数値になるときは，およその値を小数点第一位まで読み取るようにします。

答 え

視力 x	0.1	0.2	0.3	0.4	0.5	0.6
外側の直径 y(mm)	**75.0**	**37.5**	**25.0**	**18.5**	**15.0**	**12.5**

	0.7	0.8	0.9	1.0	1.2	1.5	2.0
	10.7	**9.4**	**8.3**	**7.5**	**6.3**	**5.0**	**3.8**

注 定規などで測定する場合，正確に測れないことがあるが，測定して得られた値を真の値とみなして考える。

② 上（教科書 P.156）の表から，視力 x と外側の直径 y mm の間には，どんな関係があると考えられるでしょうか。左（右）の図にグラフをかき入れましょう。
また，x と y の関係を式に表しましょう。

ガ イ ド

答 え

① の表を利用します。

グラフは**右上の図**

① の表から，視力 x と外側の直径 y mm の積はほぼ一定だから，x と y の関係は，**反比例**と考えられる。

$x = 0.1$ のとき $y = 75$ だから，

$xy = a$ にこれらの値を代入すると，$0.1 \times 75 = a$
$$a = 7.5$$

したがって，$xy = 7.5$ より，$y = \dfrac{7.5}{x}$

y(mm) のグラフ

答 $y = \dfrac{7.5}{x}$

③ 視力を x，すき間の幅を y mm とすると，x と y の間にはどんな関係があるでしょうか。**①**，**②**（教科書 P.156）と同じようにして調べてみましょう。

視力 x

155

答え　実際に測って，結果をグラフにすると，次のようになる。

視力 x	0.1	0.2	0.3	0.4	0.5
すき間の幅 y(mm)	15.0	7.5	5.0	3.8	3.0

0.6	0.7	0.8	0.9	1.0	1.2	1.5	2.0
2.5	2.1	1.9	1.7	1.5	1.3	1	0.8

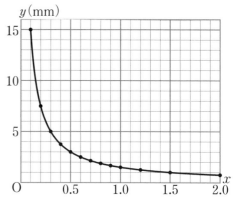

x と y の関係は**反比例**になり，
比例定数は，$0.1 \times 15 = 1.5$
したがって，$y = \dfrac{1.5}{x}$　　　**答**　$y = \dfrac{1.5}{x}$

教科書 P.158

④ 視力 0.05 を測るためのランドルト環の外側の直径とすき間の幅を求めてみましょう。

 答え

$y = \dfrac{7.5}{x}$ に $x = 0.05$ を代入すると，$y = 150$

$y = \dfrac{1.5}{x}$ に $x = 0.05$ を代入すると，$y = 30$

答　外側の直径　150 mm，すき間の幅　30 mm

教科書 P.158

⑤ 外側の直径が 7.5 mm のランドルト環 1 つで視力を調べたいと思います。物を見るとき，距離を 2 倍，3 倍，…にすると，物の大きさは $\dfrac{1}{2}$ 倍，$\dfrac{1}{3}$ 倍，…に見えるとき，次の問いを考えてみましょう。

(1) 視力 8.0 であるかどうかを調べるには，何 m 離れたところから調べればよいでしょうか。また，視力 0.5 のときはどうでしょうか。

(2) 視力 x を調べるために離れる距離を y m とすると，x と y はどんな関係にあるといえるか説明してみましょう。

ガイド　外側の直径が 7.5 mm のランドルト環は，5 m の距離から視力 1.0 を調べるものです。

答え

(1) 視力 8.0 は 1.0 の 8 倍だから，環の大きさを $\dfrac{1}{8}$ にするために距離を 8 倍にしなければならない。$5 \times 8 = 40$(m)

視力 0.5 は 1.0 の $\dfrac{1}{2}$ だから，環の大きさを 2 倍にするために距離を $\dfrac{1}{2}$ 倍にしなければならない。$5 \times \dfrac{1}{2} = 2.5$(m)

答　視力 8.0 のとき 40 m，視力 0.5 のとき 2.5 m

(2) **(例)**　視力 x が 2 倍，3 倍，…になると，距離 y も 2 倍，3 倍，…になるので，x と y は比例の関係にある。$x = 1.0$ のとき $y = 5$ だから，関係式は，$y = 5x$ になる。

156

確かめよう

1 同じくぎ20本の重さを調べたところ，50gでした。くぎ x 本の
重さを y g として，次の問いに答えなさい。

(1) y を x の式で表しなさい。

(2) このくぎ300本を用意するためには，何gを量り取ればよ
いですか。

ガイド

(1) y は x に比例すると考えられるので，$y = ax$ とおいて，$x = 20$ のとき
$y = 50$ であることから，a の値を求めましょう。

(2) (1)で求めた式に $x = 300$ を代入し，y の値を求めます。

答え

(1) y は x に比例すると考えられるから，比例定数を a とすると，
$$y = ax$$
$x = 20$ のとき $y = 50$ であるから，これらを $y = ax$ に代入すると，
$$50 = a \times 20$$
これを解くと，$a = \dfrac{5}{2}$　　したがって，$y = \dfrac{5}{2} x$

答 $y = \dfrac{5}{2} x$

(2) (1)の式に $x = 300$ を代入すると，$y = \dfrac{5}{2} \times 300 = 750$

答 750 g

4章のまとめの問題

基本

1 次の◯◯にあてはまることばをいいなさい。

(1) ともなって変わる2つの変数 x，y があって，x の値を決めると，それに対応する
y の値がただ1つ決まるとき，y は x の◯◯であるという。

(2) 比例を表す関数 $y = -3x$ では，x の値が増加すると，それに対応する y の値は
◯◯する。

(3) 反比例を表す関数 $y = \dfrac{12}{x}$ で，定数12のことを◯◯という。

ガイド

(2) 比例を表す関数 $y = ax$ で，$a > 0$ のときは，x の値が増加すると y の値も
増加します。$a < 0$ のときは，x の値が増加すると y の値は減少します。

答え

(1) 関数　　(2) 減少　　(3) 比例定数

2 次の関数について，y を x の式で表しなさい。また，$x = 4$ のときの y の値を求めなさい。

(1) y は x に比例し，$x = 6$ のとき $y = 9$

(2) y は x に反比例し，$x = -2$ のとき $y = 2$

教科書 P.160

ガイド
(1) 比例の式を $y = ax$ として，x と y の値の組を代入します。

(2) 反比例の式を $y = \dfrac{a}{x}$ として，x と y の値の組を代入します。

答え

(1) y は x に比例するから，比例定数を a とすると，
$$y = ax$$
$x = 6$ のとき $y = 9$ であるから，これらを代入すると，
$$9 = a \times 6$$
これを解くと，$a = \dfrac{3}{2}$

したがって，$y = \dfrac{3}{2}x$

この式に $x = 4$ を代入すると，
$$y = \dfrac{3}{2} \times 4$$
$$= 6$$

答 $y = \dfrac{3}{2}x,\ y = 6$

(2) y は x に反比例するから，比例定数を a とすると，
$$y = \dfrac{a}{x}$$
$x = -2$ のとき $y = 2$ であるから，これらを代入すると，
$$2 = \dfrac{a}{-2}$$
これを解くと，$a = -4$

したがって，$y = -\dfrac{4}{x}$

この式に $x = 4$ を代入すると，
$$y = -\dfrac{4}{4}$$
$$= -1$$

答 $y = -\dfrac{4}{x},\ y = -1$

3 ハイキングコースを時速 $3\,\mathrm{km}$ で歩きます。出発してから x 時間歩いたときの道のりを $y\,\mathrm{km}$ とするとき，次の問いに答えなさい。

(1) y を x の式で表しなさい。

(2) x の変域を $0 \leqq x \leqq 4$ とするとき，y の変域を求めなさい。

ガイド
(1) (道のり) $=$ (速さ) $\times$ (時間) の関係から，式をつくります。このとき，y は x に比例します。

(2) x の変域で，$x = 0$ と $x = 4$ それぞれに対応する y の値を求めます。この値から，y の変域を表します。

答え
(1) $y = 3x$

(2) $x = 0$ のとき，$y = 0$　　$x = 4$ のとき，$y = 12$
したがって，$0 \leqq y \leqq 12$

答 $0 \leqq y \leqq 12$

4 細い管を水の中に立てると，水は管の中を上がります。次の表は，管の直径が $x\,\mathrm{mm}$ のときの水の上がる高さを $y\,\mathrm{mm}$ として，x と y の関係をまとめたものです。下の問いに答えなさい。

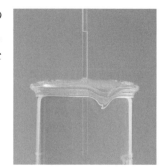

直径 x(mm)	$\cdots$	1	2	4	7	14	$\cdots$
高さ y(mm)	$\cdots$	28	14	7	4	2	$\cdots$

(1) y を x の式で表しなさい。

(2) 直径 $0.5\,\mathrm{mm}$ の管では，水は何 mm 上がると考えられますか。

[ガイド] 表の x と y の値から，x と y の関係を見つけます。

x(mm)	…	1	2	4	7	14	…
y(mm)	…	28	14	7	4	2	…
xy	…	28	28	28	28	28	…

どこでも $xy = 28$(積が一定)なので，反比例の関係です。

[答え]
(1) $y = \dfrac{28}{x}$

(2) (1)の式に $x = 0.5$ を代入すると，$y = \dfrac{28}{0.5} = 56$

答　56 mm

5 真央(まお)さんは，「反比例とは，一方が増加すると，もう一方が減少する関係だよ」と言っています。このことは正しいですか。正しくない場合には，その理由を例をあげて説明しなさい。

[答え] **正しくない。**

(理由)　$y = -\dfrac{6}{x}$ のように，比例定数が負の数のときは，x の値が増加すると y の値も増加するから。

応用

1 次(右)の図の㋐～㋓は，比例や反比例のグラフです。それぞれ比例定数を求め，y を x の式で表しなさい。

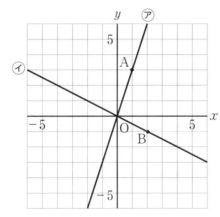

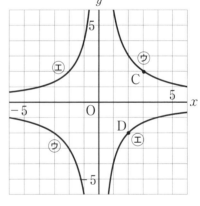

[ガイド] 上の図の A ～ D のような点の x，y の値を代入します。

[答え]
㋐　点 A(1,　3)を通る。$y = ax$ に $x = 1$，$y = 3$ を代入すると，$a = 3$

㋑　点 B(2,　− 1)を通る。$y = ax$ に $x = 2$，$y = -1$ を代入すると，$a = -\dfrac{1}{2}$

㋒　点 C(3,　2)を通る。$y = \dfrac{a}{x}$ に $x = 3$，$y = 2$ を代入すると，$a = 6$

㋓　点 D(2,　− 2)を通る。$y = \dfrac{a}{x}$ に $x = 2$，$y = -2$ を代入すると，$a = -4$

答　**㋐　比例定数 3，$y = 3x$　　㋑　比例定数 $-\dfrac{1}{2}$，$y = -\dfrac{1}{2}x$**

㋒　比例定数 6，$y = \dfrac{6}{x}$　　㋓　比例定数 − 4，$y = -\dfrac{4}{x}$

4章　比例と反比例

2 右の図のような長方形 ABCD があります。点 P は，B を出
発して，秒速 2 cm で辺 BC 上を C まで動きます。点 P が B
を出発してから x 秒後の三角形 ABP の面積を y cm^2 として，
次の問いに答えなさい。

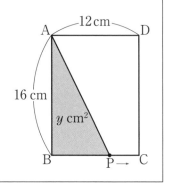

(1) 点 P が B を出発してから 3 秒後の三角形 ABP の面積
を求めなさい。

(2) y を x の式で表しなさい。

(3) x と y の変域をそれぞれ求めなさい。

ガイド

(1) 点 P は毎秒 2 cm 動くので，3 秒後には，BP = 6 cm のところにきます。

(2) x 秒後の BP の長さは，$2x$ cm です。

(3) 点 P が B から C まで動くのに 6 秒かかります。

答え

(1) $\frac{1}{2} \times 6 \times 16 = 48$　　　　　　　　　　　　　　　　**答**　48 cm^2

(2) $y = \frac{1}{2} \times BP \times AB = \frac{1}{2} \times 2x \times 16$ より，$y = 16x$　　　**答**　$y = 16x$

(3) $x = 0$ のとき $y = 0$，$x = 6$ のとき $y = 96$

答　x の変域…$0 \leqq x \leqq 6$　　　y の変域…$0 \leqq y \leqq 96$

活 用

1 リサイクル活動の 1 つに，エコキャップ運動があります。これは，ペットボトルのキャッ
プをゴミとして焼却せずに，リサイクルするものです。この運動は，環境によいだけで
なく，ペットボトルのキャップ約 430 個で 10 円のワクチン代として寄付できるため，
途上国の子どもたちの力になることもできる活動です。
芽衣さんの学校では，生徒や先生からペットボトルのキャップを集め，それを寄付する
ことにしました。

(1) 芽衣さんの学校では，大量のペットボトルのキャップが集まりました。一つひと
つ数えることなく，およその個数を知るにはどのようにすればよいか，その方法
と理由を説明しなさい。

(2) 1 人分のワクチンは，20 円です。ペットボトルのキャップの個数を x 個，寄付で
きるワクチンを y 人分としたとき，y を x の式で表しなさい。

(3) 100 人分のワクチンを寄付するには，約何個のペットボトルのキャップが必要です
か。

ガイド

(1) ペットボトルのキャップの個数が 2 倍，3 倍，…となると，その重さも 2 倍，
3 倍，…となることから考えます。

(2) 何個のペットボトルのキャップで 20 円のワクチン代になるかを考えます。

答え

(1) **(方法)** **(例)** ① ペットボトルのキャップ100個の重さを量る。（A g とする）

② ペットボトルのキャップ全部の重さを量る。（B g とする）

③ ①，②より，全体のおよその個数は，$100 \times \dfrac{B}{A}$ で求められる。

（理由） ペットボトルキャップ1個の重さはどれもほぼ同じと考えられるから，個数と重さは比例の関係と考えられる。そこで，たとえば，全体の重さが100個の重さの何倍かを求めることで，全体の個数が100個の何倍かを求めることができる。

(2) ペットボトルキャップ430個で10円のワクチン代になるから，20円のワクチン代にするためには，$430 \times 2 = 860$（個）必要である。つまり，ペットボトルキャップ860個で1人分のワクチンになる。

y は x に比例するから，$y = ax$ に $x = 860$，$y = 1$ を代入すると，

$$1 = 860a$$

$$a = \frac{1}{860}$$

したがって，y を x の式で表すと，$y = \dfrac{1}{860}x$ 　　　　　答　$y = \dfrac{1}{860}x$

(3) $y = \dfrac{1}{860}x$ に $y = 100$ を代入すると，

$$100 = \frac{1}{860}x$$

$$x = 86000$$

答　約86000個

震源までの距離は?

教科書 P.164

1 右の表は，2004 年 10 月 23 日の新潟県中越地震における，観測地点 7 か所の初期微動継続時間 x（秒間）と震源までの距離 y（km）をまとめたものです。

この表をもとに，x と y の間にはどんな関係があるのか調べてみましょう。

観測地点	初期微動継続時間 x（秒間）	震源までの距離 y（km）
湯之谷	2.62	19.7
下田	5.25	39.4
上川	6.83	51.2
湯沢	7.62	57.1
加茂	6.88	51.6
川西	3.35	25.1
弥彦	8.33	62.5

ガイド

x と y の間にどんな関係があるのか，表などを使って調べてみましょう。

x と y の和，差，積，商について調べてみましょう。

観測地点	湯之谷	下田	上川	湯沢	加茂	川西	弥彦
x	2.62	5.25	6.83	7.62	6.88	3.35	8.33
y	19.7	39.4	51.2	57.1	51.6	25.1	62.5
$x + y$	22.32	44.65	58.03	64.72	58.48	28.45	70.83
$y - x$	17.08	34.15	44.37	49.48	44.72	21.75	54.17
xy	51.614	206.85	349.696	435.102	355.008	84.085	520.625
$\dfrac{y}{x}$	7.52	7.50	7.50	7.49	7.50	7.49	7.50

$\left(\dfrac{y}{x}$ は小数第三位を四捨五入$\right)$

商 $\dfrac{y}{x}$ がほぼ 7.5 で一定になっていることがわかります。これは比例の特徴です。

震源までの距離 y は初期微動継続時間 x に比例しています。

答え 比例の関係（$y = 7.5\,x$）

2 県内の長岡では，初期微動継続時間が 2.15 秒間でした。震源までの距離は約何 km と考えられるでしょうか。

ガイド

1 から，$y = 7.5\,x$ という式ができました。この式に長岡での初期微動継続時間を代入して，震源からの距離を求めます。

答え $y = 7.5\,x$ に $x = 2.15$ を代入すると，$y = 7.5 \times 2.15 = 16.125$　　**答　約 16.1 km**

5章 平面図形

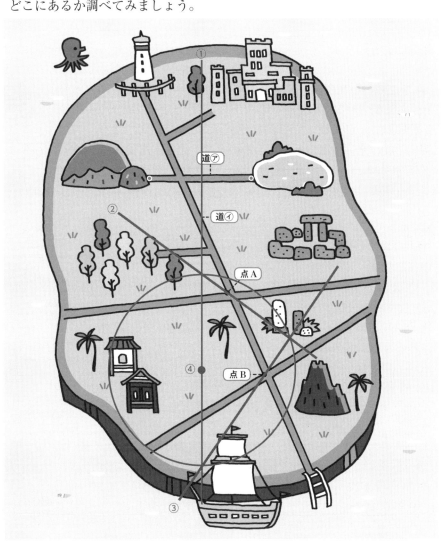

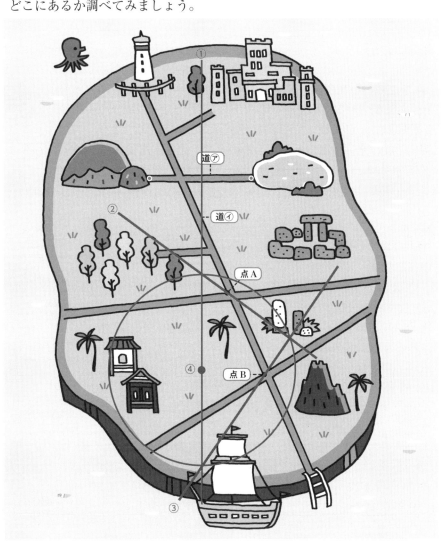

教科書 P.166 ～ 167

1 次の文書（教科書 P.166）と次ページの地図（図は　答 え　欄）をもとに，定規やコンパスなどを使って，宝の隠し場所を見つけてみましょう。

ガイド

① 定規で真ん中の点を見つけましょう。そこから 90°の角を測りましょう。

②，③ 分度器で 30°，60°の角をそれぞれ測りましょう。

④ 3つの点は見つかりました。コンパスを使って，3つの点を通る円の中心がどこにあるか調べてみましょう。

答 え

道⑦

道⑦

点A

点B

［·1 いろいろな角の作図 ］

教科書のまとめ テスト前にチェック☑ ············

☑◎ **直線・線分・半直線**

2点 A, B を通る直線を直線 AB という。これからは,
直線といえば, 両方向に限りなくのびているまっすぐな線と
考える。

直線 AB のうち, 点 A から点 B までの部分を線分 AB
という。

点 A を端(はし)として点 B の方向に限りなくのびているまっ
すぐな線を半直線(はんちょくせん) AB という。

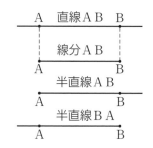

☑◎ **距離**

点 A と点 B を結ぶ線のうち, 線分 AB の長さがもっと
も短くなる。このとき, 線分 AB の長さを, 2点 A, B 間
の距離(きょり)という。

☑◎ **2直線の位置関係**

2つの線が交わる点を交点(こうてん)という。

2直線 ℓ, m が交わってできる角が直角であるとき, 2
直線 ℓ, m は垂直であるという。このとき, 記号⊥を使っ
て $\ell \perp m$ と表し,「ℓ 垂直 m」と読む。2直線が垂直であ
るとき, 一方を他方の垂線(すいせん)という。

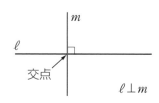

☑◎ **中点**

AM = BM である線分 AB 上の点 M を線分 AB の中点(ちゅうてん)
という。

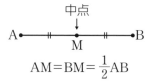

$$AM = BM = \frac{1}{2}AB$$

☑◎ **垂直二等分線**

線分 AB 上の点 M を通り, AB に垂直な直線 ℓ を, 線
分 AB の垂直二等分線(すいちょく に とうぶんせん)という。

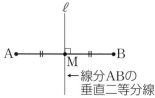

←線分ABの
垂直二等分線

$$AM = BM,\ \ell \perp AB$$

☑◎ **作図**

定規とコンパスだけを使って図をかくことを, 作図(さくず)と
いう。

☑◎ **角**

角 AOB を表すのに, 記号∠を使って∠AOB と表し,
「角 AOB」と読む。

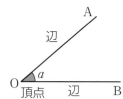

☑◎ 角の二等分線

　角を2等分する半直線を，**角の二等分線**という。

☑◎ 平行

　平面上の2直線 ℓ，m が交わらないとき，2直線 ℓ，m は平行であるという。このとき，記号 $/\!/$ を使って $\ell /\!/ m$ と表し，「ℓ 平行 m」と読む。

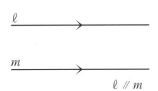

$\ell /\!/ m$

☑◎ 三角形

　三角形 ABC を記号 △ を使って △ABC と表し，「三角形 ABC」と読む。

☑◎ 弧と弦

　円周の一部分を**弧**という。2点 A，B を両端とする弧を，記号 ⌒ を使って $\overset{\frown}{AB}$ と表し，「弧 AB」と読む。

　また，円周上の2点を結ぶ線分を**弦**といい，両端が A，B である弦を，**弦 AB** という。

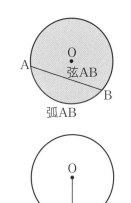

弦AB

弧AB

☑◎ 円と接線

　円と直線が1点だけを共有するとき，円と直線は**接する**といい，共有する点を**接点**，接する直線を**接線**という。

O

ℓ　　　　接線

接点

---

❶ 90°の角の作図

教科書 P.168

垂直二等分線

QUESTION Q これまでに学習した図形の中で，90°で交わる2本の直線がある図形について調べ，90°の角をかくことに利用できるか話し合ってみましょう。

ガイド 辺が90°で交わる図形，対角線が90°で交わる図形を考えてみましょう。

答え （**例**） 直角三角形，正方形，長方形，ひし形

問 1 ▷ 点 A を通る直線を引くとき，直線がただ 1 本に決まるには，ほかにどんな条件が必要ですか。

ガイド

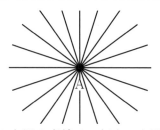 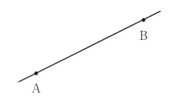

点 A を通る直線は，何本でも引くことができる。

2 点 A，B を通る直線は，1 本だけ引くことができる。

答え **点 A のほかに通る 1 点を決める。**

教科書 P.169

問 2 ▷ ひし形の対角線に，どんな性質があるか調べなさい。

答え **2 つの対角線が，それぞれの真ん中の点で垂直に交わっている。**

◀ 垂直二等分線の作図 ▶

教科書 P.170

QUESTION 線分 AB の垂直二等分線を，定規とコンパスだけを使ってかくには，どのようにすればよいでしょうか。

A ——————————————— B

ガイド ひし形の対角線の性質を利用することを考えましょう。

答え **(例)** ひし形の一方の対角線は，もう一方の対角線の垂直二等分線になっているので，線分 AB を一方の対角線とするようなひし形がかければ，もう一方の対角線を引くことで線分 AB の垂直二等分線がかける。

教科書 P.170

問 3 ▷ 適当な線分 AB を引き，線分 AB の垂直二等分線を作図しなさい。また，線分 AB の中点 M を求めなさい。

ガイド 垂直二等分線と線分 AB との交点が中点 M になります。

答え (例)

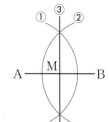 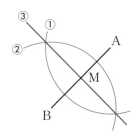

教科書 P.171

Q 右の図で，線分 AB の垂直二等分線 ℓ 上に点 P
をとり，P を中心として半径 PA の円をかいて
みましょう。どんなことがいえるでしょうか。

ガイド 半径 PA の円が，点 B を通るかどう
かを調べます。

答え 線分 AB の垂直二等分線上の点は，線
分 AB の両端の点 A，B から等しい距
離にある。

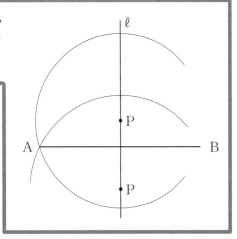

教科書 P.171

問4 次の図（図は **答え** 欄）で，2 点 A，B から等しい距離にある直線 ℓ 上の点 P を，
作図によって求めなさい。

ガイド 2 点 A，B から等しい距離にある点は，線分 AB の垂直二等分線上にあります。
線分 AB の垂直二等分線と直線 ℓ と
の交点が P になります。

答え 右の図
① 点 A を中心として，適当な半径
の円をかく。
② B を中心として，①と同じ半径
の円をかく。
③ ①と②でかいた 2 つの円の交点
を通る直線を引く。直線 ℓ との
交点が求める点 P となる。

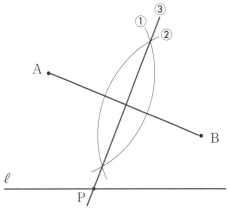

垂線の作図

教科書 P.172

Q 直線 ℓ 上にない点 P を通る，ℓ の垂線の作図の方法
を考えてみましょう。

          • P

      ℓ ————————

ガイド ここでも，ひし形の対角線の性質を利用することを考えましょう。
点 P をひし形の 1 つの頂点，ひし形の一方の対角線は直線 ℓ 上にあるものと考
えます。

5 章 平面図形

答 え

（例）点 P を 1 つの頂点とし，P ととなり合う 2 つの頂点がともに直線 ℓ 上にあるようなひし形を作図するれば，ひし形のもう一方の対角線を引くことで ℓ の垂線を引くことができる。

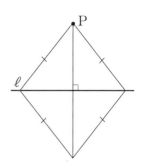

たこ形を利用した垂線の作図

教科書 P.173

問 5 次の図（図は 答 え 欄）で，点 P を通る直線 ℓ の垂線を，例 2（教科書 P.172）のように，ひし形を利用して作図しなさい。また，点 Q を通る直線 ℓ の垂線を，例 3（教科書 P.173）のように，たこ形を利用して作図しなさい。

答 え

右の図

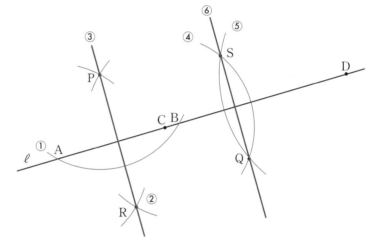

① P を中心として，適当な半径の円をかき，ℓ との交点を A，B とする。
② A，B を中心として，①と同じ半径の円をかき，その交点を R とする。
③ P，R を通る直線を引く。
④ ℓ 上に適当な 2 点 C，D をとり，C を中心として半径 CQ の円をかく。
⑤ D を中心として，半径 DQ の円をかき，④の円との交点のうち，Q でない方を S とする。
⑥ Q，S を通る直線を引く。

❷ 60°，30° の角の作図

教科書 P.174

Q 60° の角を作図するには，どのようにすればよいでしょうか。60° の角の作図に利用できる図形があるか話し合ってみましょう。

ガ イ ド	正三角形の3つの角の大きさは等しく，60°です。
答 え	正三角形を作図すれば，その角の大きさを利用して60°の角を作図できる。

───── 教科書 P.174 ─────

> 問 1 ▷ 例1（教科書P.174）の手順で，60°の角の作図ができる理由を説明しなさい。

答 え	点O，P，Qを結んでできる三角形で，3辺OP，OQ，PQの長さはすべて等しいので，三角形OPQは正三角形である。したがって，∠POQは60°になる。

◀ **角の二等分線の作図** ▶

───── 教科書 P.175 ─────

> **Q** 30°の角を作図するには，どのようにすればよいでしょうか。30°の角の作図に利用できる図形があるか話し合ってみましょう。

答 え	**(例)**・30°は60°の半分なので，正三角形の角を利用できる。 ・30°＝90°－60°より，同じ頂点に直角と60°の角が重なっていれば，30°の角ができる。

───── 教科書 P.175 ─────

> 問 2 ▷ 右上の図（図は 答 え 欄）の∠AOBで，辺OAと辺OBが重なるように折り，それを開くと，折り目は，どんな線になっていますか。

答 え	折り目は，∠AOBを二等分する半直線になっている。

───── 教科書 P.175 ─────

> 問 3 ▷ 例2（教科書P.175）を，たこ形を利用して作図しなさい。

答 え	**右の図** ① 角の頂点O中心として，適当な半径の円をかき，角の2辺OA，OBとの交点を，それぞれP，Qとする。 ② P，Qをそれぞれ中心として，適当な半径の円をかき，この2円の交点をRとする。 ③ 半直線ORを引く。

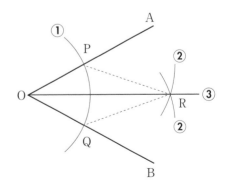

教科書 P.176

問 4 ▷ 30°の角を作図しなさい。

答え 右の図
① 例1（教科書 P.174）の手順で，まず60°の角を作図する。
② 例2（教科書 P.175）の手順で，①で作図した60°の角の二等分線を作図する。

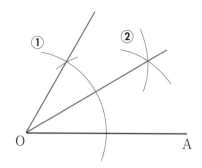

教科書 P.176

問 5 ▷ 次の(1)，(2)の角をかき，その角の二等分線を作図しなさい。
(1) 90°より大きく180°より小さい角
(2) 180°の角

ガイド 例2（教科書 P.175）の手順で作図しましょう。
(2) 180°の角の二等分線は，直線 AB 上の点 O を通る AB の垂線となっています。

答え 右の図 (1)

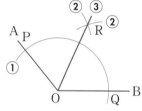

(2)

角の二等分線の性質

教科書 P.176

Q 右の図のように，∠AOB の二等分線 ℓ 上に点 P をとり，角の2辺 OA，OB にそれぞれ垂線 PM，PN を引きます。点 P をいくつかとり，線分 PM，PN の長さを比べると，どんなことがいえるでしょうか。

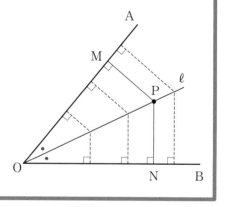

ガイド 線分 PM，PN は，それぞれ，点 P と角の2辺との距離になっています。コンパスを使って，それぞれの長さを比べましょう。

[答え] 線分 PM, PN は，それぞれ，点 P と角の 2 辺との距離になっています。右の図のように，各点に記号をつけると，

$P_1M_1 = P_1N_1$
$P_2M_2 = P_2N_2$
$P_3M_3 = P_3N_3$

となっています。
したがって，**PM = PN**

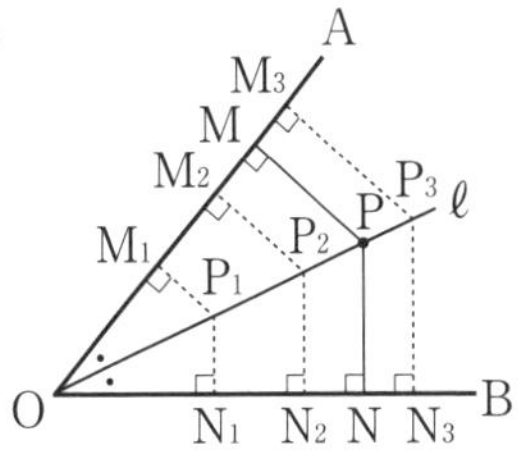

[コメント！] 角の二等分線上の点は，角の 2 辺から等しい距離にあります。

3 作図の利用

平行な直線の作図

教科書 P.177

Q 平行な直線の作図は，どのようにすればよいか考えてみましょう。

[ガイド] ひし形の向かい合う辺が平行なことを手がかりにして考えましょう。

[答え] **(例)** 適当なひし形を作図し，向かい合う 1 組の辺を延長すれば平行な直線が作図できる。

教科書 P.177

[問 1] 右の図(図は[答え]欄)で，点 P を通る直線 ℓ に平行な直線 m を作図しなさい。

[ガイド] 一辺が直線 ℓ の上にあるひし形をかきましょう。

[答え] **右の図**

① ℓ 上に，適当な点 A をとり，A を中心として，半径 AP の円をかき，ℓ との交点を B とする。
② 点 B，P を中心として半径 AB の円をかき，A と異なる交点を Q とする。
③ P，Q を通る直線を引く。それが直線 m である。

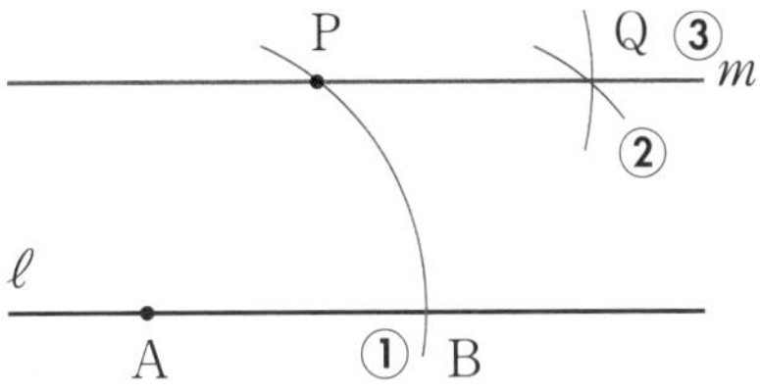

教科書 P.178

[問 2] 右の図(図は[ガイド]欄)で，$\ell \parallel m$ のとき，次の 3 つの距離を比べなさい。
㋐ 直線 ℓ 上の点 A と直線 m
㋑ 直線 ℓ 上の点 B と直線 m
㋒ 直線 m 上の点 C と直線 ℓ

[ガイド] 点と直線との距離を調べます。
AD，BE は m の垂線，CF は ℓ の垂線なので，㋐では線分 AD，㋑では線分 BE，㋒では線分 FC の長さがそれぞれの距離です。

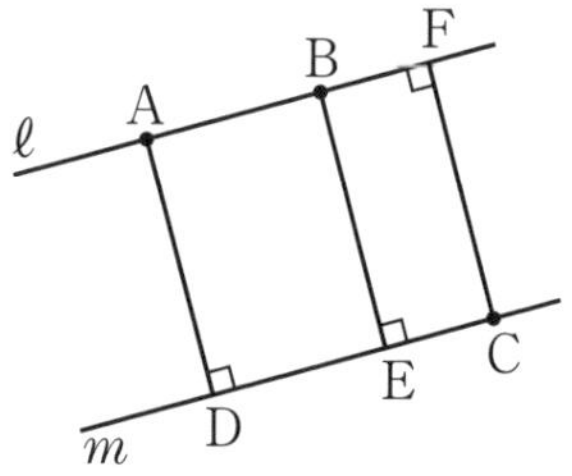

[答え] **㋐，㋑，㋒の距離はすべて等しい。**

教科書 P.178

[問 3] 右の図で $\ell /\!/ m$ のとき，三角形 ABC の頂点 A を，直線 ℓ 上で矢印の方向に動かした点をそれぞれ A′，A″とします。このとき，三角形の形が変わっても，変わらないものは何ですか。また，その理由を説明しなさい。

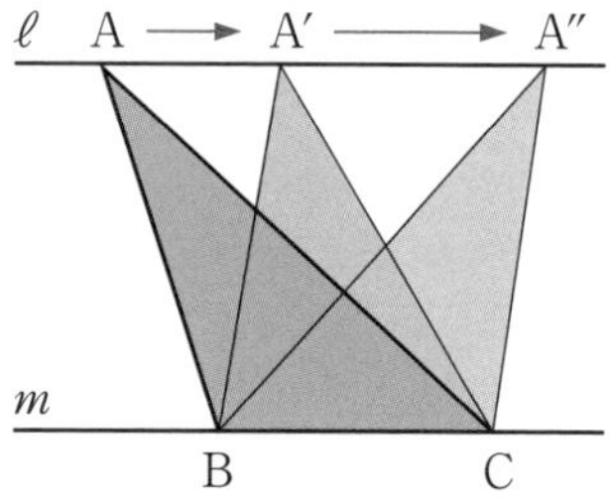

[ガイド] 底辺ＢＣと頂点A，A′，A″までの距離が変わらないことから考えましょう。

[答え] **高さと面積**
(理由)
底辺ＢＣは共通で，高さは平行な２直線 ℓ，m 間の距離で等しいから，三角形の面積も等しい。

教科書 P.178

[問 4] AD∥BC である台形 ABCD の２つの対角線の交点を O とするとき，次の三角形と面積の等しい三角形をいいなさい。
(1) △ABC
(2) △ADB
(3) △ABO

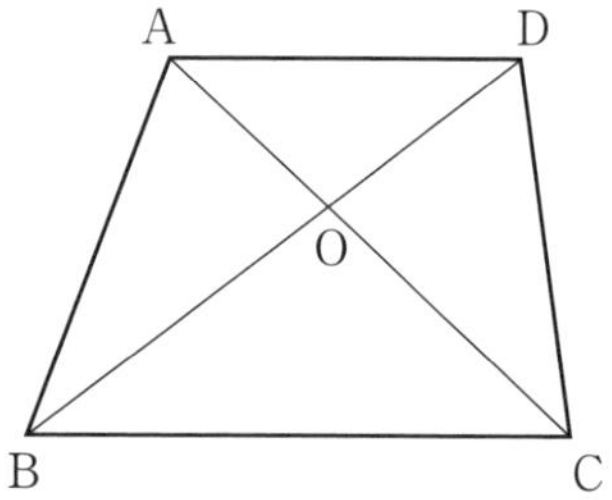

[ガイド] (1)(2) 底辺が共通で高さの等しい三角形を考えましょう。
(3) 同じ面積の三角形から，共通の三角形の面積を引くと考えます。

[答え] **(1) △DBC　　(2) △ACD**
(3) △DOC
(△ABO ＝△ABC －△OBC，△DOC ＝△DBC －△OBC
(1)より，△ABC ＝△DBC だから，△ABO ＝△DOC)

問 5 ▷ 例 2（教科書 P.179）で，四角形 ABCD ＝△ABD′ であることを説明しなさい。

答え

四角形 ABCD ＝△ABC ＋△ACD,
△ABD′ ＝△ABC ＋△ACD′
△ACD と△ACD′ において，底辺 AC は共通，
高さは平行な 2 直線間の距離で等しい。
よって，△ACD ＝△ACD′
したがって，四角形 ABCD ＝△ABD′

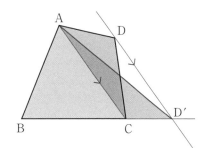

問 6 ▷ 右の図（図は **答え** 欄）のように，土地が折れ線 PQR を境界線として，2 つの部分 ㋐，㋑ に分かれています。それぞれの土地の面積を変えずに，点 P を通る直線で境界線を引き直しなさい。

ガイド

例 2（教科書 P.179）の手順で，△PQR と面積の等しい三角形を境界線として作図する。

答え

右の図
① 線分 PR を引く。
② 点 Q を通り PR に平行な直線を作図し，下の辺との交点を Q′ とする。
③ 点 P と点 Q′ を結ぶ。線分 PQ′ が新しい境界線である。

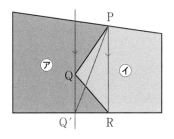

◀ 円と直線の作図 ▶

 右下（右）の円で，円周上の点 A，B を結んだ線分 AB があります。点 A，B が重なるように折り，それを開きます。折り目はどんな線になっているでしょうか。

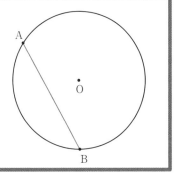

ガイド

予想し，実際に折って確かめてみましょう。

答え

線分 AB の垂直二等分線（円の直径）

Q 次の図のような，円形と考えられる銅鏡（どうきょう）の一部が見つかりました。もとの形を復元するには，どのようにすればよいでしょうか。銅鏡の外周を弧と考え，もとの円を作図する方法を考えてみましょう。

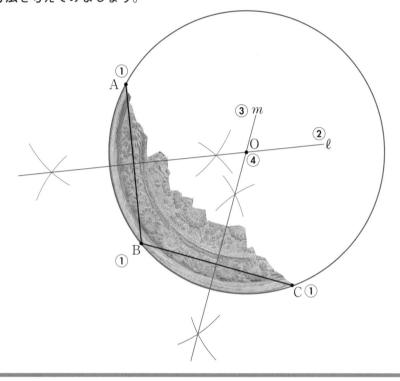

答え | 垂直二等分線の性質を使って円の中心の位置を求めれば，もとの円がかける。

① 弦の垂直二等分線を1つ作図しただけでは，円の中心はわかりませんでした。どうすれば円の中心がわかるでしょうか。

答え | 2つの弦の垂直二等分線をそれぞれ作図すれば，その交点が円の中心とわかる。

② 拓真（たくま）さんは，次のような手順で作図を行いました。

> ① 銅鏡の外周上に3点 A，B，C をとる。
> ② 線分 AB の垂直二等分線 ℓ を作図する。
> ③ 線分 BC の垂直二等分線 m を作図する。
> ④ ℓ，m の交点 O を中心として，半径 OA の円をかく。

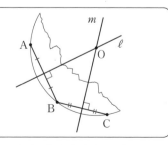

拓真さんの方法で作図を行い，もとの形が作図できることを確かめましょう。
また，この方法で作図できる理由を説明しましょう。

[ガイド] 3点A，B，Cは離(はな)してとる方が，正確な図がかきやすくなります。

[答え] 前ページの [Q] の図

(理由) 円の中心Oは，弦ABの垂直二等分線上にあり，弦BCの垂直二等分線上にもある。したがって，この2つの垂直二等分線を作図すれば，その交点が中心Oと決まり，半径OAの円が作図できる。

教科書 P.182

[問7] 167ページ(教科書P.167)の地図で，宝の隠し場所を作図によって求めなさい。

[答え]
① 道[ア]の垂直二等分線を作図する。
② 点Aを通り，道[イ]と30°に交わる直線を作図する。
③ 点Bを通り，道[イ]と60°に交わる直線を作図する。
④ 作図した直線の3つの交点を，それぞれP，Q，Rとする。線分PQと線分QRの垂直二等分線をそれぞれ引く。2つの垂直二等分線の交点が宝の隠し場所である。

円の接線の作図

教科書 P.182

[QUESTION Q] **右の図のような円Oで，円周上の点Tにおける接線 ℓ の作図のしかたを考えてみましょう。**

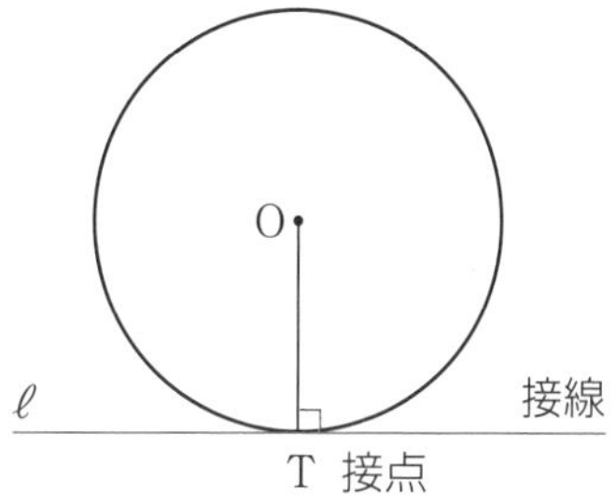

[ガイド] 半径OTと接線 ℓ は，垂直に交わっています。

[答え] OTを延長して，接点Tを通る直線OTの垂線を作図する。

教科書 P.182

[問8] 例3(教科書P.182)の図(図は[答え]欄)で，点Nを通る円Oの接線を作図しなさい。

[答え] 右の図
① 2点O，Nを通る直線 n を引く。
② Nを通る n の垂線を作図する。この垂線が円Oの接線となる。

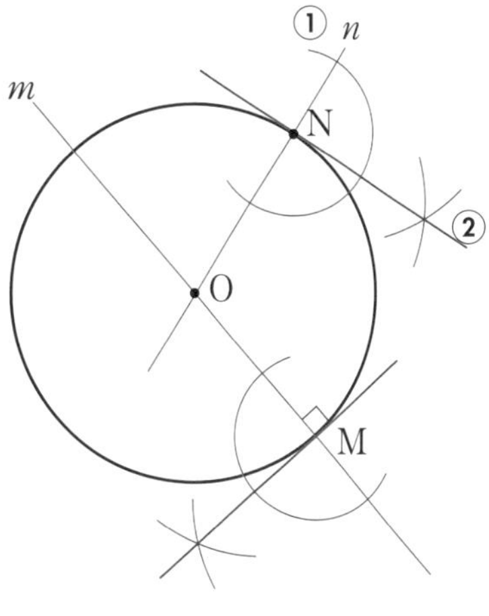

確かめよう

1 次の図(図は **答 え** 欄)で,線分 AB の中点 M を,作図によって求めなさい。

| ガ イ ド | 中点は,線分 AB と,線分 AB の垂直二等分線との交点です。 |

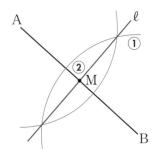

| 答 え | 右の図 |

① 線分 AB の垂直二等分線 ℓ を引く。
② ℓ と線分 AB との交点を M とする。

---

2 次の図(図は **答 え** 欄)の△ABC で,辺 BC を底辺と考えたとき,高さを示す線分を作図しなさい。

| ガ イ ド | 辺 BC を延長して,点 A を通る垂線を引きます。 |
| 答 え | 右の図 |

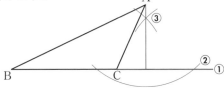

---

3 次の図(図は **答 え** 欄)で,∠AOB の二等分線を作図しなさい。

| 答 え | 下の図 |

2 図形の移動

教科書のまとめ テスト前にチェック✓

✓ ◎ 図形の移動

図形の形や大きさを変えずに，図形の位置だけを変えることを，図形の**移動**という。

図形を，一定の方向に一定の距離だけずらす移動を**平行移動**という。

図形を，1つの点を中心として一定の角度だけ回転させる移動を**回転移動**といい，中心とした点を**回転の中心**という。回転移動のうち，1つの点を中心として180°回転させる移動を，**点対称移動**という。

図形を，1つの直線を折り目として折り返す移動を**対称移動**といい，折り目とした直線を**対称の軸**という。

平行移動

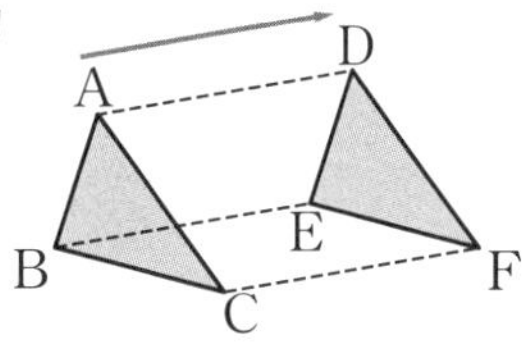

回転移動

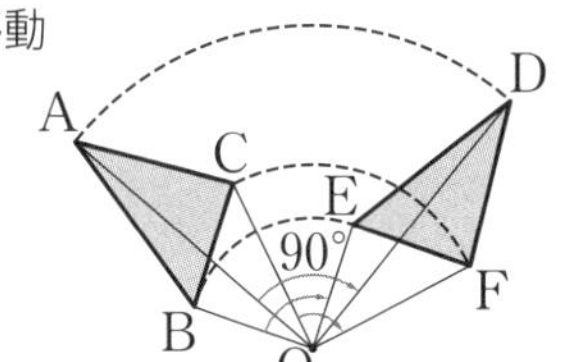

対称移動

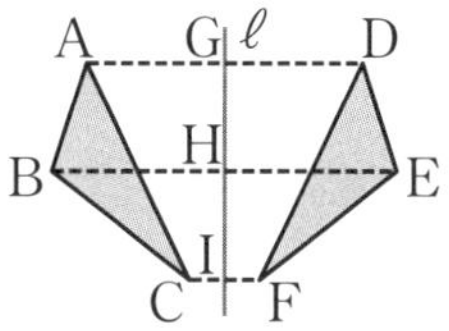

教科書 P.184

次の図は，「麻の葉」と呼ばれる日本の伝統的な文様です。

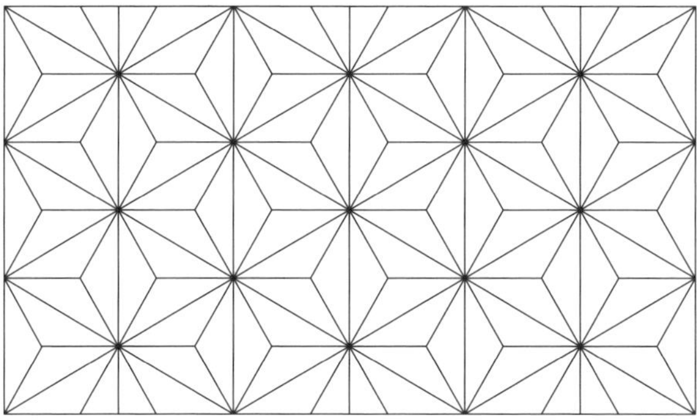

1 上の文様の中から，いろいろな図形を探しましょう。

2 右の図は「麻の葉」の一部分です。[1]の二等辺三角形を，㋐，㋑，㋒にぴったり重ねるには，それぞれどのように動かせばよいでしょうか。

3 2の図で，△OBC を△OEF にぴったり重ねるには，どのように動かせばよいかを考えてみましょう。

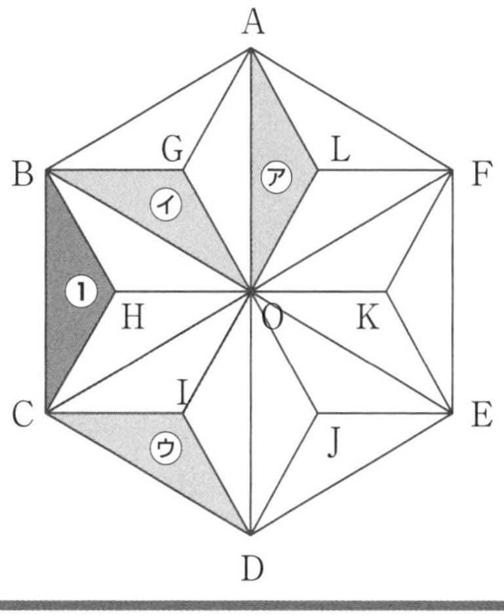

[ガイド] 同じ模様がくり返されていることに目をつけましょう。簡単な図形を組み合わせて複雑な図形をつくっています。

[答え]

1 二等辺三角形，正三角形，平行四辺形，台形，ひし形，正六角形など

2 ㋐ 線分 BA にそって，A まで平行に動かす。
㋑ 点 B を中心として，H が G に重なるまで回転させる。
㋒ 線分 CO を折り目として折り返す。

3 点 O を中心として，180° 回転させる。

1 図形の移動

平行移動

教科書 P.185

[問 1] 例 1（教科書 P.185）の△ABC と△DEF（図は[ガイド]欄）について，次の問いに答えなさい。

(1) 対応する辺 AB と DE，BC と EF，CA と FD の間には，それぞれどんな関係がありますか。

(2) 対応する角∠A と∠D，∠B と∠E，∠C と∠F の間には，それぞれどんな関係がありますか。

[ガイド] 図形を移動しても，辺の長さや角の大きさは変わりません。
また，平行移動では，対応する辺はすべて平行です。

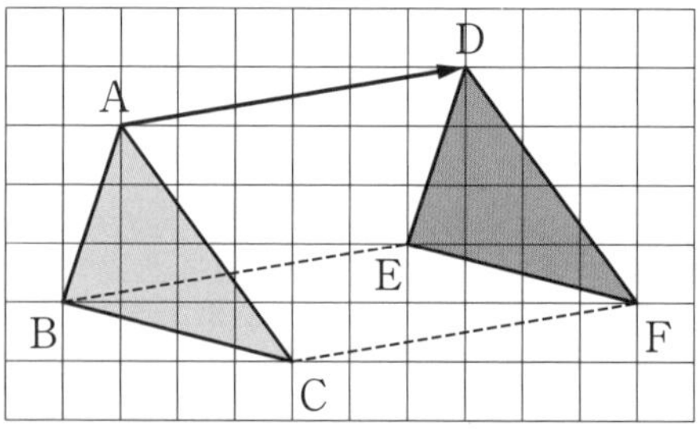

[答え]
(1) AB // DE，AB = DE
BC // EF，BC = EF
CA // FD，CA = FD
(2) ∠A = ∠D，∠B = ∠E，∠C = ∠F

教科書 P.185

[問 2] 右の図（図は[答え]欄）で，△ABC を，矢印の方向に矢印の長さだけ平行移動した△DEF をかきなさい。

[ガイド] 点 B を，矢印の先端（せんたん）まで左へ 5 目もり，上へ 2 目もり移動して点 E とします。点 A，点 C も同じだけ移動して，点 D，点 F とします。

[答え] **右の図**

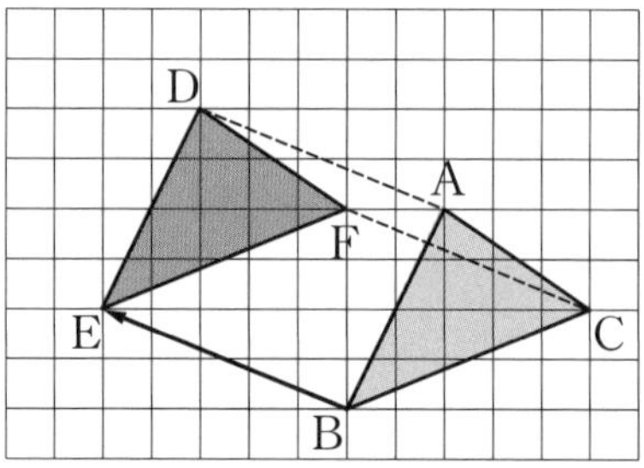

回転移動

教科書 P.186

問 3 ▷ 左の図（図は ■答え■欄）について，次の問いに答えなさい。
(1) △ABC を，点 O を回転の中心として反時計回りの方向に 90° 回転移動した △DEF をかきなさい。
(2) △ABC を，点 O を回転の中心として点対称移動した△GHI をかきなさい。

ガイド
(1) ∠AOD = ∠BOE = ∠COF = 90°，
OA = OD，OB = OE，OC = OF になります。
(2) 180° 回転させる移動が点対称移動です。
∠AOG = ∠BOH = ∠COI = 180° になります。

答え
(1) 右の図の△DEF
(2) 右の図の△GHI

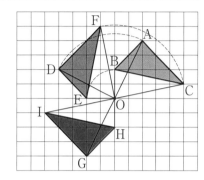

対称移動

教科書 P.187

問 4 ▷ 例 3（教科書 P.187）の図（図は ■答え■欄）で，直線 ℓ は，線分 BE，CF と，それぞれどのように交わっていますか。記号を使って表しなさい。

ガイド
直線 ℓ で折り返したとき，線分 AG と線分 DG は重なるので，直線 ℓ は線分 AD の垂直二等分線です。したがって，ℓ ⊥ AD，AG = DG となります。

答え
ℓ ⊥ BE，BH = EH
ℓ ⊥ CF，CI = FI
（直線 ℓ は，線分 BE，CF をそれぞれ垂直に二等分する。）

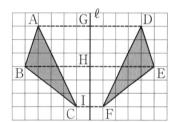

教科書 P.187

問 5 ▷ 右の図（図は ■答え■欄）で，△ABC を，直線 ℓ を対称の軸として対称移動した △DEF をかきなさい。

ガイド
点 A から直線 ℓ に垂線を引き，直線 ℓ との距離が等しくなるように点 D を決めます。点 E，F についても同様にします。

答え
右の図

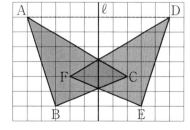

5章 平面図形

問 6 ▷ 右の図は，8つの合同な台形を，すき間なく並べ
たものです。次の問いに答えなさい。

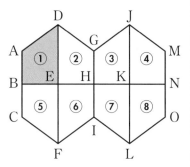

(1) ①を，点 E を回転の中心として回転移動したとき，重なる図形はどれですか。

(2) ①を，直線 DE を対称の軸として対称移動し，さらに直線 EH を対称の軸とし
て対称移動したとき，重なる図形はどれですか。

(3) ①を，2 回の移動で⑧に重ねるためには，どのように移動すればよいですか。
2 通りの方法を答えなさい。

ガ イ ド

(1) 点 E を回転の中心として回転移動するので，点 A，B，D に対応する点は，
それぞれの点と点 E を結んだ直線の延長上にあり，点 E までの距離が等し
くなっています。

(2) 1 回目の対称移動では，点 A，B，D は直線 DE を折り目として折り返した
点にうつります。
2 回目の対称移動では，直線 EH を折り目として折り返した点にうつります。

(3) いろいろな方法があります。
①→④(対称移動)→⑧(対称移動)，
①→⑥(点対称移動)→⑧(平行移動)など

答 え

(1) ⑥

(2) ⑥

(3) (下の 4 通りの方法のうち，2 つを答えればよい。)
・①を，右の方向に線分 EK の長さだけ平行移動し(③)，
さらに点 K を中心として点対称移動する(⑧)
・①を，直線 GH を対称の軸として対称移動し(④)，
さらに直線 KN を対称の軸として対称移動する(⑧)。
・①を，直線 BE を対称の軸として対称移動し(⑤)，
さらに直線 HI を対称の軸として対称移動する(⑧)。
・①を，点 E を中心として点対称移動し(⑥)，
さらに右の方向に線分 HN の長さだけ平行移動する(⑧)。

問 7 ▷ 184 ページ（教科書 P.184）の 2 の図について，次の問いに答えなさい。

(1) △OBC を，点 O を中心として時計回りの方向に何度回転移動させると，△ODE に重なりますか。

(2) 四角形 OABC を，点 O を中心として反時計回りの方向に 120° 回転させると，どの図形に重なりますか。

(3) ②を③に重ねるには，どんな移動をすればよいですか。

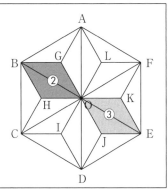

ガイド
(1) ∠BOD の大きい方の角です。
(2) 点 A を反時計回りの方向に 120° 回転させると，点 C に重なります。
(3) いろいろ方法があります。

答え
(1) 240°
(2) **四角形 OCDE**
(3) ・B → E の方向に，点 O が点 E に重なるまで平行移動する。
・点 O を中心として点対称移動する。
・線分 LI を対称の軸として対称移動する。

---

2 図形の移動

確かめよう

1 正方形の紙を何回か 2 つ折りにして，右の図のような折り目の線をつけました。この図について，次の問いに答えなさい。

(1) △AEO を平行移動するだけで重なる三角形をいいなさい。

(2) △AEO を，点 O を回転の中心として回転移動するだけで重なる三角形をいいなさい。

(3) △AEO を対称移動して△BEO に重ねるとき，対称の軸をいいなさい。

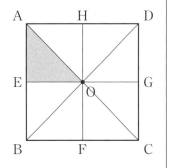

ガイド
(1) △AEO の 3 つの頂点を，それぞれ同じ方向に同じ距離だけ動かして重なる三角形を見つけます。
(2) △AEO を，点 O を回転の中心として回転させたときに，3 つの頂点が重なる三角形を見つけます。
(3) △AEO をどの方向に折り返すのかを考えましょう。

答え
(1) △OFC
(2) △DHO，△CGO，△BFO
(3) **直線 EO（直線 EG）**

5 章 平面図形

5章のまとめの問題

基本

1 右の図(図は ▨答え▨ 欄)の平行四辺形 ABCD について，次の問いに答えなさい。
 (1) 平行な辺の組を，記号を使って表しなさい。
 (2) 辺 CD の垂直二等分線を作図しなさい。
 (3) 辺 BC を底辺とするとき，高さを示す線分を作図しなさい。

ガイド 　**(1)** 平行四辺形には，平行な辺が2組あります。
 (2) 線分の垂直二等分線の作図の方法を確認しましょう。
 (3) 底辺に垂直な線分の長さが高さです。

答え 　**(1)** AD // BC，AB // DC
 (2) 右の図
 (3) （例）　右の図

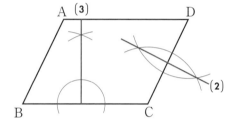

2 右の図(図は ▨答え▨ 欄)は，直線 XY 上の点 A から半直線 AB を引いたものです。次の問いに答えなさい。
 (1) ∠BAX の二等分線 AP と∠BAY の二等分線 AQ を作図しなさい。
 (2) ∠PAQ の大きさを求めなさい。

ガイド 　**(1)** 角の二等分線の作図の方法を確認しましょう。
 (2) 右の図で，
$$\angle PAQ = \angle PAB + \angle BAQ$$
$$= \frac{1}{2}\angle XAB + \frac{1}{2}\angle BAY$$
$$= \frac{1}{2}(\angle XAB + \angle BAY)$$
$$= \frac{1}{2} \times 180°$$
$$= 90°$$

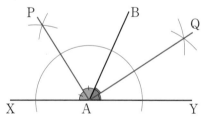

答え 　**(1)** 右の図
 (2) ∠PAQ = 90°

3　次の図(図は 答え 欄)で，△ABC を，点 B を回転の中心として反時計回りの方向に
　90° 回転移動した△DBE をかきなさい。また，△ABC を，直線 ℓ を対称の軸として対
　称移動した△FGH をかきなさい。

ガイド 　△DBE は，∠ABD ＝ ∠CBE ＝ 90° になるようにかきます。
　　　　　△FGH では，対応する点 A と F，B と G，C と H を結ぶ線分が直線 ℓ と垂直に
　　　　　交わり，ℓ がそれぞれの線分を 2 等分するようにします。

答え 　右の図

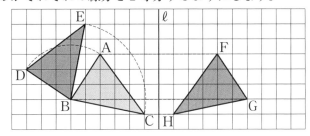

4　右の図は，合同な 4 つの直角三角形をすき間なく並べたものです。点 O を線分 AC の
　中点，直線 ℓ を線分 CD の垂直二等分線とするとき，次の(1)～(3)の移動のしかたを説明
　しなさい。
　(1)　△ABC を 1 回の移動で△CFA に重ねる。
　(2)　△ABC を 1 回の移動で△FED に重ねる。
　(3)　△ABC を 2 回の移動で△FED に重ねる。

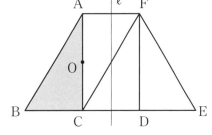

ガイド 　図形の移動には，平行移動，回転移動，対称移動の 3 つがありました。それぞれ
　　　　　の移動がどのような移動だったか確認しましょう。
　　　　　(1)　対応する点は，A と C，B と F，C と A です。対応する点を結ぶ線分を引
　　　　　　　いてみましょう。
　　　　　(2)　対応する点は，A と F，B と E，C と D です。対応する点を結ぶ線分は，
　　　　　　　直線 ℓ とどのような位置関係になっているでしょうか。
　　　　　(3)　△ABC →△FCD →△FED と考えましょう。

答え 　(1)　点 O を回転の中心として点対称移動する。
　　　　　(2)　直線 ℓ を対称の軸として対称移動する。
　　　　　(3)　点 A から点 F の方向に AF の長さだけ平行移動し，さらに，FD を対称の
　　　　　　　軸として対称移動する。

応用

1　次の大きさの角を作図しなさい。
　(1)　15°　　　　　　　(2)　135°　　　　　　(3)　105°

5章　平面図形

ガイド

(1) 教科書 P.174 例 1 の方法で 60° の角を作図し，それを 2 等分し，さらに 2 等分します。

(2) 135°＝180° − 45°　　45° は 90° を 2 等分します。

(3) 105° ＝ 45° ＋ 60°　　(2)で作図した 45° の角の 1 つの辺を使って，60° の角を作図します。

答え

(1)

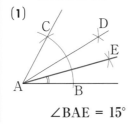

∠BAE ＝ 15°

(2)

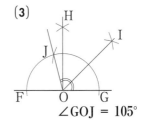

∠FOI ＝ 135°

(3)

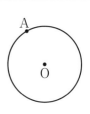

∠GOJ ＝ 105°

---

② 左(右)の図で，点 A は円 O の円周上の点です。4 つの頂点がすべて円 O の円周上にある正方形 ABCD を作図しなさい。

ガイド　円 O の直径が，正方形 ABCD の対角線になるように作図します。　正方形の対角線は垂直に交わっています。

答え　**右の図**

① 点 A を通る直径 AC を引く。

② 点 O を通り，AC に垂直な直線を引き，円との交点を B，D とする。

③ 4 点 A，B，C，D を順に結ぶ。

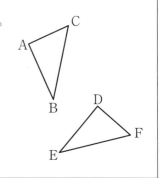

---

③ 左(右)の図で，△DEF は，△ABC を回転移動した図形です。このとき，回転の中心 O を，作図によって求めなさい。

ガイド　点 A と D，点 B と E，点 C と F が対応する点です。回転の中心 O は，線分 AD，BE，CF それぞれの垂直二等分線上にあります。

答え　**右の図**

線分 BE と線分 CF それぞれの垂直二等分線の交点が回転の中心 O である。（AD と BE，AD と CF の組み合わせで作図してもよい。）

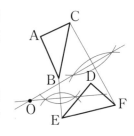

184

活 用

1 真央さんは，美月さんと次の地図を見ながら，自分の家の位置について話をしています。
2人の会話を読んで，下の問いに答えなさい。

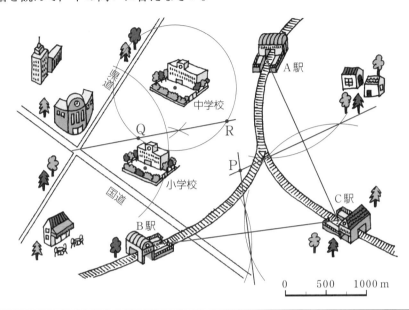

(1)
> **真央**「私の家は，A，B，Cの3つの駅から等しい距離にあるよ。」
> **美月**「真央さんの家が，2つの駅から等しい距離にあるなら，2つの駅を結ぶ線分の垂直二等分線上にあることがわかるね。3つの駅の場合でも，そのことが利用できるね。」

真央さんの家の位置を作図によって求め，上の地図上に示しなさい。

答 え | 上の図の点P

(2)
> **美月**「私の家は，国道と県道から等しい距離にあって，中学校からは750 m 離れているよ。」
> **真央**「角の二等分線を使えば，美月さんの家の位置が求められるね。」

美月さんの家の位置は，2通りの可能性があります。ほかにどんな条件を加えれば1通りに決まりますか。その例を1つあげなさい。

ガ イ ド 県道と国道がつくる角の二等分線と，中学校を中心とした半径750 m の円の交点は，上の図のように，点Qと点Rの2つがあります。

答 え (例)・中学校より小学校の方が近い。→点Q
・B駅よりA駅の方が近い。→点R

5
章

平
面
図
形

 最短コースは?

1 右の図（図は 答え 欄）で，点Pを直線ℓ上で動かしたとき，AP + PBの長さが変わるかどうかを調べてみましょう。また，Pがどの位置にあるとき，AP + PBの長さが最短になるかを予想してみましょう。

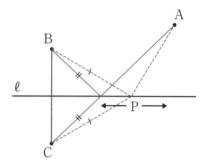

ガイド 2点間の最短距離は，2点を結ぶ線分の長さであることの応用です。

答え AP + PBの長さはPの位置によって変わる。
（予想）
(例) 点Bと直線ℓについて対称な点Cをとるとき，ℓと線分ACとの交点の位置に点Pがあるときが最短の長さになる。

2 次の方法で，AP + PBの長さが最短になる点Pの位置を求めてみましょう。
① 点Bと直線ℓについて対称な点Cを作図する。
② 点AとCを結ぶ。
③ ℓと線分ACとの交点が，求める点Pである。

答え 右の図

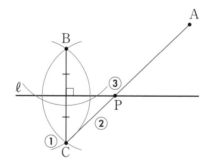

3 なぜ，2の方法で，AP + PBの長さが最短になる点Pが求められるのかを説明してみましょう。

答え **(例)** 点Cは，直線ℓについて点Bと対称な点だから，PB = PC，
よって，AP + PB = AP + PC
ここで，AP + PCの長さが最短になるのは，A，P，Cが一直線上に並ぶ場合である。
したがって，ℓとACとの交点が求める点Pになる。

6章 空間図形

教科書 P.195

1 前ページ（教科書 P.194）の建物のおよその見取図を，次の図から選びましょう。

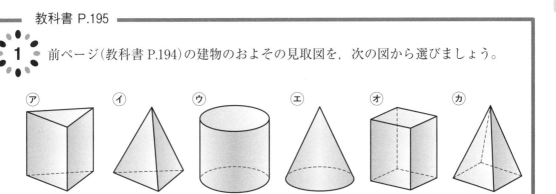

ア　イ　ウ　エ　オ　カ

答え | ① ア　　② カ　　③ エ　　④ ウ　　⑤ オ　　⑥ イ

教科書 P.195

2 右の図のように，立体に1つの方向から平行な光を当てたとき，光の方向に対して垂直な面にできる影を考えます。次の影は，上のア～カのどの立体の影でしょうか。

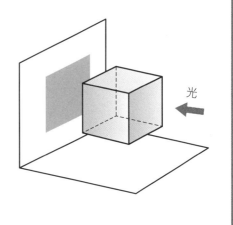

光

答え | イ，エ，カ
（アの立体も，真上から光を当てると，影の形は三角形になる。）

教科書のまとめ テスト前にチェック✔

✓◎ 角錐・円錐

右の図㋐, ㋑, ㋒のような立体を**角錐**といい, 底面が三角形, 四角形, …の角錐を, それぞれ三角錐, 四角錐, …という。また, 図㋓のような立体を**円錐**という。

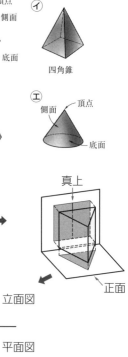

㋐ 三角錐 （頂点・側面・底面）
㋑ 四角錐
㋒ 五角錐
㋓ （側面・頂点・底面）
正三角柱
真上
投影図
立面図
平面図
正面

✓◎ 立体の投影図

立体を平面上の図で表す方法には, 見取図や展開図のほかに, 立体を正面と真上から見た図で表す方法がある。このような図を**投影図**という。

投影図で, 立体を正面から見てかいた図を**立面図**, 真上から見てかいた図を**平面図**という。

立面図と平面図だけでは, その立体をはっきり表すことができない場合がある。そのようなときには, 立体を真横から見た図を加えて表すことがある。

✓◎ 多面体

平面だけで囲まれている立体を**多面体**という。多面体は, その面の数によって, 四面体, 五面体, 六面体, …などという。

✓◎ 正多面体

すべての面が合同な正多角形で, どの頂点にも面が同じ数だけ集まり, へこみのない多面体を**正多面体**という。

正四面体

正六面体
（立方体）

正八面体

正十二面体

正二十面体

正多面体は, 上の5種類しかないことが知られている。

✓◎ 平面の決定

一直線上にない3点をふくむ平面は1つに決まる。

✓◎ ねじれの位置

空間内では, 右の図の直線 ℓ と直線 m のように, 平行ではなく, しかも交わらない2直線がある。これらの2直線は, **ねじれの位置**にあるという。ねじれの位置にある2直線は, 同じ平面上にはない。

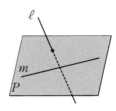

ねじれの位置にある

188

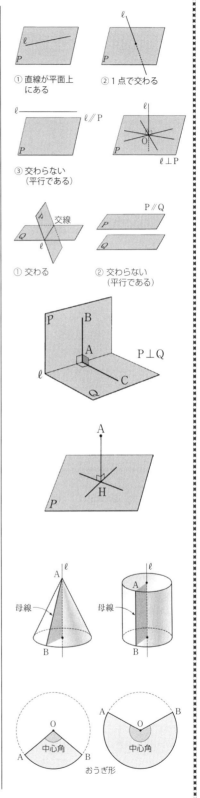

✓ ◎ 直線と平面

　直線 ℓ と平面 P が交わらないとき，直線 ℓ と平面 P は平行であるといい，$\ell /\!/ $ P と表す。

　直線 ℓ が平面 P と点 O で交わり，O を通る P 上のすべての直線と垂直であるとき，直線 ℓ と平面 P は垂直であるといい，$\ell \perp$ P と表す。このとき，直線 ℓ を平面 P の垂線という。

✓ ◎ 平面と平面

　2 平面 P，Q が交わらないとき，平面 P と平面 Q は平行であるといい，P $/\!/$ Q と表す。

　2 平面 P，Q が交わるとき，その交わりは直線で，その直線を**交線**という。

✓ ◎ 2 平面の垂直

　2 平面 P，Q が交わるとき，その交線 ℓ 上に点 A をとり，P 上に AB $\perp \ell$，Q 上に AC $\perp \ell$ となる半直線 AB，AC を引く。

　このとき，∠BAC を 2 平面 P，Q のつくる角という。また，∠BAC = 90° のとき，平面 P と平面 Q は垂直であるといい，P $\perp$ Q と表す。

✓ ◎ 空間内での距離

　平面 P 上にない点 A から P へ引いた垂線 AH の長さを，点 A と平面 P との距離という。

　2 面 P，Q が平行であるとき，一方の平面上の点と他方の平面との距離はすべて等しい。この距離を，平行な 2 平面 P，Q 間の距離という。

✓ ◎ 回転体と母線

　平面図形を，同じ平面上の直線 ℓ を軸として 1 回転してできる立体を**回転体**という。

　また，右の図の円錐や円柱で，側面をえがく線分 AB を，円錐や円柱の**母線**という。

✓ ◎ おうぎ形

　円錐の側面の展開図のように，2 つの半径と弧で囲まれた図形を**おうぎ形**という。おうぎ形で 2 つの半径のつくる角を**中心角**という。

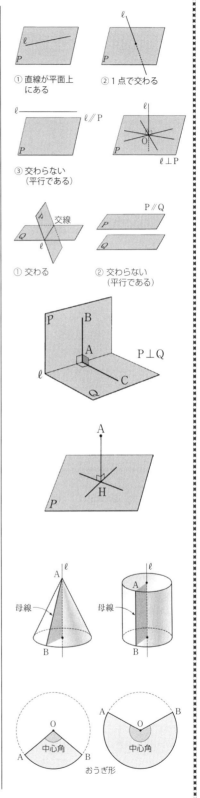

① 直線が平面上にある　②1 点で交わる

③ 交わらない（平行である）　$\ell /\!/$ P

$\ell \perp$ P

① 交わる　② 交わらない（平行である）

交線　P $/\!/$ Q

P $\perp$ Q

母線　母線

O　中心角　おうぎ形

次の㋐〜㋕の6つの立体は，どのように分類することができるでしょうか。

(1) 美月_{みつき}さんは，次のように2つに分類しました。どんな見方で分類したのか説明してみましょう。

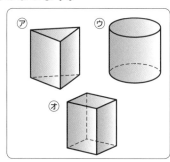 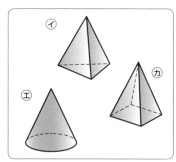

ガイド 上下に平行な面があるかないか，面の形や面の数はどうなっているか，などについて調べてみましょう。

答え (1) (例)・先がとがっていない立体と，先がとがっている立体
・2つの底面をもつ立体と，底面が1つだけの立体

(2) ほかにはどんな見方で分類することができるでしょうか。

答え (2) (例) 平面だけで囲まれた立体と，曲面をもつ立体

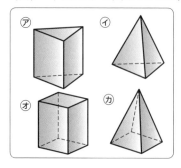 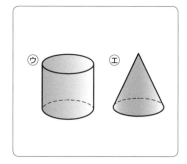

190

— 教科書 P.197 —

問 1 ▷ 角柱と円柱で共通する点をいいなさい。また，異なる点をいいなさい。

答 え

［共通する点］

（例）• 合同で平行な 2 つの底面がある。

• 正面から見ると長方形（または正方形）に見える。

［異なる点］

（例）• 角柱は底面が多角形だが，円柱は底面が円である。

• 角柱は平面だけでできているが，円柱は平面と曲面でできている。

角錐・円錐

— 教科書 P.197 —

問 2 ▷ 角錐と円錐で共通する点をいいなさい。また，異なる点をいいなさい。

答 え

［共通する点］

（例）• 底面が 1 つしかない。

• とがった頂点がある。

• 正面から見ると三角形に見える。

［異なる点］

（例）• 角錐は底面が多角形だが，円錐は底面が円である。

• 角錐は平面だけでできているが，円錐は平面と曲面でできている。

立体の投影図

— 教科書 P.198 —

 （教科書）195 ページの 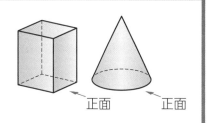 の影は，立体の正面から光を当てたときにできる影です。あと，どの方向からの影があれば，もとの立体がわかるでしょうか。

正面　　　　正面

ガイド │ あと，底面の形がわかる影があれば，もとの立体がわかります。

答 え │ **真上から光を当てたときにできる影**

— 教科書 P.198 —

問 3 ▷ （教科書）195 ページの の図が立面図で，平面図が円のとき，どんな立体になりますか。

ガイド │ 立面図が二等辺三角形なので，円錐か角錐のどちらかです。

答 え │ 円錐

問 4 ▷ 次の立体の投影図をかきなさい。

(1) 正四角柱　　真上

3 cm

5 cm

正面

(2) 円錐　　真上

5 cm（高さ）

2 cm　　正面

答え　(1)

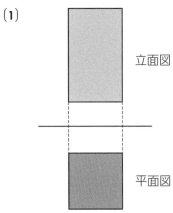

立面図

平面図

(2)

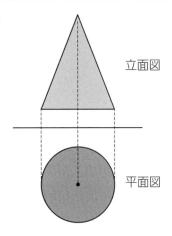

立面図

平面図

注）投影図は $\frac{1}{2}$ に縮小して示しています。

問 5 ▷ 次の投影図は，どんな立体を表していますか。その見取図をかきなさい。

(1)

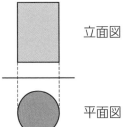

立面図

平面図

(2)

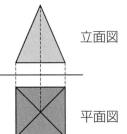

立面図

平面図

ガイド
(1) 底面が円で，正面から見ると長方形に見えるのは，円柱です。
(2) 底面が正方形の角錐です。正四角錐になります。

答え　(1)

(2)

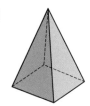

注）わかりやすいように投影図に色をつけて示しています。

教科書 P.199

問 6 ▷ 右の投影図は，どんな立体を表していると考えられますか。その見取図をかきなさい。

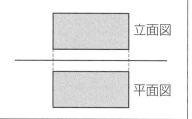

立面図

平面図

答 え

(例) 四角柱 円柱 三角柱

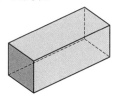

教科書 P.199

問 7 ▷ 問 6（教科書 P.199）の投影図で，真横から見た図が円であるとき，その投影図はどんな立体を表していますか。

ガ イ ド

見る方向を見取図に示すと，右の図のようになります。
問 6 の投影図だけではいろいろな立体が考えられますが，真横から見た図を加えることで，1 つに決まります。

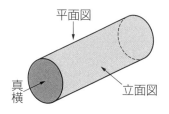

平面図

真横

立面図

答 え 円柱

◀ 多面体 ▶

教科書 P.200

問 8 ▷ （教科書）196 ページの **Q** ㋐〜㋕の立体のうち，平面だけで囲まれている立体はどれですか。

ガ イ ド

平らな面を平面といいます。
これに対して，曲がった面を曲面といいます。

答 え ㋐，㋑，㋘，㋕

平 面 曲 面

教科書 P.200

問 9 ▷ 四角柱，四角錐はそれぞれ何面体といえますか。

ガ イ ド

右の見取図で，面の数を確認しましょう。

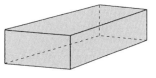

答 え 四角柱…六面体
四角錐…五面体

教科書 P.200

問 10 ▷ 正十二面体の１つの頂点に集まる面の数をいいなさい。
また，頂点の数と辺の数を求めなさい。

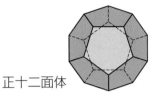

正十二面体

ガイド | 右の見取図を見て考えましょう。

答え | １つの頂点に集まる面の数…3，
頂点の数…5 × 12 ÷ 3 = 20， 辺の数…5 × 12 ÷ 2 = 30

② 直線や平面の位置関係

平面の決定

教科書 P.201

 カメラなどの三脚(さんきゃく)の脚(あし)が３本であることから，平面を１つに決めるにはどうしたらよ
いか考えてみましょう。

答え | （例）　一直線上にない３点を決めるとよい。

直線と直線

教科書 P.202

右の図の直方体で，すべての辺を直線と考えたと
き，２直線の位置関係について調べてみましょう。
(1) 直線 ℓ と平行な直線はどれでしょうか。また，
直線 ℓ と垂直に交わる直線はどれでしょうか。
(2) 直線 ℓ と平行ではなく，しかも交わらない直
線はあるでしょうか。

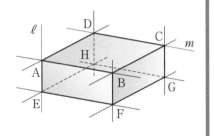

ガイド | 直方体の各頂点に集まる辺は垂直に交わっています。
また，同じ平面上にあって交わらない辺は，平行です。

答え | (1) ℓ と平行な直線…直線 BF，CG，DH
ℓ と垂直な直線…直線 AB，EF，AD，EH
(2) ある。（直線 DC，HG，BC，FG）

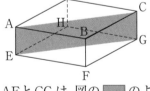

AEとCGは，図の ▨ のよ
うに同じ平面上にある。

教科書 P.202

問 1 ▷ (教科書 P.202)で，直線 EF とねじれの位置にある直線はどれですか。

ガイド | ねじれの位置にある直線は，平行ではなく，しかも交
わりません。

答え | 直線 AD，BC，DH，CG

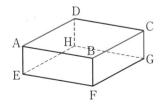

問 2 　身のまわりから，ねじれの位置にあるものを探しなさい。

 ガイド | 問1 の答えを参考にして，身のまわりのもので探してみましょう。

答 え | **(例)** 　テーブルの天板の1つの辺と，その向かい側にある2本の脚。

直線と平面

Q 右の図の直方体で，すべての辺を直線，すべての面を平面と考えたとき，平面Pとそれぞれの直線との位置関係を調べてみましょう。また，その位置関係によって，直線を分類してみましょう。

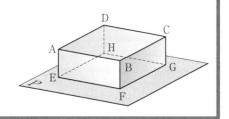

ガイド | 実際に直方体の箱などを用意して，位置関係を確かめてみましょう。

答 え |
① **面Pと垂直に交わっている直線**
　　直線 AE，BF，CG，DH

② **面Pと交わらない(平行な)直線**
　　直線 AB，BC，CD，DA

③ **面P上にある直線**
　　直線 EF，FG，GH，HE

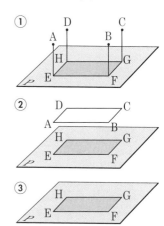

問 3 　右の図(図は ガイド 欄)のように本を机の上に立て，表紙を開いたとき，辺ABと辺BCは，どんな位置関係になっていますか。

ガイド | 右の図のように，辺AB，BCをふくむ平面ABCDに注目してみましょう。

答 え | 面ABCDが長方形なので，頂点Cがどこにあっても，AB⊥BC

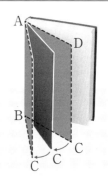

問 4 右の写真のように，三角定規を使って細い棒を机に対して垂直に立てます。三角定規は何枚必要ですか。

ガイド 三角定規の直角を利用します。下の図で，ℓ を細い棒とします。まずは，三角定規1枚で垂直に立てることができるか調べてみましょう。

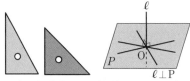

答え 2枚（三角定規を2枚使って，2方向から直角になるように棒にあてれば，棒を垂直に立てることができる。）

問 5 右の図（図は ガイド 欄）の三角柱で，面 ADEB と平行な辺はどれですか。また，辺 BE と垂直な面はどれですか。

ガイド
- 面 ADEB と交わらない辺をさがしましょう。
- 右の図で，○印をつけた4つの辺は，辺 BE と垂直になっています。

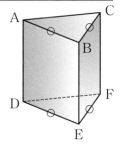

答え
面 ADEB と平行な辺…**辺 CF**
辺 BE と垂直な面…**面 ABC，DEF**

問 6 身のまわりから，平面と直線の位置関係が，平行になっているものと垂直になっているものを，それぞれ探しなさい。

答え (例) 〔垂直〕・部屋の天井(床)と柱　　・テーブルの天板と4本の脚　など
〔平行〕・部屋の床と天井の4辺　　・部屋の床とテーブルの天板の4辺　など

平面と平面

QUESTION 空間内に，2つの平面P，Qがあるとき，この2平面の位置関係には，どのような場合があるか調べてみましょう。

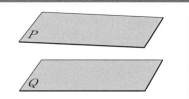

答え 2平面P，Qは，交わる場合と交わらない場合がある。

教科書 P.205

問7 右の図のように，平行な2平面P, Qに別の平面Rが交わってできる2つの交線 *m*, *n* は，どんな位置関係になっていますか。

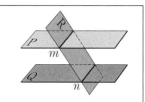

答え　*m∥n*

平面と平面のつくる角

教科書 P.205

問8 右の図（図は 欄）で，直線 *m* は平面Pの垂線です。直線 *m* をふくむ平面をQとするとき，PとQはどんな位置関係になっていますか。

ガイド 直線 *m* と平面Pの交点をA，平面PとQの交線を *ℓ* とし，平面P上にAC⊥*ℓ* となる直線ACを引いて考えましょう。

答え ガイドのようにACを引くと，
　　　AC⊥*ℓ*　①
直線 *m* は平面Pの垂線なので，点Aを通る平面P上のすべての直線に垂直である。
よって，
　　　m⊥*ℓ*　②
　　　m⊥AC　③

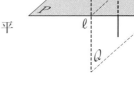

①，②，③より，2平面P, Qのつくる角が90°だから，P⊥Q

空間内での距離

教科書 P.206

Q 右（教科書P.206の写真）のような電灯の高さは，どこを測ればよいでしょうか。説明してみましょう。

答え （例）電灯の上の点から，地面まで垂直に引いた線の長さを測ればよい。

教科書 P.206

問9 右の図の円柱で，点A, Bは底面P上の点です。それぞれの点と底面Qとの距離を比べなさい。

ガイド 円柱の2つの底面は平行であることから考えましょう。

答え それぞれの点と底面Qとの距離は等しい。

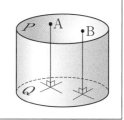

3 面が動いてできる立体

教科書 P.207

QUESTION Q 次の㋐〜㋓の立体は，ある平面図形を動かしてできたものです。それぞれ，どのような平面図形をどのように動かしてできた立体といえるでしょうか。

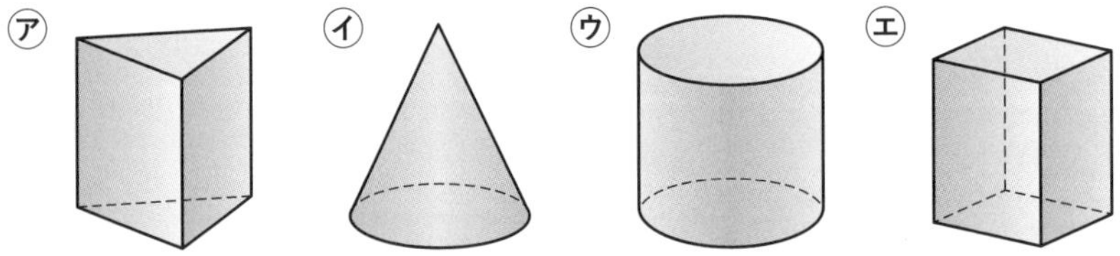

[答え]
㋐ 底面の三角形を，底面と垂直な方向に一定の距離だけ動かしてできた立体
㋑ 直角三角形の直角をはさむ辺を軸に，1回転させてできた立体
㋒ 底面の円を，底面と垂直な方向に一定の距離だけ動かしてできた立体
(長方形の長い方の辺を軸に，1回転させてできた立体)
㋓ 底面の長方形を，底面と垂直な方向に一定の距離だけ動かしてできた立体

教科書 P.207

[問1] △ABCが，この三角形をふくむ平面Pの垂線ℓにそって平行に，点Aから点Dまで動きます。
(1) △ABCが動いてできる立体は何ですか。
(2) 線分ADの長さは，その立体の何を表していますか。

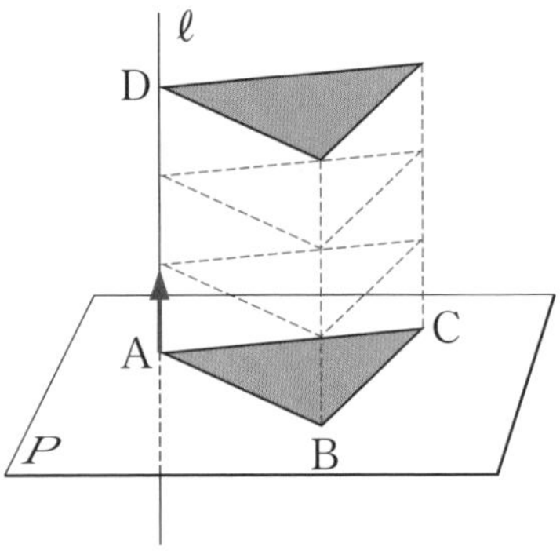

[ガイド] (2) (1)でできた立体の，2つの底面間の距離です。(教科書 P.206 を参照)

[答え] (1) 三角柱　(2) 高さ

回転体

教科書 P.208

[問2] 次の問いに答えなさい。
(1) 半円を，直径をふくむ直線ℓを軸として1回転してできる立体は何ですか。
(2) 右の図の長方形㋐を，直線ℓを軸として1回転してできる立体の見取図をかきなさい。

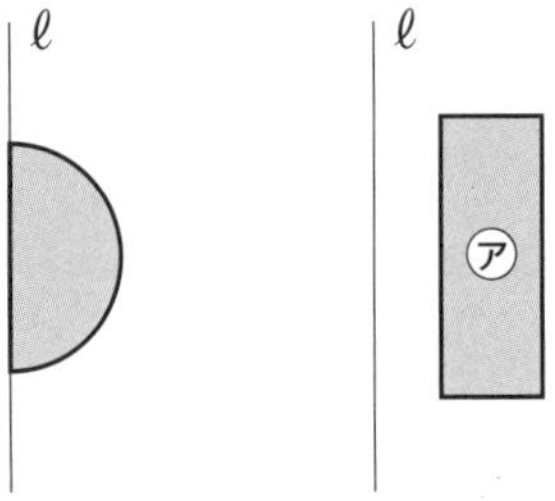

ガイド

(1)の見取図は次の図のようになります。

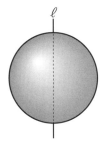

(2) 円柱の中央部分をくりぬいた形になります。

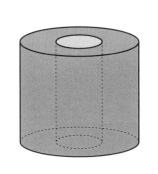

答え

(1) 球

(2) 右の図

教科書 P.208

身のまわりから，回転体とみることができるものを探してみよう。

答え

(例) つぼ，フラスコ，サークライン(円形蛍光灯)，ボール，コップ，洗面器

---

4 立体の展開図

教科書 P.209

QUESTION 次のような正四角錐，円錐の展開図はどのようになるか考えてみましょう。

(1) 正四角錐

5 cm

3 cm

A B C D O

(2) 円錐

12 cm

5 cm

A O′ O

答え

(1)

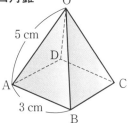

(2)

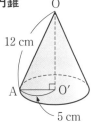

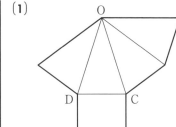

角錐，円錐の展開図

教科書 P.209

問 1 ▶ 右の図は，**Q**(1)の正四角錐の展開図で
す。正四角錐のどの辺にそって切り開い
たものですか。また，ほかの辺で切り開い
た展開図をかきなさい。

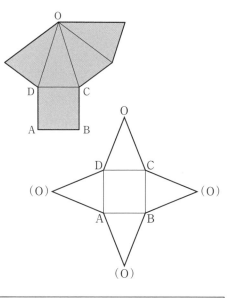

ガイド 底面の3つの辺のほかに，側面の1つ
の辺を切り開いています。

答え 辺OA，AB，BC，DA
(例) 右の図

教科書 P.210

問 2 ▶ 前ページ(教科書 P.209)の円錐の展開図(右の図)につい
て，次の問いに答えなさい。
(1) おうぎ形の半径は，もとの円錐のどの部分の長さ
と等しいですか。
(2) ÂB の長さは，もとの円錐のどの部分の長さと等しい
ですか。

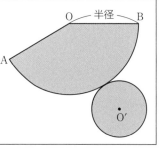

答え (1) 母線で切り開いているので，おうぎ形の半径は**母線の長さと等しい**。
(2) 展開図を組み立てると，ÂB と底面の円 O′ の円周が重なる。したがって，
円 O′(底面)の円周の長さと等しい。

1 空間図形の見方

確かめよう

教科書 P.210

1 右(次)のⒶ，Ⓑ，Ⓒの立体について，次の問いに答えなさい。

ⓐ

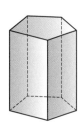

ⓑ

ⓒ

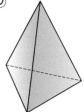

(1) それぞれの立体の名称をいいなさい。　(2) 多面体はどれですか。

[答え] (1) ㋐…五角柱，㋑…円錐，㋒…三角錐
(2) ㋐，㋒

2 右の図(図は[答え]欄)の正四角錐について，次の問いに答えなさい。
(1) 辺 AB とねじれの位置にある辺はどれですか。
(2) 面 OAB と辺 CD の位置関係をいいなさい。
(3) この正四角錐の高さを示す線分 OH を，右の図(図は[答え]欄)にかき入れなさい。

[ガイド] (1) ねじれの位置にある 2 直線は，平行ではなく，交わらない直線です。
(2) 直線と平面の位置関係について思い出しましょう。
(3) 角錐の高さは，頂点から底面へ引いた垂線の長さです。

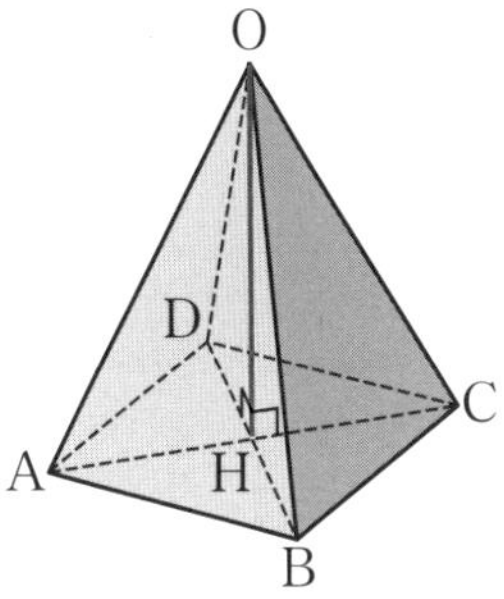

[答え] (1) 辺 OC，OD
(2) 平行
(3) 右の図

3 右の図は，ある立体の展開図です。この立体の名称をいいなさい。また，この立体の見取図，投影図をかきなさい。

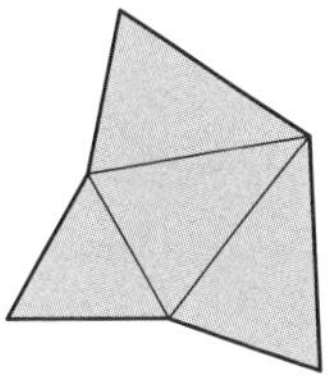

[ガイド] 底面が正三角形で，側面が二等辺三角形の立体です。

[答え] 正三角錐

見取図

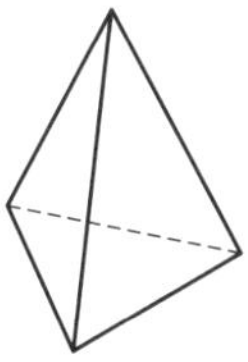

投影図

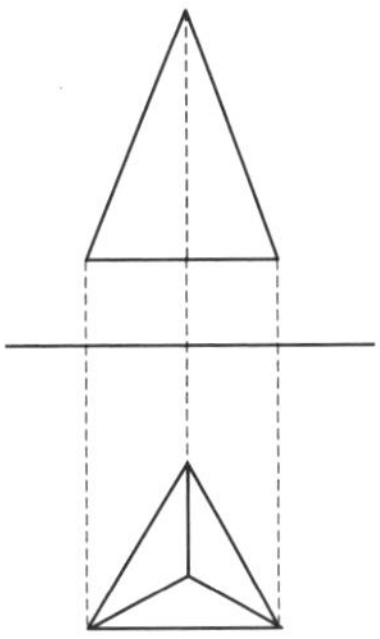

正多面体

教科書 P.211

1 次の表は，正多面体の面についてまとめたものです。

	面の形	面の1つの角の大きさ	1つの頂点に集まる面の数
正四面体	正三角形	60°	3
正六面体	正方形	90°	3
正八面体	正三角形	60°	4
正十二面体	正五角形	108°	3
正二十面体	正三角形	60°	5

(1) 1つの頂点に，正三角形を6個集めて立体をつくることができるでしょうか。

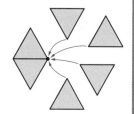

(2) 1つの頂点に，正方形や正五角形を4個以上集めて立体をつくることができるでしょうか。

(3) 1つの頂点に，正六角形を何個か集めて立体をつくることができるでしょうか。

(4) (1)～(3)をもとに，正多面体が5種類しかない理由を考えてみましょう。

答え

(1) 1つの頂点に集まる角の和は，60° × 6 = 360°で，平面になるので，**立体をつくることはできない。**

(2) 正方形…90° × 4 = 360°であり，4個以上集めると360°以上になるので，**立体をつくることはできない。**
正五角形…108° × 4 = 432°であり，4個以上集めると360°以上になるので，**立体をつくることはできない。**

(3) 正六角形の1つの角の大きさは120°。1つの頂点に多角形を2個集めただけでは立体をつくることはできない。また，120° × 3 = 360°で，3個以上集めると360°以上になるので，**正六角形を集めて立体をつくることはできない。**

(4) (1)～(3)のことから，1つの頂点に集まる面の数が3以上で，かつ1つの頂点に集まる角の和が360°未満になるのは，表の5種類の場合だけであることがわかる。したがって，**正多面体は5種類しかない。**

2 図形の計量

教科書のまとめ テスト前にチェック☑

☑◎ 立体の表面積

立体の表面全体の面積を，その立体の**表面積**という。また，1つの底面の面積を**底面積**，側面全体の面積を**側面積**という。

☑◎ 円周率

円周率は，円周の直径に対する割合で，この値をギリシャ文字 π で表す。

一般に，半径が r cm の円の円周の長さを ℓ cm，面積を S cm² とすると，

$$\ell = 2\pi r, \quad S = \pi r^2$$

と表すことができる。

☑◎ 角柱，円柱の表面積

（表面積）＝（側面積）＋（底面積）× 2

☑◎ 角錐，円錐の表面積

（表面積）＝（側面積）＋（底面積）

☑◎ おうぎ形の弧の長さと面積

半径 r cm，中心角 $a°$ のおうぎ形の弧の長さを ℓ cm，面積を S cm² とすると，

$$\ell = 2\pi r \times \frac{a}{360}, \quad S = \pi r^2 \times \frac{a}{360}$$

☑◎ 球の表面積

半径 r cm の球の表面積を S cm² とすると，

$$S = 4\pi r^2$$

☑◎ 角柱，円柱の体積

底面積 S cm²，高さ h cm の角柱，円柱の体積を V cm³ とすると，

$$V = Sh$$

☑◎ 角錐，円錐の体積

底面積 S cm²，高さ h cm の角錐，円錐の体積を V cm³ とすると，

$$V = \frac{1}{3}Sh$$

☑◎ 球の体積

半径 r cm の球の体積を V cm³ とすると，

$$V = \frac{4}{3}\pi r^3$$

注 今後，特にことわらない限り，円周率には π を用いる。また，π は，積の中では数のあと，その他の文字の前に書く。

（円周）＝（直径）×（円周率）
$$= (r \times 2) \times \pi$$
$$= 2\pi r$$

（円の面積）＝（半径）×（半径）×（円周率）
$$= r \times r \times \pi$$
$$= \pi r^2$$

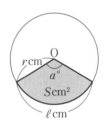

［参考］ 球の体積は，それがぴったり入る円柱の体積の $\frac{2}{3}$ である。

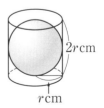

教科書 P.212

1 右のような３つの立体があります。

㋐ 底面の半径が５cm，高さが10cmの円錐

㋑ 半径５cmの球

㋒ 底面の半径が５cm，高さが10cmの円柱

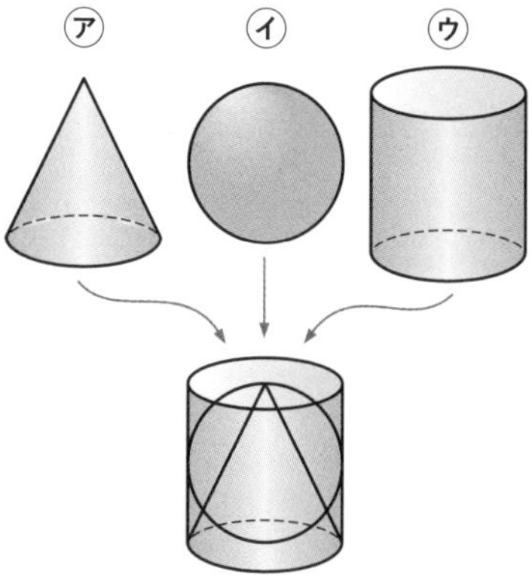

(1) ㋑の表面全体の面積は，㋒の側面の面積と等しくなります。㋑の表面全体の面積を求めてみましょう。ただし，円周率は3.14とします。

(2) ㋐，㋑の立体は，上(右)の図のように，㋒の立体の中にぴったり入ります。㋑，㋒の立体の体積は，それぞれ㋐の立体の体積の何倍になるか予想してみましょう。

[答え]

(1) (㋒の底面の円周の長さ)＝(直径)$\times$3.14＝10$\times$3.14＝31.4

(㋒の側面の面積)＝(高さ)$\times$(円周の長さ)＝10$\times$31.4＝314

答 314 cm^2

(2) (例) ㋑の体積は㋐の２倍，㋒の体積は㋐の３倍

1 立体の表面積

角柱，円柱の表面積

教科書 P.213

Q 右のような円柱の表面全体の面積を求めるには，どこの長さがわかればよいでしょうか。

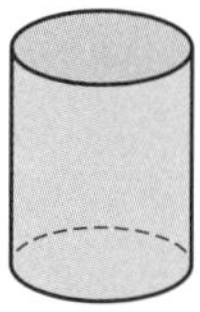

[ガイド] 円柱の表面全体の面積は，側面の面積に２つの底面の面積を加えれば求められます。側面の面積は，円柱の展開図で考えてみましょう。

[答え] **底面の円の半径と円柱の高さ**

教科書 P.213

[問１] **Q**(教科書 P.213)の円柱は，底面が半径３cmの円，高さが７cmです。展開図は右の図(図は[答え]欄)のようになります。この円柱の底面積，側面積，表面積を求めなさい。ただし，円周率は3.14とします。

[ガイド] 表面積は，展開図で考えます。側面積の求め方を考えましょう。
図の□にあてはまる数を書いてみましょう。

答 え	

(底面積) $= 3 \times 3 \times 3.14 = 28.26$

答　$28.26 \ \text{cm}^2$

(側面積) $= 7 \times (6 \times 3.14) = 131.88$

答　$131.88 \ \text{cm}^2$

(表面積) $= 131.88 + 28.26 \times 2 = 188.4$

答　$188.4 \ \text{cm}^2$

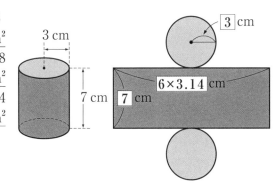

教科書 P.214

問2　半径 7 cm の円の円周の長さと面積を求めなさい。

ガイド	例1(教科書 P.214)の円周と円の面積の公式に，$r = 7$ を代入します。π はそのままにして計算します。

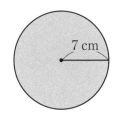

答 え	

(円周) $= 2\pi \times 7 = 14\pi$

(円の面積) $= \pi \times 7^2 = 49\pi$

答　円周の長さ…$14\pi \ \text{cm}$，円の面積…$49\pi \ \text{cm}^2$

教科書 P.214

問3　次(右)のような三角柱の底面積，側面積，表面積を求めなさい。

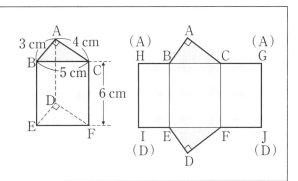

ガイド	表面全体の面積を表面積，1つの底面の面積を底面積，側面全体の面積を側面積といいます。三角柱の表面積は，側面積と底面積2つ分をたしたものです。 側面積を求めるため，上の図の HG の長さを考えます。

答 え	

(底面積) $= \dfrac{1}{2} \times 3 \times 4 = 6$　　　　　　　　　　　　　答　$6 \ \text{cm}^2$

(側面積) $= 6 \times (3 + 4 + 5) = 72$　　　　　　　　　　答　$72 \ \text{cm}^2$

(表面積) $= 72 + 6 \times 2 = 84$　　　　　　　　　　　　答　$84 \ \text{cm}^2$

— 教科書 P.214 —

問 4 ▷ 次の立体の表面積を求めなさい。

(1) 正四角柱

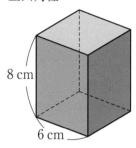

(2) 円柱

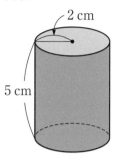

ガイド

表面積は，展開図で考えます。

(1)

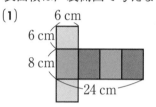

(2)

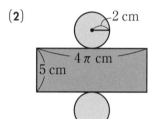

答え

(1) $8 \times 24 + 6^2 \times 2 = 264$

答 264 cm^2

(2) $5 \times 4\pi + (\pi \times 2^2) \times 2 = 28\pi$

答 $28\pi \text{ cm}^2$

角錐，円錐の表面積

— 教科書 P.215 —

問 5 ▷ 右の正四角錐の底面積，側面積，表面積を求めなさい。

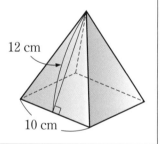

ガイド

側面積は，二等辺三角形4つ分の面積です。

角錐の表面積は，側面積と底面積をたします。

答え

(底面積) $= 10^2 = 100$　　　　答 100 cm^2

(側面積) $= \left(\dfrac{1}{2} \times 10 \times 12\right) \times 4 = 240$　　　答 240 cm^2

(表面積) $= 100 + 240 = 340$　　　答 340 cm^2

206

教科書 P.214〜215

教科書 P.215

 Q 右のような円錐の表面積を求めるには，どこの長さがわかれば
よいでしょうか。

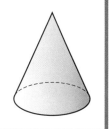

答 え 底面の円の半径と母線の長さ

教科書 P.216

問 6 1 つの円で，おうぎ形の面積は弧の長さに比例するといえますか。

ガ イ ド 中心角と弧の長さの関係，中心角と面積の関係から考えてみましょう。

答 え おうぎ形の弧の長さも面積も中心角に比例するから，おうぎ形の面積は弧の長さ
に比例するといえる。すなわち，おうぎ形の弧の長さを 2 倍，3 倍，…にしてい
くと，面積も，2 倍，3 倍，…になる。

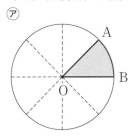 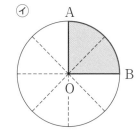 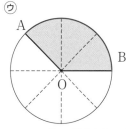

答 比例するといえる

教科書 P.216

問 7 半径 6 cm，中心角 120° のおうぎ形について，次の問いに答え
なさい。
(1) このおうぎ形の面積は，同じ半径の円の面積の何倍ですか。
(2) 面積を求めなさい。
(3) 弧の長さを求めなさい。

ガ イ ド (1) おうぎ形の面積は中心角の大きさに比例します。
(2)(3) 半径 r cm，中心角 $a°$ のおうぎ形の弧の長さを ℓ cm，面積を S cm² とする
と，$\ell = 2\pi r \times \dfrac{a}{360}$，$S = \pi r^2 \times \dfrac{a}{360}$ です。

答 え (1) $\dfrac{120}{360} = \dfrac{1}{3}$　　　　　　　　　　　　　　　　答 $\dfrac{1}{3}$ 倍

(2) $\pi \times 6^2 \times \dfrac{120}{360} = 12\pi$　　　　　　　　　答 12π cm²

(3) $2\pi \times 6 \times \dfrac{120}{360} = 4\pi$　　　　　　　　　答 4π cm

教科書 P.216

[問 8] 半径 4 cm，中心角 135° のおうぎ形の弧の長さと面積を求めなさい。

[ガイド] $\ell = 2\pi r \times \frac{a}{360}$，$S = \pi r^2 \times \frac{a}{360}$ に，$r = 4$，$a = 135$ を代入して求めます。

[答え] おうぎ形の弧の長さを ℓ cm，面積を S cm² とすると，

$\ell = 2\pi \times 4 \times \frac{135}{360} = 3\pi$，$S = \pi \times 4^2 \times \frac{135}{360} = 6\pi$

答　弧の長さ…3π cm　面積…6π cm²

教科書 P.217

[Q] 右の図のような，底面の半径が 5 cm，母線の長さが 12 cm の円錐があります。この円錐の側面積は何 cm² でしょうか。どのように求めればよいか話し合ってみましょう。

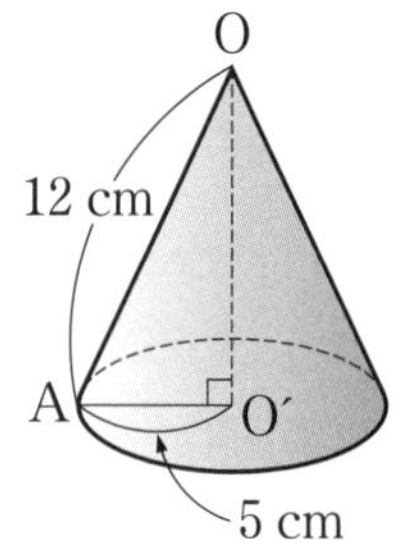

[答え] (例)・展開図をかいてみる。
・おうぎ形の面積を求めるためには，半径と中心角がわかればよい。
・おうぎ形の弧の長さと中心角が比例することを使って，中心角を求めることができる。

教科書 P.217

1 拓真(たくま)さんは，側面のおうぎ形の面積を求めるには，その中心角を求めればよいと考えました。拓真さんの考えを読み，下の問いに答えましょう。

拓真さんの考え

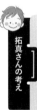

おうぎ形 OABの $\overset{\frown}{AB}$ の長さは，$(2\pi\times5)$ cm　㋐

円 Oの円周の長さは，[　　　] cm

したがって，おうぎ形 OABの中心角を x° とすると，

$x = 360\times\frac{2\pi\times5}{\boxed{}}$　㋑

$= 360\times\frac{5}{12}$　㋒

$= 150$

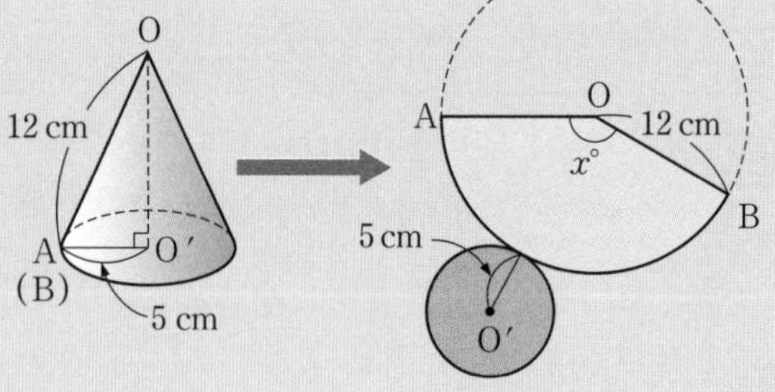

(1) ㋐の理由を説明しましょう。
(2) [　　　] にあてはまる式を書きましょう。
(3) 中心角 x の値が㋑の式で求められる理由を説明しましょう。
(4) ㋒の式から，どんなことが読み取れるでしょうか。

答え

(1) $\overset{\frown}{AB}$ の長さは，底面の半径 $5\,\mathrm{cm}$ の円の円周の長さと等しい。

(2) $2\pi\times12$

(3) （例） おうぎ形の弧の長さは中心角に比例するので，

$$（円周の長さ）：（\overset{\frown}{AB}\text{ の長さ}）=360：x$$
$$(2\pi\times12)：(2\pi\times5)=360：x$$
$$(2\pi\times12)\times x=360\times(2\pi\times5)$$
$$x=360\times\frac{2\pi\times5}{2\pi\times12}$$

(4) （例） $\dfrac{5}{12}$ は，中心角 $x°$ の $360°$ に対する割合であるが，分母の 12 は母線の長さ，分子の 5 は底面の半径を表している。

したがって，中心角 $x°$ の $360°$ に対する割合は，$\dfrac{（底面の半径）}{（母線の長さ）}$ と等しい。

教科書 P.218

2 中心角が $150°$ であることを使って，おうぎ形 OAB の面積（円錐の側面積）を求めてみましょう。

ガイド

$$（おうぎ形の面積）=（円の面積）\times\frac{（おうぎ形の中心角）}{360}$$

答え

$$(\pi\times12^2)\times\frac{150}{360}=(\pi\times12^2)\times\frac{5}{12}=60\pi$$

答　$60\pi\,\mathrm{cm}^2$

教科書 P.218

3 美月さんは，おうぎ形の中心角を求めなくても，面積が求められると考えました。
美月さんは，これまで学んできたどんなことを根拠にして側面積を求めたのでしょうか。美月さんの考え方を説明してみましょう。

円 O の面積は，$(\pi\times12^2)\,\mathrm{cm}^2$

したがって，おうぎ形 OAB の面積を $S\,\mathrm{cm}^2$ とすると，

$$S=(\pi\times12^2)\times\frac{2\pi\times5}{2\pi\times12}$$
$$=(\pi\times12^2)\times\frac{5}{12}$$
$$=12\times5\times\pi$$
$$=60\pi$$

答　$60\pi\,\mathrm{cm}^2$

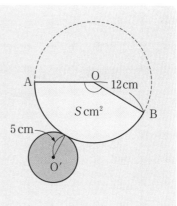

ガイド 問 6（教科書 P.216）で，おうぎ形の面積は弧の長さに比例することを学びました。

答え （例） おうぎ形の面積は弧の長さに比例するので，中心角を求めなくても，円周に対する弧の長さの割合から，その面積を求めることができる。

拓真さんの考えや美月さんの考えから，円錐の側面積の求め方について，どんなことがわかるかを話し合ってみましょう。

答え (例) どちらの考え方でも，円錐の側面積は，$\pi \times 12^2 \times \dfrac{5}{12}$ の式で求められる。

すなわち，円錐の側面積は，母線を半径とする円の面積に，$\dfrac{(底面の半径)}{(母線の長さ)}$

をかければよい。

 前ページ(教科書 P.217)の **Q** の円錐の底面積と表面積を求めてみましょう。

答え
(底面積) $= \pi \times 5^2 = 25\pi$ 答 $25\pi\,\text{cm}^2$
(表面積) $= 60\pi + 25\pi = 85\pi$ 答 $85\pi\,\text{cm}^2$

問 9 右の円錐の底面積，側面積，表面積を前ページ(教科書 P.217)の **1** の拓真さんや **3** の美月さんの考えを使って求めなさい。

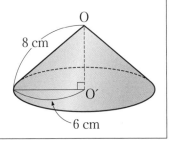

ガイド 展開図をかいて考えましょう。

答え

おうぎ形 OAB の中心角を $x°$ とすると，
$x = 360 \times \dfrac{2\pi \times 6}{2\pi \times 8}$
$ = 360 \times \dfrac{6}{8}$
$ = 270$
したがって，
(側面積) $= \pi \times 8^2 \times \dfrac{270}{360} = 48\pi$

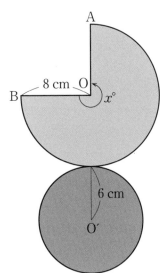

(側面積) $= (\pi \times 8^2) \times \dfrac{2\pi \times 6}{2\pi \times 8}$
$ = (\pi \times 8^2) \times \dfrac{6}{8}$
$ = 8 \times 6 \times \pi$
$ = 48\pi$

(底面積) $= \pi \times 6^2 = 36\pi$
(表面積) $= 48\pi + 36\pi = 84\pi$

答 底面積…$36\pi\,\text{cm}^2$ 側面積…$48\pi\,\text{cm}^2$ 表面積…$84\pi\,\text{cm}^2$

弧の長さとおうぎ形の面積

❤**1** 次の図のように，おうぎ形を等分して並べかえた図形を長方形とみなすと，長方形の縦と横の長さは，もとのおうぎ形のどの部分の長さと等しくなるでしょうか。

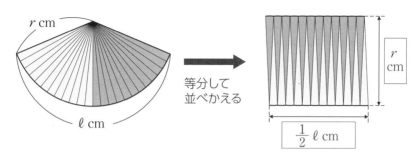

等分して
並べかえる

❤**2** 次の図のように，おうぎ形を分割して並べかえた図形を三角形とみなすと，三角形の底辺と高さは，もとのどの部分の長さと等しくなるでしょうか。

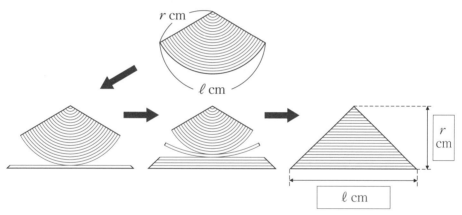

1 からも，**2** からも，次の式を導くことができます。

おうぎ形の半径を r cm，
弧の長さを ℓ cm，
面積を S cm^2 とすると，

$$S = \frac{1}{2}\ell r$$

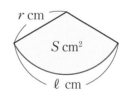

❤**3** 半径 4 cm，弧の長さ 6π cm のおうぎ形の面積を求めてみましょう。

答え

1 長方形の縦…もとのおうぎ形の半径 r cm

長方形の横…もとのおうぎ形の弧の長さの $\frac{1}{2}$ とみなせるので，$\frac{1}{2}\ell$ cm

2 三角形の底辺…もとのおうぎ形の弧の長さ ℓ cm

三角形の高さ…もとのおうぎ形の半径 r cm

3 おうぎ形の半径を r cm, 弧の長さを ℓ cm, 面積を S cm^2 とすると,

$$S = \frac{1}{2}\ell r$$

$r = 4$, $\ell = 6\pi$ を代入すると,

$$S = \frac{1}{2} \times 6\pi \times 4$$
$$= 12\pi$$

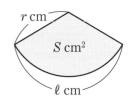

答　12π cm^2

◀ 球の表面積 ▶

教科書 P.220

半径 5 cm の球の表面に, 右の写真のように, ひもを全体に
すき間なく巻いたものをほどいて, 円になるように巻き直
すと, 半径 10 cm の円になりました。球の表面積について,
どんなことがわかるか話し合ってみましょう。

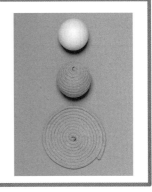

答え 球の表面積は, 巻き直した円の面積と等しい。
したがって, 球の表面積は, その2倍の半径の円の面積と等しいと考えられる。

教科書 P.220

問10 半径 4 cm の球の表面積を求めなさい。

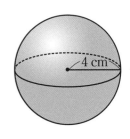

ガイド 半径 r cm の球の表面積を S cm^2 とすると,
$$S = 4\pi r^2$$
この公式に, $r = 4$ を代入します。

答え （表面積）$= 4\pi \times 4^2 = 64\pi$

答　64π cm^2

教科書 P.220

問11 右の図のような半径 3 cm, 中心角 90° のおうぎ形を, 直線 ℓ
を軸として1回転してできる立体の表面積を求めなさい。

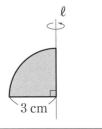

ガイド 半球ができます。半径 3 cm の球の表面積の半分と切り口の円の面積をたします。

答え （表面積）$= (4\pi \times 3^2) \times \frac{1}{2} + \pi \times 3^2 = 18\pi + 9\pi = 27\pi$

答　27π cm^2

❷ 立体の体積

◆ 角錐，円錐の体積 ◆

教科書 P.221

QUESTION Q 底面積が等しく高さも等しい角柱と角錐，円柱と円錐の容器を使って，2つの体積を比べてみましょう。角錐や円錐について，どんなことがわかるでしょう。

ガイド 角柱や円柱と比べると，角錐や円錐の体積は小さいですね。容器に砂や水を入れて確かめてみましょう。

答え 角柱には，角錐の容器でちょうど3杯入る。
円柱には，円錐の容器でちょうど3杯入る。

角錐や円錐の体積は，それぞれ底面積と高さの等しい角柱や円柱の体積の$\frac{1}{3}$である。

教科書 P.222

問 1 次の立体の体積を求めなさい。

(1) 四角柱

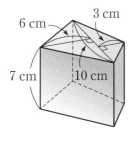

3 cm
6 cm
7 cm 10 cm

(2) 底面が半円の立体

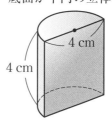

4 cm
4 cm

(3) 正四角錐

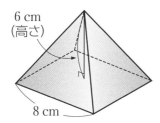

6 cm（高さ）
8 cm

(4) 円錐

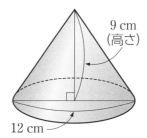

9 cm（高さ）
12 cm

ガイド	(1), (2)は, 角柱, 円柱の体積の公式 $V = Sh$ を利用しましょう。 (1) 底面積は, 2つの三角形の面積の和になります。 (3), (4)は, 角錐, 円錐の体積の公式 $V = \frac{1}{3}Sh$ を利用しましょう。 (3) 正四角錐の底面は正方形です。 (4) 底面は半径6cmの円です。

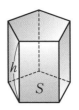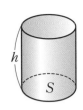

答　え	(1) $(底面積) = \frac{1}{2} \times 10 \times 6 + \frac{1}{2} \times 10 \times 3 = 30 + 15 = 45$ 　　　したがって, $(体積) = 45 \times 7 = 315$

答　$315\ \mathrm{cm}^3$

(2) 底面は半円だから,

$(底面積) = (\pi \times 2^2) \times \frac{1}{2} = 2\pi$

したがって, $(体積) = 2\pi \times 4 = 8\pi$

答　$8\pi\ \mathrm{cm}^3$

(3) $(体積) = \frac{1}{3} \times 8^2 \times 6 = 128$

答　$128\ \mathrm{cm}^3$

(4) $(体積) = \frac{1}{3} \times (\pi \times 6^2) \times 9 = 108\pi$

答　$108\pi\ \mathrm{cm}^3$

◀ 球の体積 ▶

教科書 P.222

 半径5cmの半球の容器Aと, 底面の半径が5cm, 高さが10cmの円柱の容器Bを使って, 2つの体積を比べてみましょう。球の体積について, どんなことがわかるでしょうか。

ガイド	ちょうど3杯で, Bは水がいっぱいになります。このことから, $(半球Aの体積) = (円柱Bの体積) \times \frac{1}{3}$ の関係が成り立ちます。 また, 球の体積は, 半球の体積の2倍です。
答　え	半径 r cmの球の体積は, 底面の半径が r cm, 高さが $2r$ cmの円柱の体積の $\frac{2}{3}$ であることがわかる。

問 2 ▷ 半径 4 cm の球の体積を求めなさい。

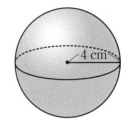

ガイド

半径 r cm の球の体積を V cm^3 とすると,

$$V = \frac{4}{3}\pi r^3$$

この公式に, $r = 4$ を代入します。

答 え

$$(体積) = \frac{4}{3}\pi \times 4^3$$
$$= \frac{256}{3}\pi$$

答 $\dfrac{256}{3}\pi$ cm^3

（教科書）212 ページの の図について, こ
れまでの学習をもとに考えてみよう。

㋐ 底面の半径が 5 cm, 高さが 10 cm の円
錐

㋑ 半径 5 cm の球

㋒ 底面の半径が 5 cm, 高さが 10 cm の円柱

(1) ㋐の体積を 1 とすると, ㋑, ㋒の体積は
いくらになるでしょうか。

(2) ㋑の表面積と㋒の側面積を比べてみま
しょう。

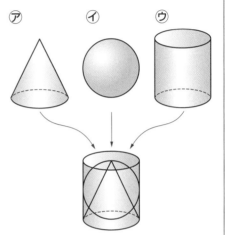

ガイド

これまでに学習した, 立体の表面積や体積の求め方の応用です。

(1) ㋐の体積を 1 としたとき, ㋒の体積は 3 になります。また, ㋑の体積は, ㋒
の体積の $\dfrac{2}{3}$ であることも学習しました。

(2) ㋒の側面積は, 側面の展開図をもとに考えましょう。

答 え

(1) 円柱, 円錐の体積の公式から,
　　（㋐の体積）:（㋒の体積）= 1 : 3

　　㋑の体積は㋒の体積の $\dfrac{2}{3}$ だから,

　　（㋑の体積）:（㋒の体積）= $\dfrac{2}{3}$: 1 = 2 : 3
　　したがって, ㋐の体積を 1 とすると, ㋒の体積は 3, ㋑の体積は 2 となる。

答 ㋑…2, ㋒…3

注）実際に㋐, ㋑, ㋒の体積を求めてみると, それぞれ $\dfrac{250}{3}\pi$ cm^3, $\dfrac{500}{3}\pi$ cm^3,
　　250π cm^3 となり, 答えが正しいことが確かめられる。

(2)　（㋑の表面積）= $4\pi \times 5^2 = 100\pi$ (cm^2)
　　（㋒の側面積）= $(2\pi \times 5) \times 10 = 100\pi$ (cm^2)

答 どちらも 100π cm^2 で等しい。

6 章 空間図形

模型で考える角錐の体積

教科書 P.224

💛**1** 巻末②にある展開図を使って，四角錐を3個つくり，それらを組み合わせて立方体をつくってみましょう。（図は 答え 欄）

　　1から，上の四角錐の体積は，その底面を1つの面とする立方体の体積の$\frac{1}{3}$であることがわかります。

💛**2** 巻末②にある展開図を使って，正四角錐を6個つくり，それらを組み合わせて立方体をつくってみましょう。（図は 答え 欄）

　　2から，上の正四角錐の体積は，その底面を1つの面とした，高さが2倍の立方体の体積の$\frac{1}{6}$であることがわかります。

💛**3** **1**，**2**から，四角錐の体積が，それぞれ底面積と高さが等しい四角柱の体積の$\frac{1}{3}$であることを説明してみましょう。

ガイド　巻末②にある展開図を組み立てて，確かめてみましょう。

答　え

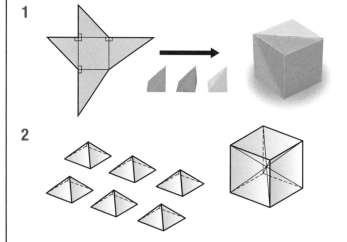

1

2

3（例） **1**の四角錐を3個組み合わせると，四角錐の底面積と高さが等しい四角柱ができる。また，**2**の四角錐を6個組み合わせると，四角錐の底面積が等しく，高さが2倍の四角柱ができる。つまり，この四角錐3個の体積が，底面積が等しく高さも等しい四角柱の体積と等しい。
以上のことから，四角錐の体積は，それぞれ底面積と高さが等しい四角柱の体積の$\frac{1}{3}$であると考えられる。

確かめよう

教科書 P.225

1 半径 12 cm, 中心角 240° のおうぎ形の弧の長さと面積を求めなさい。

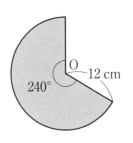

ガイド　$\ell = 2\pi r \times \dfrac{a}{360}$, $S = \pi r^2 \times \dfrac{a}{360}$ に, $r = 12$, $a = 240$ を代入して求めます。

答え

(弧の長さ) $= 2\pi \times 12 \times \dfrac{240}{360} = 24\pi \times \dfrac{2}{3} = 16\pi$

(面積) $= \pi \times 12^2 \times \dfrac{240}{360} = 144\pi \times \dfrac{2}{3} = 96\pi$

答　弧の長さ…16π cm,　面積…96π cm^2

2 右の図の円錐の底面積, 側面積, 表面積を求めなさい。

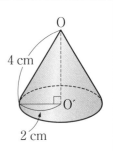

ガイド　円錐の展開図は, 底面の円と側面を広げたおうぎ形になります。
側面積は, おうぎ形の中心角がわかれば求めることができます。
(表面積) = (側面積) + (底面積)です。

答え

おうぎ形の中心角を $x°$ とすると,

$x = 360 \times \dfrac{2\pi \times 2}{2\pi \times 4}$

$\quad = 360 \times \dfrac{1}{2}$

$\quad = 180$

(底面積) $= \pi \times 2^2 = 4\pi$ 　　　　**答　4π cm^2**

(側面積) $= (\pi \times 4^2) \times \dfrac{180}{360} = 8\pi$ 　　**答　8π cm^2**

(表面積) $= 8\pi + 4\pi = 12\pi$ 　　　**答　12π cm^2**

注)側面積は, 弧の長さをもとに, $(\pi \times 4^2) \times \dfrac{2\pi \times 2}{2\pi \times 4} = 8\pi$ として求めてもよい。

3 次の立体の体積を求めなさい。
(1) 底面の半径が 10 cm，高さが 15 cm の円柱
(2) 底面積が 60 cm²，高さが 8 cm の五角錐

ガイド (1) （円柱の体積）=（底面積）×（高さ）

(2) （角錐の体積）= $\frac{1}{3}$×（底面積）×（高さ）

(1) (2)

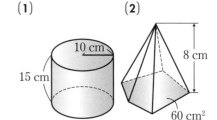

答え (1) $(\pi \times 10^2) \times 15$
　　$= 1500\pi$

答　$1500\pi\ \mathrm{cm}^3$

(2) $\frac{1}{3} \times 60 \times 8$
　$= 160$

答　$160\ \mathrm{cm}^3$

4 直径 6 cm の球の表面積と体積を求めなさい。

ガイド 直径が 6 cm だから，半径は 3 cm になります。
半径 r cm の球の表面積 S cm² は，
　$S = 4\pi r^2$
半径 r cm の球の体積 V cm³ は，
　$V = \frac{4}{3}\pi r^3$

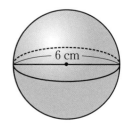

答え （表面積）= $4\pi \times 3^2$
　　　　　$= 36\pi$

答　$36\pi\ \mathrm{cm}^2$

（体積）= $\frac{4}{3}\pi \times 3^3$
　　　$= 36\pi$

答　$36\pi\ \mathrm{cm}^3$

6章のまとめの問題

教科書 P.226 〜 228

基本

1 次の ☐ にあてはまる数やことばをいいなさい。
(1) 平面だけで囲まれている立体を ☐ という。
(2) 空間内の2直線が交わらないとき，その2直線が同一平面上にあれば ☐ である。また，同一平面上になければ ☐ にある。
(3) 円周率は，ギリシャ文字 ☐ を使って表す。半径 r cm の円の円周の長さは
　☐ cm，面積は ☐ cm² である。

2 右の図の三角柱で，次の辺や面はどれですか。
(1) 辺 AD と平行な辺
(2) 辺 AD とねじれの位置にある辺
(3) 面 ABC と平行な面
(4) 面 ABC と垂直な面

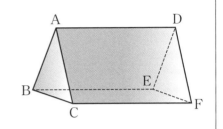

3 次の立体(図は 答え 欄)の投影図をかいています。必要な線をかき入れて，投影図を完成させなさい。

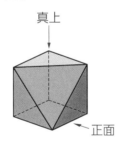

真上

正面

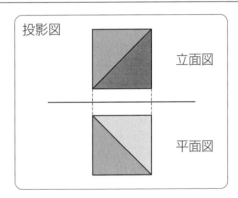

投影図

立面図

平面図

4 次の立体の表面積と体積を求めなさい。

(1)

2 cm
7 cm

(2)

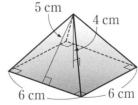
5 cm
4 cm
6 cm　6 cm

(1)　(表面積) $= (2\pi \times 2) \times 7 + (\pi \times 2^2) \times 2$
$= 28\pi + 8\pi$
$= 36\pi$

答　$36\pi\,\text{cm}^2$

(体積) $= (\pi \times 2^2) \times 7$
$= 28\pi$

答　$28\pi\,\text{cm}^3$

(2)　(表面積) $= \left(\dfrac{1}{2} \times 6 \times 5\right) \times 4 + 6^2$
$= 60 + 36$
$= 96$

答　$96\,\text{cm}^2$

(体積) $= \dfrac{1}{3} \times 6^2 \times 4$
$= 48$

答　$48\,\text{cm}^3$

---

5 右の図の△ABC を，辺 AC を軸として 1 回転してできる立体について，次の問いに答えなさい。

(1)　見取図をかきなさい。

(2)　体積を求めなさい。

(3)　側面積を求めなさい。

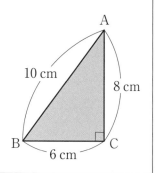

1 回転してできる立体は，円錐です。

(2)　(円錐の体積) $= \dfrac{1}{3} \times$ (底面積) $\times$ (高さ)

(3)　円錐の側面積は，弧の長さをもとに，求めることができます。

(1)　右の図

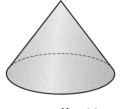

(2)　(体積) $= \dfrac{1}{3} \times (\pi \times 6^2) \times 8$
$= 96\pi$

答　$96\pi\,\text{cm}^3$

(3)　(側面積) $= (\pi \times 10^2) \times \dfrac{2\pi \times 6}{2\pi \times 10}$
$= 100\pi \times \dfrac{6}{10}$
$= 60\pi$

答　$60\pi\,\text{cm}^2$

---

6 右の図は，立方体の展開図です。この展開図から立方体をつくるとき，次の面を答えなさい。

(1)　面 P と平行な面

(2)　辺 AB と平行な面

(3)　辺 AB と垂直な面

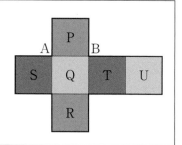

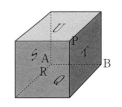

ガイド	組み立てると，右の図のようになります。
答え	(1) 面 R
	(2) 面 R，U
	(3) 面 S，T

応用

1 展開図をかくと，右の図のようになる立体があります。
次の問いに答えなさい。
(1) この立体の見取図をかきなさい。
(2) 円 O′ の半径を求めなさい。

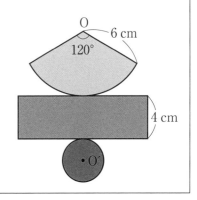

ガイド	展開図のおうぎ形の部分は，円錐の側面になる部分があることを示しています。また，円の部分は，円錐や円柱の底面があることを示しています。長方形の部分は，円柱の側面にあたる部分です。

答え	(1) 右の図
	(2) 側面のおうぎ形の弧の長さは，底面の円の円周に等しい。

円 O′ の半径を x cm とすると，

$$2\pi x = 2\pi \times 6 \times \frac{120}{360}$$
$$2\pi x = 4\pi$$
$$x = 2$$

答 2 cm

2 液体が 1.8 L 入る立方体の容器があります。この容器に次の⑦，⑦のように水を入れたとき，それぞれ何 L の水が入っていますか。その理由も説明しなさい。

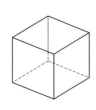   ⑦    ⑦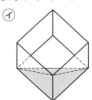

ガイド	水の入っている部分はどんな立体になっているでしょうか。

6章 空間図形

教科書 P.227

221

㋐ 水の入っている部分は，三角柱。

$$1.8 \times \frac{1}{2} = 0.9$$

答　0.9 L

(理由)

底面積は正方形の面積の半分で，高さは立方体の高さに等しいから，体積は立方体の $\frac{1}{2}$ である。

㋑ 水の入っている部分は，三角錐。

$$0.9 \times \frac{1}{3} = 0.3$$

答　0.3 L

(理由)

底面積も高さも㋐の三角柱に等しい三角錐だから，体積は㋐の三角柱の $\frac{1}{3}$ である。

活 用

1　フランスには，結婚式などの祝いの席で出される菓子に，クロカンブッシュというものがあります。これは，カスタードクリームを入れた小さなシューを，あめなどではりつけながら円錐の形に積み上げたものです。このクロカンブッシュが，右下のような大きさの円錐とするとき，次の問いに答えなさい。

(1) このクロカンブッシュの側面を，あめでコーティングしたいと思います。コーティングする部分の面積を求めなさい。

(2) このクロカンブッシュを切り分け，同じ量ずつ5人に配ったら，高さがちょうど半分になりました。残りを同じように配ると，あと何人に配ることができますか。

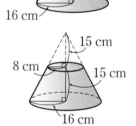

ガイド

(1) 円錐の側面積は，$\pi \times (母線の長さ)^2 \times \dfrac{(底面の半径の長さ)}{(母線の長さ)}$ で求められます。

(2) 1人あたりどのくらいの量を配ったのでしょうか。

答 え

(1) $(\pi \times 34^2) \times \dfrac{16}{34} = 544\pi$

答　$544\pi \,\mathrm{cm}^2$

(2) はじめのクロカンブッシュの体積は，$\dfrac{1}{3} \times (\pi \times 16^2) \times 30 = 2560\pi \,(\mathrm{cm}^3)$

切り分けたクロカンブッシュの体積は，$\dfrac{1}{3} \times (\pi \times 8^2) \times 15 = 320\pi \,(\mathrm{cm}^3)$

したがって，残りのクロカンブッシュの体積は，$2560\pi - 320\pi = 2240\pi \,(\mathrm{cm}^3)$

ここで，$320\pi \div 5 = 64\pi$ から，1人あたり $64\pi \,\mathrm{cm}^3$ のクロカンブッシュを配ったことになる。

したがって，残りを同じように配ると，$2240\pi \div 64\pi = 35$ から，あと35人に配ることができる。

答　35人

 **体積や表面積を比べよう**

1 エジプト最大のクフ王のピラミッドは、建設当時、底面の1辺が約230m、高さが約146mの正四角錐でした。また、4つの側面が、正確に東西南北を向いていることも知られています。このピラミッドの体積を求めてみましょう。また、東京ドームの容積約1240000 m³ と比べてみましょう。

2 円錐の形をしたA、B 2つのグラスがあります。この2つのグラスに、ジュースをいっぱいに入れるとします。

(1) どちらのグラスの方が多く入るか予想してみましょう。

(2) 右の図で、必要な長さを測って、どちらのグラスの方が多く入るか答えましょう。

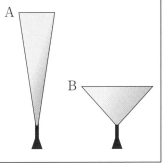

ガイド

1 正四角錐の体積は、$\frac{1}{3} \times (底面の1辺)^2 \times (高さ)$ で求められます。

2 (1) Aのグラスの方が、多く入りそうにも思えます。でも、実際に入れてみないとわかりません。

(2) グラスの容量を調べるには、それぞれの円錐の底面の半径、高さを測って、体積を計算しましょう。

答え

1 ピラミッドの体積は、$\frac{1}{3} \times 230^2 \times 146 = 2574466.6\cdots$ より、約 2570000 m³

答 約 2570000 m³

東京ドームの容積は 1240000 m³ であるから、
$2570000 \div 1240000 = 2.07\cdots$ より、ピラミッドの体積は東京ドームの容積の約2倍である。　　　　　　　　　　　　　　　　　　**答 約2倍**

2 (1) 省略

(2) Aの上面の半径 0.5 cm、高さ 3 cm
　　Bの上面の半径 1 cm、高さ 1 cm

　　$(Aの体積) = \frac{1}{3} \times (\pi \times 0.5^2) \times 3 = 0.25\pi = \frac{1}{4}\pi \ (cm^3)$

　　$(Bの体積) = \frac{1}{3} \times (\pi \times 1^2) \times 1 = \frac{1}{3}\pi \ (cm^3)$

　　したがって、**Bのグラスの方が多く入る。**

7章 データの活用

 美月さんの学校のクラスA組，B組でルーラーキャッチを行ったところ，それぞれの組の記録は次のようになりました。

A組　　　　　　　　　　　　　　　　　　　　（単位：cm）

24.3	20.1	18.6	14.5	21.6	26.7	18.6	10.4	20.0
29.3	24.3	22.4	19.8	27.0	20.4	26.7	15.8	24.3
28.5	19.2	17.7	29.0	31.8	24.9	22.7	30.2	12.9
27.2	15.0	23.0	27.2					

B組　　　　　　　　　　　　　　　　　　　　（単位：cm）

26.4	29.4	20.5	21.5	25.0	19.7	20.5	23.9	21.5
21.1	26.6	31.9	20.2	17.2	19.4	26.5	23.9	31.9
19.0	17.6	19.8	36.9	17.1	18.6	15.4	23.9	19.9
18.4	27.0	11.0	22.4					

A組とB組では，どちらの組の方が反応が速いといえるかを調べます。
どんなことを調べればよいか話し合いましょう。

ガイド　小学校で学習した代表値（データを代表する値）や，全体のちらばりのようすを調べる方法を思い出しましょう。

答え　（例）・平均値をそれぞれ求め，比べる。
　　　　　・中央値をそれぞれ求め，比べる。
　　　　　・ドットプロットに表し，ちらばりのようすを比べる。
　　　　　・度数分布表に表し，ちらばりのようすや最頻値を比べる。

［ 1 データの傾向の調べ方 ］

教科書のまとめ テスト前にチェック✓

✓ ◎ 資料の範囲

データの散らばりの程度を表すのに，データの最大値と最小値の差を用いることがある。この値を，そのデータの**範囲**または**レンジ**という。

（範囲）＝（最大値）－（最小値）

データの散らばりのようすを，**分布**という。

✓ ◎ 度数分布表

右の表で，「10 cm 以上 13 cm 未満」などのように分けた区間を**階級**，区間の大きさを**階級の幅**，階級の中央の値を**階級値**という。また，各階級に入っているデータの個数を，その階級の**度数**という。

✓ ◎ ヒストグラム

度数分布表を用いて，階級の幅を横，度数を縦とする長方形を順に並べてかいたグラフを**ヒストグラム**または**柱状グラフ**という。（右下の図）

ヒストグラムで，各長方形の上の辺の中点をとって順に結ぶと折れ線グラフがかける。このようにしてかいた折れ線グラフを，**度数折れ線**または**度数分布多角形**という。（右下の図）

✓ ◎ 相対度数

各階級の度数を，度数の総和すなわち総度数でわった値を，その階級の**相対度数**という。

$$（ある階級の相対度数）＝\frac{（その階級の度数）}{（総度数）}$$

✓ ◎ 累積度数・累積相対度数

度数分布表において，最小の階級から各階級までの度数を加えたものを**累積度数**という。また，最小の階級から各階級までの相対度数を加えたものを**累積相対度数**という。

✓ ◎ ことがらの起こりやすさ

あることがらの起こりやすさの程度を表す数を，そのことがらの起こる**確率**という。

覚 **階級値の求め方**

たとえば，下の表で，22cm 以上 25cm 未満の階級の階級値は，

$$\frac{22 + 25}{2} = 23.5（cm）$$

として求める。

例 表 A組のルーラーキャッチのデータ

階級(cm)	度数(人)
以上 10 ～ 未満 13	2
13 ～ 16	3
16 ～ 19	3
19 ～ 22	6
22 ～ 25	7
25 ～ 28	5
28 ～ 31	4
31 ～ 34	1
34 ～ 37	0
計	31

例
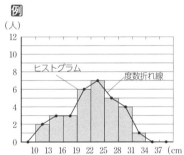
図 A組のルーラーキャッチのデータ

❶ データの整理

教科書 P.234

QUESTION Q 右の表は，前ページ（教科書 P.233）の A 組，B 組のルーラーキャッチのデータの値を，短い順に示したものです。2 つのクラスのデータを比べるには，どのような比べ方があるか話し合ってみましょう。

ガイド まず，平均値，中央値，最頻値(さいひんち)などの代表値を調べて，比べてみましょう。
散らばりのようすを調べるために，表やグラフで表してみましょう。

答え 省略

表1	ルーラーキャッチ	
	のデータ（cm）	
順番	A組	B組
1	10.4	11.0
2	12.9	15.4
3	14.5	17.1
4	15.0	17.2
5	15.8	17.6
6	17.7	18.4
7	18.6	18.6
8	18.6	19.0
9	19.2	19.4
10	19.8	19.7
11	20.0	19.8
12	20.1	19.9
13	20.4	20.2
14	21.6	20.5
15	22.4	20.5
16	22.7	21.1
17	23.0	21.5
18	24.3	21.5
19	24.3	22.4
20	24.3	23.9
21	24.9	23.9
22	26.7	23.9
23	26.7	25.0
24	27.0	26.4
25	27.2	26.5
26	27.2	26.6
27	28.5	27.0
28	29.0	29.4
29	29.3	31.9
30	30.2	31.9
31	31.8	36.9

教科書 P.234

問 1 表 1 から，A 組，B 組のルーラーキャッチのデータの平均値，中央値を求めなさい。また，A 組と B 組の平均値や中央値を比べると，どちらの組の方が反応が速いといえますか。

ガイド 中央値は，16 番目の記録です。

答え

	平均値	中央値
A 組	22.4 cm	22.7 cm
B 組	22.4 cm	21.1 cm

平均値で比べると，2 つの組の反応の速さは等しい。
中央値で比べると，B 組の方が反応が速いといえる。

データの範囲

教科書 P.235

問 2 前ページ（教科書 P.234）の表 1 から，A 組でもっとも長い値ともっとも短い値の差を求めなさい。

答え もっとも長い値（最大値）31.8 cm，もっとも短い値（最小値）10.4 cm
よって，31.8 − 10.4 = 21.4（cm）

答 21.4 cm

教科書 P.235

問 3 前ページ（教科書 P.234）の表 1 で，B 組のデータの最大値，最小値，範囲を求めなさい。また，それぞれの値を A 組と比べると，どんなことがわかりますか。

| 答 え | 最大値　36.9 cm, 最小値　11.0 cm, 範囲　36.9 − 11.0 = 25.9(cm)
A組, B組とも最小値はそれほど変わらないが, B組の方が, 最大値が大きいので範囲が大きい。 |

度数分布表

― 教科書 P.236 ―

問 4 ▷ 表2(表は 答え 欄)について, 次の問いに答えなさい。
　(1) (教科書)234ページの表1をもとにして, B組のデータについて各階級の度数を調べ, 表2に書き入れなさい。
　(2) それぞれのクラスで, 度数がもっとも多い階級と, その階級値をいいなさい。

ガ イ ド	(2)　完成させた表2を読み取りましょう。
答 え	(1)　右の図
	(2)　答　A組…20 cm 以上 25 cm 未満, 22.5 cm 　　　　　B組…15 cm 以上 20 cm 未満, 17.5 cm

表2　ルーラーキャッチのデータ

階級(cm)	階級値(cm)	度数(人) A組	度数(人) B組
以上　　未満			
10 ～ 15	12.5	3	1
15 ～ 20	17.5	7	11
20 ～ 25	22.5	11	10
25 ～ 30	27.5	8	6
30 ～ 35	32.5	2	2
35 ～ 40	37.5	0	1
計		31	31

― 教科書 P.236 ―

問 5 ▷ 表2をもとにして, B組の記録の最頻値を求めなさい。

| ガ イ ド | 最頻値は, 度数のもっとも多い階級の階級値です。 |
| 答 え | 15 cm 以上 20 cm 未満が 11 人でもっとも多い。 |

答　17.5 cm

ヒストグラム

― 教科書 P.237 ―

問 6 ▷ 前ページ(教科書 P.236)の表2をもとにして, B組のルーラーキャッチのデータのヒストグラムを, 図2(図は 答え 欄)にかき入れなさい。また, 2つのクラスのデータの分布を比べ, 気づいたことをいいなさい。

| ガ イ ド | 図1のヒストグラムのかき方を参考にして, 図2にヒストグラムをかき入れましょう。 |
| 答 え | 右の図 |

(例)・どちらの組も, 15 cm ～ 30 cm にデータが集中している。
　　・A組は山のピークが中央にあるが, B組の山のピークは左の方(短い方)にある。

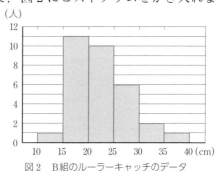

図2　B組のルーラーキャッチのデータ

問 7 ▷ 表3は，階級の幅を3cmにとったA組とB組のルー
ラーキャッチのデータの度数分布表です。この表をも
とに，A組とB組のルーラーキャッチのデータ
のヒストグラムを，次の図3，4（図は 答 え 欄）に
かき入れなさい。

表3　ルーラーキャッチのデータ

階級(cm)	度数(人)	
	A組	B組
以上　　　未満 10 ～ 13	2	1
13 ～ 16	3	1
16 ～ 19	3	5
19 ～ 22	6	11
22 ～ 25	7	4
25 ～ 28	5	5
28 ～ 31	4	1
31 ～ 34	1	2
34 ～ 37	0	1
計	31	31

答 え

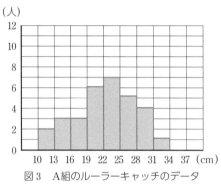

図3　A組のルーラーキャッチのデータ

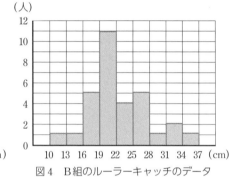

図4　B組のルーラーキャッチのデータ

問 8 ▷ 前ページ（教科書 P.237）の図1と図3のヒストグラムから読み取れることがらにど
んなちがいがありますか。また，図2と図4ではどうですか。

ガイド　同じデータを用いても，階級の幅を変えてヒストグラムをかくと，データの特徴
の見え方や読み取れることがらが異なる場合があります。データの分布を調べる
ときは，階級の幅の異なるヒストグラムを何通りかつくって調べることも大切です。

答 え　(例)　図1，図2ではおおまかな分布のようすがわかりやすく，図3，図4では
詳細な分布が読み取りやすい。

問 9 ▷ 前ページ（教科書 P.237）の問7でつくったヒストグラムをもとにして，前ページの
図4（図は 答 え 欄）に度数折れ線をかき入れなさい。また，図5（教科書 P.238）と
前ページの図4の度数折れ線を比べ，気づいたことを話し合いなさい。

答 え　図4の度数折れ線は右の図

(例)・A組は，階級22 〜 25を頂点に，な
だらかな山になっている。
・B組は，階級19 〜 22にデータが集
中して，山が高い。
・A組は山のピークが1つしかないが，
B組は，山のピークが3つある。

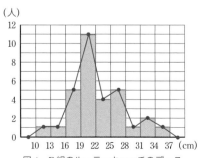

図4　B組のルーラーキャッチのデータ

問10 これまで調べたことから，A組とB組のルーラーキャッチのデータを比べると，どちらの組の方が反応が速いといえるか話し合いなさい。

ガイド 最頻値や度数折れ線の山の高さ広がりなどを比べて考えてみましょう。

答え （例）　B組の方が，データの範囲は広いが，反応の速い階級19～22に集中していることから，B組の方が反応が速いといえる。

問11 図6(図は 答え 欄)は，東京の1918年と2018年の8月の日ごとの最高気温を度数折れ線に表したものです。2つの年のグラフを比べ，どんなことが読み取れるか話し合いなさい。

答え （例）（似ているところ）
・グラフの形が山型である。
（異なるところ）
・2018年の方が，グラフのピークの位置（最頻値）が4℃大きい。
・2018年のグラフは，1918年のグラフに比べ，全体的に右に寄っている。

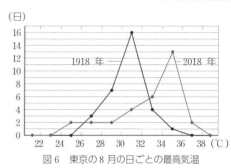
図6　東京の8月の日ごとの最高気温

・34℃以上の日が，1918年は1日しかないが，2018年は15日もある。

問12 表4は，1年生のルーラーキャッチのデータを，度数分布表に表したものです。次の図7(図は 答え 欄)に，ヒストグラムと度数折れ線をかき入れなさい。

表4　1年生のルーラーキャッチのデータ

階級 (cm)		度数 (人)
以上	未満	
10	～ 13	6
13	～ 16	8
16	～ 19	26
19	～ 22	38
22	～ 25	18
25	～ 28	15
28	～ 31	9
31	～ 34	5
34	～ 37	1
計		126

答え

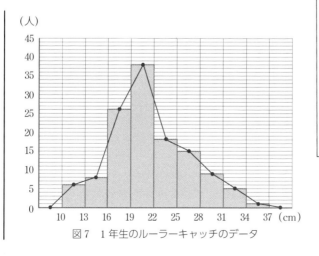
図7　1年生のルーラーキャッチのデータ

❷ 相対度数

表5 ルーラーキャッチのデータ

階級(cm)	度数(人)	
	A組	1年生
以上　　　未満		
10 〜 13	2	6
13 〜 16	3	8
16 〜 19	3	26
19 〜 22	6	38
22 〜 25	7	18
25 〜 28	5	15
28 〜 31	4	9
31 〜 34	1	5
34 〜 37	0	1
計	31	126

教科書 P.240

Q 表5は，1年A組31人と1年生126人のルーラーキャッチのデータです。A組は1年生の中で，反応が速い人が多いといえるでしょうか。

ガイド A組と1年生では全体の人数が異なるので，人数ではなく割合で比べる必要があります。

答え
たとえば，19 cm 未満の人の割合は，
A組は，$(2 + 3 + 3) \div 31 = 0.258\cdots$
1年生は，$(6 + 8 + 26) \div 126 = 0.317\cdots$
したがって，**反応が速い人が多いといえない。**

教科書 P.241

問 1 前ページ(教科書P.240)の表5をもとにして，1年生の各階級の相対度数を，小数第二位まで求め，表6(表は**答え**欄)に書き入れなさい。

ガイド
相対度数は，次のように求めます。

$$(ある階級の相対度数) = \frac{(その階級の度数)}{(総度数)}$$

A組の相対度数にそろえて，四捨五入して，小数第二位まで求めましょう。
また，相対度数の和が1になるか確かめましょう。

答え **右の表**

表6 ルーラーキャッチのデータ

階級(cm)	相対度数	
	A組	1年生
以上　　　未満		
10 〜 13	0.06	**0.05**
13 〜 16	0.10	**0.06**
16 〜 19	0.10	**0.21**
19 〜 22	0.19	**0.30**
22 〜 25	0.23	**0.14**
25 〜 28	0.16	**0.12**
28 〜 31	0.13	**0.07**
31 〜 34	0.03	**0.04**
34 〜 37	0.00	**0.01**
計	1.00	**1.00**

教科書 P.241

問 2 表6をもとに，次の問いに答えなさい。
(1) ルーラーキャッチの記録が 19 cm 以上 22 cm 未満の生徒の割合は，A組と1年生ではどちらが大きいですか。
(2) ルーラーキャッチの記録が 19 cm 未満である生徒の割合は，A組と1年生ではどちらが大きいですか。

ガイド
(1) 表6より，19cm 以上 22 cm 未満の生徒の割合はそれぞれ 0.19，0.30 です。
(2) A 組…$0.06 + 0.10 + 0.10 = 0.26$
　　1年生…$0.05 + 0.06 + 0.21 = 0.32$

答え
(1) **1年生**
(2) **1年生**

問 3 ▷ 表6をもとにして，A組の相対度数の分布を度数折れ線で表すと，図8（図は 答え 欄）のようになります。1年生の相対度数の分布を度数折れ線で表し，図8にかき入れなさい。

ガイド 縦軸の目盛りは度数ではなく，相対度数であることに注意しましょう。横軸では，各階級の中央の目盛り線上に点をとります。

答え 右の図

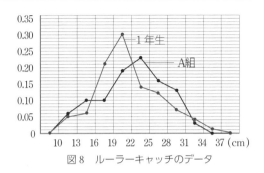

図8　ルーラーキャッチのデータ

問 4 ▷ 表6や図8をもとにして，A組と1年生の分布を比べ，似ているところや異なるところをいいなさい。

答え （例）　（似ているところ）
・分布が山型になっている。
・データの範囲がほぼ等しい。
（異なるところ）
・1年生の方が，分布のピークが左（短い方）に寄っている。

累積度数・累積相対度数

問 5 ▷ 次の表8（表は 答え 欄）は，1年生のルーラーキャッチのデータです。表を完成させて，下の問いに答えなさい。累積相対度数は，小数第二位まで求めなさい。
(1) 中央値は，どの階級に入っていますか。
(2) 22 cm 未満の人数は，全体の人数の何％ですか。

ガイド (1)　中央値は，累積相対度数がはじめて 0.5 以上になる階級に入っています。

答え 右の表
(1) 19 cm 以上 22 cm 未満
(2) 62%

表8　1年生のルーラーキャッチのデータ

階級 (cm)		度数 (人)	相対度数	累積度数 (人)	累積 相対度数
以上	未満				
10 ～	13	6	0.05	6	0.05
13 ～	16	8	0.06	14	0.11
16 ～	19	26	0.21	40	0.32
19 ～	22	38	0.30	78	0.62
22 ～	25	18	0.14	96	0.76
25 ～	28	15	0.12	111	0.88
28 ～	31	9	0.07	120	0.95
31 ～	34	5	0.04	125	0.99
34 ～	37	1	0.01	126	1.00
計		126	1.00		

教科書 P.243

Q 右のようなペットボトルのキャップを投げる実験を 100 回行ったところ, 表 9 のような結果になりました。このペットボトルのキャップを 20 回投げると, 表向きが何回出ると予想できるでしょうか。

表9　ペットボトルのキャップを投げる実験

	回数	相対度数
表向きが出た回数	25	0.25
裏向きが出た回数	69	0.69
横向きが出た回数	6	0.06

表　　裏　　横

ガイド　相対度数が 0.25 $\left(=\dfrac{1}{4}\right)$ ということは, 4 回に 1 回の割合で表向きが出たことを示しています。20 回投げるときも, これとほぼ同じ割合で表向きが出ると予想されます。

答え　$20 \times 0.25 = 5$　　　　　　　　　　　　　　　答　5 回出ると予想できる。

教科書 P.243

問6　実際に, ペットボトルのキャップを 50 回投げて, 表向きが出た相対度数を調べなさい。また, 実験回数を 100 回, 150 回, 200 回, …と増やしたとき, 表向きが出た相対度数がどのように変わるか調べなさい。相対度数は, 小数第二位まで求めなさい。

答え　省略

教科書 P.244

問7　1 つの王冠を投げて表が出た回数を調べたところ, 次の表(表は 答え 欄)のような結果になりました。表が出た相対度数をそれぞれ求め, 表を完成させなさい。また, この王冠を投げるとき, 表が出る確率はいくらと考えられますか。

答え

表11　王冠を投げる実験

投げた回数	100	200	300	400	500	600	700	800	900	1000
表が出た回数	42	81	131	160	202	255	294	337	378	421
表が出た相対度数	0.42	0.41	0.44	0.40	0.40	0.43	0.42	0.42	0.42	0.42

答　0.42

右の表（表は ■答 え■ 欄）は，神戸市の5年間の2月の日ごとの最高気温をまとめたものです。各階級の相対度数を小数第二位まで求め，表12に書き入れてみましょう。また，神戸市では，今年の2月に最高気温が10℃未満になる日は何日ぐらいあるか予想することができるでしょうか。

ガイド

表が完成したら，10℃未満の日の割合（相対度数）を求めましょう。

答 え

今年の2月も，過去5年間の2月とほぼ同じ割合で，最高気温が10℃未満になる日があると予想できる。

（今年の2月の日数）×（10℃未満の日の割合）

$= 28 \times (0.04 + 0.16 + 0.37)$

$= 28 \times 0.57$

$= 15.96$

答　16日ぐらいあると予想できる。

ただし，うるう年のときは，

$29 \times (0.04 + 0.16 + 0.37)$

$= 29 \times 0.57$

$= 16.53$ （17日ぐらいあると予想できる。）

表12　神戸市の2月の日ごとの最高気温
（2014〜2018年）

階級(℃) 以上 ～ 未満	度数(日)	相対度数
2.5 ～ 5.0	6	0.04
5.0 ～ 7.5	22	0.16
7.5 ～ 10.0	52	0.37
10.0 ～ 12.5	37	0.26
12.5 ～ 15.0	15	0.11
15.0 ～ 17.5	7	0.05
17.5 ～ 20.0	2	0.01
計	141	1.00

問 8 右の表（表は ■答 え■ 欄）について，次の問いに答えなさい。

(1) 表12をもとにして，累積相対度数を小数第二位まで求め，表13に書き入れなさい。

(2) 中央値は，どの階級に入っていますか。

(3) 最高気温が10℃未満だったのは，何%ですか。

ガイド

(1) 表12で求めた相対度数を加えていきます。

(2) 中央値は，累積相対度数がはじめて0.50以上になった階級に入っています。

(3) 百分率なので，累積相対度数に100をかけます。

答 え

(1) 右の表

(2) 7.5℃以上10.0℃未満

(3) 57%

表13　神戸市の2月の日ごとの最高気温
（2014〜2018年）

階級(℃) 以上 ～ 未満	度数(日)	累積相対度数
2.5 ～ 5.0	6	0.04
5.0 ～ 7.5	22	0.20
7.5 ～ 10.0	52	0.57
10.0 ～ 12.5	37	0.83
12.5 ～ 15.0	15	0.94
15.0 ～ 17.5	7	0.99
17.5 ～ 20.0	2	1.00
計	141	

7章 データの活用

確かめよう

1 右の図(図は 答え 欄)は, 札幌の 2018 年 2 月の日ごとの最高気温をヒストグラムに表したものです。たとえば, いちばん左の階級は,「−8℃以上−6℃未満」を表しています。次の問いに答えなさい。

(1) このヒストグラムの階級の幅は何℃ですか。
(2) 度数折れ線を, 右上の図(図は 答え 欄)にかき入れなさい。
(3) 「0℃以上2℃未満」の階級の度数をいいなさい。また, この階級の相対度数を小数第二位まで求めなさい。
(4) 最頻値をいいなさい。また, 中央値をふくむ階級の階級値をいいなさい。
(5) 最高気温が0℃未満だった日は, 何日ですか。

ガイド

(3) 6 ÷ 28 = 0.214⋯
　　　小数第三位を四捨五入します。
(4) (−2 + 0) ÷ 2 = −1

答え

(1) 2℃
(2) 右の図
(3) 度数⋯6, 相対度数⋯0.21
(4) 最頻値⋯−1℃
　　　中央値をふくむ階級の階級値⋯−1℃
(5) 19 日

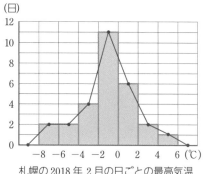

札幌の 2018 年 2 月の日ごとの最高気温

2 次の表(教科書 P.247)は, 日本での男女別の出生児の数とその割合を調べたものです。この表から, 日本での男子が生まれる確率と女子が生まれる確率は, それぞれいくらと考えられますか。

ガイド

8 年間の男子と女子の割合の平均を, それぞれ求めてみましょう。

答え

男子が生まれる確率⋯0.513(51.3%), 女子の生まれる確率⋯0.487(48.7%)

2 データの活用

① データの傾向の読み取り方

教科書 P.248

Q 表 14 は，2015 年の 47 都道府県の人口を，100 万人
を階級の幅として度数分布表に表したものです。47
都道府県の人口の傾向について話し合ってみましょ
う。また，「自分の住んでいる都道府県は，47 都道
府県の中で人口の多い方か少ない方か」を考える場
合には，何を代表値とすればよいでしょうか。

ガ イ ド 人口の少ない階級に度数が集中していますが，
かけはなれて人口の多い都道府県があることに
注目しましょう。

答 え （例） 中央値を代表値とすればよい。

表 14　都道府県の人口 (2015 年)

階級 (万人)		度数 (都道府県)
以上	未満	
0 ～	100	9
100 ～	200	21
200 ～	300	7
300 ～	400	1
400 ～	500	0
500 ～	600	3
600 ～	700	1
700 ～	800	2
800 ～	900	1
900 ～	1000	1
1000 ～	1100	0
1100 ～	1200	0
1200 ～	1300	0
1300 ～	1400	1
計		47

教科書 P.249

問 1 表 15（表は 答 え 欄）から，47 都道
府県の人口の平均値を求めて，実際
の平均値約 270 万人と比べなさい。

答 え

（47 都道府県の人口の平均値）
= {(階級値)×(度数)の合計}
　÷(総度数)
= 12650 ÷ 47 = 269.1…

答　平均値…約 269 万人
　　実際の平均値約 270 万人と
　　ほとんど変わらない。

表 15　都道府県の人口 (2015 年)

階級 (万人)		階級値 (万人)	度数 (都道府県)	(階級値)×(度数)
以上	未満			
0 ～	100	50	9	450
100 ～	200	150	21	3150
200 ～	300	250	7	1750
300 ～	400	350	1	350
400 ～	500	450	0	0
500 ～	600	550	3	1650
600 ～	700	650	1	650
700 ～	800	750	2	1500
800 ～	900	850	1	850
900 ～	1000	950	1	950
1000 ～	1100	1050	0	0
1100 ～	1200	1150	0	0
1200 ～	1300	1250	0	0
1300 ～	1400	1350	1	1350
計			47	12650

教科書 P.249

問 2 表 15 について，次の問いに答えなさい。

〔1〕　中央値は，どの階級に入っていますか。

〔2〕　最頻値を求めなさい。

〔3〕　300 万人未満の都道府県は，約何割ですか。

(1) 中央値は，少ないほうから 24 番目の都道府県が入る階級
(2) 最頻値は，いちばん度数の多い階級の階級値
(1) 100 万人以上 200 万人未満
(2) 150 万人
(3) （9 + 21 + 7）÷ 47 = 37 ÷ 47 = 0.78… 　　　　　　　　　答　約 8 割

教科書 P.249

問 3 ▷ 前ページ（教科書 P.248）の ❓ で，「日本には，人口何万人くらいの都道府県が多いか」を調べるときには，何を代表値とすればよいですか。

答 え ｜ 最頻値

教科書 P.250

問 4 ▷ 野球大会で，ある投手が投げた全投球の速さを調べ，ヒストグラムに表すと，図 11 のようになりました。また，このとき，

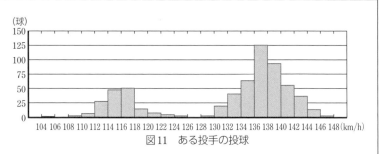

図11　ある投手の投球

最大値は時速 147 km，最小値は時速 105 km，平均値は時速 131 km でした。
この投手と対戦することを想定した場合，時速何 km の投球に対する練習をすればよいか話し合いなさい。

ガイド | ヒストグラムの山のピークになっている階級に注目します。

答 え | （例）時速 114 km から時速 118 km，時速 136 km から時速 140 km の投球が多いので，およそ，時速 116 km の遅い球と，時速 138 km の速い球の 2 種類の投球に対する練習が必要である。

❷ データの活用

教科書 P.252

拓真さんは，みんながどのくらい家で勉強しているかを調べるために，自分の中学校の 1 年生全員に，平日 1 日に家で勉強する時間を聞きました。その結果は右の表の通りです。この表から，どのようなことを調べればよいでしょうか。

表16　平日1日に家で
勉強する時間

階級（分）		度数（人）
以上	未満	
0 ～	30	25
30 ～	60	21
60 ～	90	15
90 ～	120	14
120 ～	150	8
150 ～	180	4
180 ～	210	1
210 ～	240	2
計		90

ガイド | 資料の範囲が大きく，短い方に多く分布していることに着目しましょう。平均値を調べるだけでよいでしょうか。

答 え | （例）最頻値，中央値，平均値を調べて比べる。

236

教科書 P.252

① 右の表(表は 答え 欄)を完成させて，平均値を求めましょう。

表17 平日1日に家で勉強する時間

階級 (分)		階級値 (分)	度数 (人)	(階級値) ×(度数)
以上	未満			
0 ～	30	15	25	375
30 ～	60	45	21	945
60 ～	90	75	15	1125
90 ～	120	105	14	1470
120 ～	150	135	8	1080
150 ～	180	165	4	660
180 ～	210	195	1	195
210 ～	240	225	2	450
計			90	6300

答え

(平均値) $= 6300 \div 90 = 70$

答　70分

教科書 P.252

② 表17について，次の問いに答えなさい。

(1) 中央値は，どの階級に入っているでしょうか。

(2) 最頻値を求めましょう。

(3) 拓真さんが平日1日に家で勉強する時間は65分です。1年生の中で長いといえるでしょうか。その理由も説明しましょう。

ガイド

(1) 時間の短い方から45人目と46人目の入る階級を見つけます。

(2) 最頻値は，度数のいちばん多い階級の階級値です。

答え

(1) **30分以上60分未満**

(2) **15分**

(3) **(例)** 長いとも短いともいえない。(理由) 平均値より少し短かく，中央値よりわずかに長いと考えられるから。

教科書 P.253

問1 あるボーリング場で，貸し出し用の靴200足をすべて新しいものに買いかえます。どのサイズを何足買えばよいかを決めるために，過去1か月間にどのサイズが何回貸し出されたかを調べました。貸し出された回数の合計は7260回です。その結果は次の図の通りです。このとき，下の問いに答えなさい。

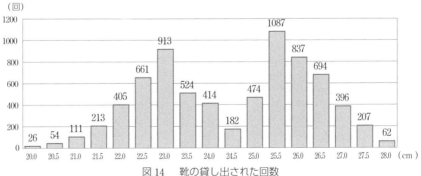

図14 靴の貸し出された回数

(1) 分布の山が2つになっています。その理由を考えなさい。

(2) 上のデータの平均値は24.5 cm です。「24.5 cm の靴をもっとも多く買う」という考えは適切かどうかを説明しなさい。

(3) どのサイズの靴をもっとも多く買えばよいと考えられますか。また，そのサイズの靴は，何足買えばよいと考えられますか。

ガイド	(3) 最頻値は何 cm でしょうか。また，その階級の相対度数を利用して，購入する靴の数を求めましょう。

答え

(1) 靴のサイズが23.0 cm 前後と25.5 cm 前後の利用者に大きく分かれている。**女子と男子の靴のサイズの違いと考えられる。**

(2) 24.5 cm のサイズの利用者は多くないので，**適切ではない。**

(3) 25.5 cm の階級の相対度数は，$1087 \div 7260 = 0.149\cdots$（約 0.15）
$200 \times 0.15 = 30$

答　**25.5 cm のサイズの靴，30 足買えばよいと考えられる**

---

②データの活用

確かめよう

教科書 P.253

1 次のデータは，美月さんをふくむ15人の生徒が，10点満点の漢字テストをしたときの点数です。下の問いに答えなさい。
4，5，5，6，7，7，8，8，8，9，9，9，9，10，10
(1) 平均値，中央値，最頻値，範囲を求めなさい。
(2) 美月さんの点数がほかの14人と比べて高い方か低い方かを知りたいとき，代表値のうち，何を参考にすればよいですか。

ガイド

(1) データの値の合計は114点です。
中央値は，データを大きさの順に並べたとき，8番目の値です。

答え

(1) 平均値…$114 \div 15 = 7.6$（点）
範囲…$10 - 4 = 6$（点）

答　平均値…**7.6点**，中央値…**8点**
最頻値…**9点**，範囲…**6点**

(2) **中央値**

7章のまとめの問題

教科書 P.254 ～ 256

基本

1 次の(1)～(3)の場合，それぞれ代表値として何を用いるとよいでしょうか。また，そのように判断した理由をいいなさい。
(1) 洋服メーカーが，今年1年間に売れた洋服のサイズごとのデータをもとにして，来年，どのサイズの洋服をもっとも多く製造するかを決める。
(2) リレーで走る2チームのメンバー全員の50 m 走の記録をもとにして，この2チームの勝敗を予想する。
(3) クラスの女子15人のハンドボール投げの記録をもとにして，自分の記録がクラスの女子の中で上位7人以内に入っているかどうかを調べる。

ガイド　代表値には平均値，中央値（メジアン），最頻値（モード）があります。状況をよく考え，どれがよいか判断しましょう。

答 え	(1)	**最頻値** （理由の例） 今年もっとも多く売れたサイズの洋服が，来年ももっとも多く売れると考えられるから，最頻値を用いる。
	(2)	**平均値** （理由の例） メンバーの記録の平均値が小さいチームが，リレーの記録もよくなると考えられるから，平均値を用いる。
	(3)	**中央値** （理由の例） 中央値は記録の大きい方から8番目である。記録が中央値より大きければ，上位7人以内と判断できるから，中央値を用いる。

2 右の写真のようなボタンを投げる実験を行ったところ，投げる回数が増えるにつれて，上向きが出た相対度数が0.53に近づくようになりました。このボタンを投げるとき，上向きが出る確率と下向きが出る確率は，それぞれいくらと考えられますか。

上向き

下向き

ガイド	実験で得られた相対度数を，そのことがらの起こる確率とみなします。下向きが出た相対度数は，1 − 0.53 = 0.47 と求められます。
答 え	**上向きが出る確率…0.53，　下向きが出る確率…0.47**

3 次の表（表は 答え 欄）は，A中学校男子の握力の記録です。表を完成させなさい。相対度数は，小数第二位まで求めなさい。

答 え	右の表

A中学校男子の握力

階級 (kg)		度数 (人)	相対度数	累積度数 (人)	累積相対度数
以上	未満				
10 ～	20	11	0.08	11	0.08
20 ～	30	62	0.48	73	0.56
30 ～	40	47	0.36	120	0.92
40 ～	50	9	0.07	129	0.99
50 ～	60	1	0.01	130	1.00
計		130	1.00		

応 用

1 右の度数分布表（表は 答え 欄）は，A中学校とB中学校の1年生の通学時間をまとめたものです。また，右下の図（図は 答え 欄）は，A中学校について各階級の相対度数を求め，その分布を度数折れ線で表したものです。次の問いに答えなさい。

(1) B中学校について各階級の相対度数を求め，右の図（図は 答え 欄）に，度数折れ線をかき入れなさい。

(2) 2つのデータの分布にはどんなちがいがありますか。2つ以上あげなさい。

答 え	(1) 右の表　度数折れ線は次のページ

階級(分)		度数(人)	
		A中学校	B中学校
以上	未満		
0 ～	5	5	4
5 ～	10	9	19
10 ～	15	12	16
15 ～	20	17	12
20 ～	25	10	9
25 ～	30	7	8
30 ～	35	0	8
35 ～	40	0	4
計		60	80

階級(分)		相対度数	
		A中学校	B中学校
以上	未満		
0 ～	5	0.08	0.05
5 ～	10	0.15	0.24
10 ～	15	0.20	0.20
15 ～	20	0.28	0.15
20 ～	25	0.17	0.11
25 ～	30	0.12	0.10
30 ～	35	0.00	0.10
35 ～	40	0.00	0.05
計		1.00	1.00

(2)(例)
- A中学校の方が，山のピーク（最頻値）が右に寄っている。
- B中学校の方が，広い範囲に分布している。

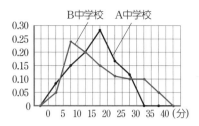

2️⃣ 次の表（表は 答 え 欄）は，A中学校1年女子のハンドボール投げの記録です。次の問いに答えなさい。

(1) 右の表（表は 答 え 欄）を完成させなさい。相対度数は，小数第二位まで求めなさい。

(2) 中央値はどの階級に入っていますか。

(3) 0m以上15m未満の生徒は，全体の何％ですか。

(4) 累積相対度数の度数折れ線を，右の図（図は 答 え 欄）にかき入れなさい。

ガイド

(2) 中央値は，累積相対度数が，はじめて0.5以上になる階級に入っています。

(4) 累計相対度数の度数折れ線のかき方は，教科書243ページを参考にしましょう。

A中学校1年女子のハンドボール投げ

階級 (m)		度数 （人）	相対度数	累積度数 （人）	累積 相対度数
以上	未満				
0 ～	5	0	0	0	0
5 ～	10	12	0.22	12	0.22
10 ～	15	26	0.47	38	0.69
15 ～	20	13	0.24	51	0.93
20 ～	25	3	0.05	54	0.98
25 ～	30	1	0.02	55	1.00
計		55	1.00		

答 え

(1) 右の表

(2) 10 m以上15 m未満

(3) 69%

(4) 下の図

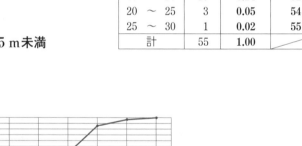

活用

1　スキージャンプ競技で，A選手とB選手のうち，どちらを代表選手にするか迷っています。次のヒストグラムは，これまでのいくつかの大会で，2人が飛んだ距離の記録をまとめたものです。下の(1)〜(3)の問いに答えなさい。

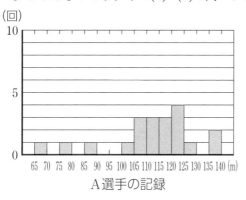

A選手の記録

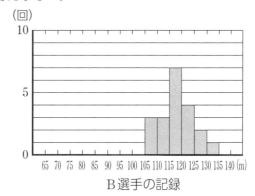

B選手の記録

(1)　2人のヒストグラムから，2人の飛んだ回数が同じであることがわかります。その回数を求めなさい。

(2)　2人のヒストグラムから，それぞれの飛んだ距離の平均値を求めなさい。

(3)　2人のヒストグラムを比較して，そこからわかる特徴をもとに，次の大会でより遠くへ飛びそうな選手を1人選ぶとするとき，あなたならどちらの選手を選びますか。また，その選手を選んだ理由を，2人のヒストグラムの特徴を比較して説明しなさい。

ガイド

(1)　ヒストグラムをよみとり，各階級の度数を合計しましょう。

(2)　飛んだ距離の合計は，(階級値)×(度数)の総和です。A選手が2240 m，B選手が2360 mとなります。

答え

(1)　20回

(2)　A選手…2240 ÷ 20 = 112(m)
　　　B選手…2360 ÷ 20 = 118(m)　　　　**答　A選手…112 m，B選手…118 m**

(3)　A選手を選んだ場合
　　(例)　記録にばらつきはあるものの，最大値が大きく，より遠くへ飛べる可能性があると考えられるから。

　　　B選手を選んだ場合
　　(例)　平均値がA選手よりよいため，安定してよい成績が見込めると考えられるから。

人口ピラミッド

　次のヒストグラムは，1950年と2000年における日本の年齢別人口（男女別）を表したもので，「人口ピラミッド」と呼ばれています。

　1950年のグラフは，いわゆる「ピラミッド型」ですが，少子化の影響で，2000年のグラフは，中央がふくらむ「つぼ型」になっています。

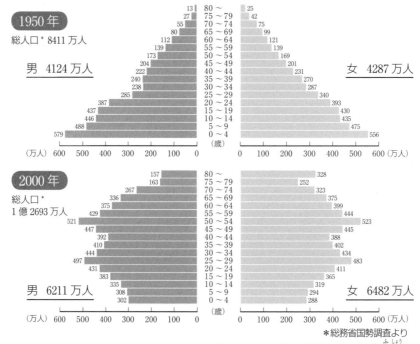

＊総人口と男女別の総数には，年齢不詳もふくまれる。

1 2つの年の人口の分布について，度数のもっとも多い年齢層を比べてみましょう。

答え	**1**	1950年…**男女とも0～4歳**	2000年…**男女とも50～54歳**

2 2つの年の14歳以下の人口の割合を比べてみましょう。また，65歳以上の人口の割合を比べてみましょう。

答え	**2**	［14歳以下の人口の割合］	1950年…**約0.35**	2000年…**約0.15**
		［65歳以上の人口の割合］	1950年…**約0.05**	2000年…**約0.17**

3 このまま少子化がさらに進んだと仮定すると，2050年には，どんな形のヒストグラムになると予想できるでしょうか。

答え	**3**	**（例）** 高齢者の人口が多く，年齢が若いほど少なくなるような逆三角形型のヒストグラムになると予想できる。

疑問を考えよう

米は何粒？

教科書 P.272,273

---

1 1枚目の畳から順に，それぞれの畳の米粒の数を調べてみましょう。

米粒の数は，1粒の2倍，その2倍，そのまた2倍，…と増えていくので，2の累乗で表されます。

このとき，畳の順番と累乗の指数との関係を考えてみましょう。

答え

3 枚目…$2^{②}$ 粒
4 枚目…$2^{③}$ 粒
5 枚目…$2^{④}$ 粒

---

2 米粒の数を1枚目から順に加えた合計を求め，その結果がどんな式で表されるかを調べてみましょう。

ガイド 米粒の合計が2の累乗を使ってどのように表されるかを考えて，□に数を書き入れましょう。

答え

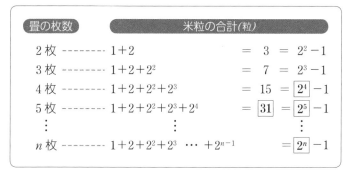

畳の枚数	米粒の合計(粒)		
2枚	$1+2$	$= 3$	$= 2^2-1$
3枚	$1+2+2^2$	$= 7$	$= 2^3-1$
4枚	$1+2+2^2+2^3$	$= 15$	$= \boxed{2^4}-1$
5枚	$1+2+2^2+2^3+2^4$	$= \boxed{31}$	$= \boxed{2^5}-1$
n枚	$1+2+2^2+2^3 \cdots +2^{n-1}$		$= \boxed{2^n}-1$

---

3 畳100枚の米粒の合計を，(2の累乗－1)の形で表してみましょう。

ガイド n枚のときをもとにして考えましょう。

答え n枚のとき 2^n-1(粒)だから，
$n=100$では，$2^{100}-1$(粒)

答 $(2^{100}-1)$粒

4 米1kgで，米粒が約50000粒になります。畳100枚の米粒の合計を
126800000000000000000000000000粒と考えて，およその重さを求めてみましょう。

答え 126800000000000000000000000000 ÷ 50000 = 2536000000000000000000000

答　およそ 2536000000000000000000000 kg

5 2018年の日本全国の米の収穫量は，約778万tでした。畳100枚の米粒と，2018年
の日本全国の米の収穫量を比べてみましょう。また，そのことから，秀吉がどうして
失敗したのか，その理由を説明してみましょう。

答え 　**(例)**　2018年の日本全国の米の収穫量
778万t = 7780000t = 7780000000kg
したがって，畳100枚分は，日本全国の収穫量の
2536000000000000000000000 ÷ 7780000000（倍）
これを計算すると　約3260000000000000倍になる。
つまり，日本中の米を集めても，まったく足りないことになる。

当選するには最低何票？

教科書 P.274,275

1 咲良さんが最低何票得票すれば当選できるかについて，拓真さんと美月さんは，次の
ように考えました。2人が考えた最低当選得票数をそれぞれ求めましょう。

4人が立候補するから，4人
で票数をわった数に1を加え
た数を得票すれば当選できる。

当選するのは2人だから，全
校生徒の数の過半数を得票す
れば当選できる。

答え 　拓真さん…240 ÷ 4 + 1 = 61
美月さん…240 ÷ 2 = 120

答え　拓真さん…61票，美月さん…120票

2 実際には，全校生徒の数の過半数を得票しなくても当選できます。最低当選得票数を
求めましょう。また，そう考えた理由も説明しましょう。

答え 　最低当選得票数…**81票**
(理由) 全校生徒240票の3分の1の80票より1票多い81票を得票すれば，他の
候補者3人のうち，2名がともに80票以上得票することはできないから。

3 立候補者が6人で，そのうちの4人を投票で選ぶとき，最低当選得票数は何票になるでしょうか。

答　え ┃ 全校生徒240票の5分の1の48票より1票多い49票　　　　　　**答　49票**

複雑な形の面積は？

教科書 P.276

 1 桜島の面積を，次のようにして求めてみましょう。

 1️⃣ 桜島の地図をカーボン紙を使って厚紙にうつし取る。

2️⃣ 1️⃣でうつし取った部分を切りぬき，その重さを量る。

3️⃣ 同じ厚紙で，1辺が地図の縮尺で5kmに等しい正方形を切りぬき，その重さを量る。

4️⃣ 2️⃣，3️⃣の結果をもとに，桜島の面積を求める。

ガイド ┃ 厚めで重さのある厚紙と，$\frac{1}{10}$ g まで量れるようなはかりを使いましょう。

答　え ┃ **(例)** 2️⃣と3️⃣の結果が，それぞれ1.9 g，0.6 g だった場合，桜島の面積を $x \,\mathrm{km}^2$ とすると，

$$1.9 : 0.6 = 19 : 6 \text{ より，} 19 : 6 = x : 25$$
$$6x = 19 \times 25$$
$$x = 79.1\cdots$$

答　約 79 km²

 2 桜島の実際の面積は約 80 km² です。
1️⃣で求めた値と比べてみましょう。

答　え ┃ **(例)** 1️⃣の結果は，実際の面積 80 km² に近い値になった。

道路のカーブの半径は？

教科書 P.277

 1 下の図（図は 答　え 欄）は，広島県と愛媛県を結ぶ「瀬戸内しまなみ海道」の，因島大橋を渡って向島に入った付近の地図です。この地図に大きくカーブした道路がありますが，その半径を，次の手順で求めてみましょう。

1️⃣ カーブを円の弧と考え，3点 A，B，C を通る円の中心 O を，作図によって求める。

2️⃣ 半径 OA の長さを測る。

3️⃣ 縮尺が $\frac{1}{10000}$ であることから，実際のカーブの半径を求める。

さらなる数学へ

1 線分 AB，BC を円の弦とみて，AB の垂直二等分線 ℓ，BC の垂直二等分線 m を作図すると，2 直線 ℓ，m の交点 O が，カーブの円の中心になります。

3 2 で測った半径(教科書で測ります)に 10000 をかけて，単位を m に直します。

1 右の図

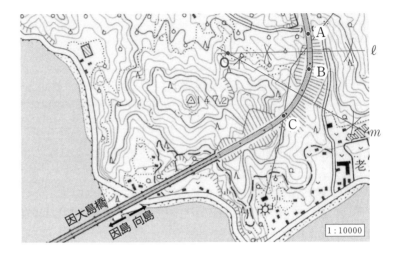

2 3.2 cm

3 3.2(cm) × 10000 = 32000(cm) = 320(m)　実際のカーブの半径は，約 320 m

---

2 自分の身のまわりの地域の地図を使って，道路のカーブの半径を求めてみましょう。また，実際の表示と比べてみましょう。

| 実際の半径を求めるときには，地図の縮尺に注意しましょう。

立方体の切り口の形は？ 発展

教科書 P.278

---

1 2 点 A，C と，次の㋑，㋒，㋔で示した点•を通る平面で切ると，切り口の形はそれぞれどんな図形になるでしょうか。次の図(図は 答え 欄)にかき入れてみましょう。

2 点を A，C を通る平面の傾きを変えていくと，立方体の切り口の形が変化していきます。

㋑ 辺BF上の点M　　㋒ 点F　　　　　　㋔ 辺EF上の点N

二等辺三角形　　　　　　正三角形　　　　　　台形

246

2 切り口の形を，次の⑰，⑰，⑰，⑰で示した図形にするには，それぞれどんな平面で切ればよいでしょうか。切り口を次の図(図は 答え 欄)にかき入れてみましょう。

ガイド

(例)　⑰　面 AEFB と平行な平面で切ります。
　　　⑰　点 C と辺 AD，FG の中点を通る平面で切ります。
　　　⑰　辺 AE，EF，FG，GC，CD，DA それぞれの中点を通る平面で切ります(このうちの3点を決めればよい)。

答え

⑰ 正方形　　　⑰ ひし形　　　⑰ 五角形　　　⑰ 正六角形

(例)

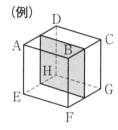 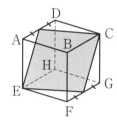 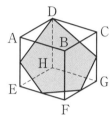 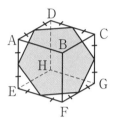

数学の歴史の話

魔方陣

教科書 P.279

1 右の図(図は 答え 欄)で，縦，横，斜め(なな)の3つの数の和を，それぞれ求めてみましょう。

答え

縦　$2+3+(-2)=3$，　$(-3)+1+5=3$，
　　$4+(-1)+0=3$
横　$2+(-3)+4=3$，　$3+1+(-1)=3$，
　　$(-2)+5+0=3$
斜め　$2+1+0=3$，　$4+1+(-2)=3$
縦，横，斜め，どの3つの数の和も3になる。

2	-3	4
3	1	-1
-2	5	0

2 次の魔方陣(図は 答え 欄)を完成させましょう。

ガイド

初めに，数が全部書かれている列の3つ(4つ)の数の和を求めましょう。求めた和から，書かれている数の和をひけば，空いているますにあてはまる数を求めることができます。
空いているますの数を求めたら，縦，横，斜めの数の和が等しくなることを確かめておきましょう。

答え

-1	4	3
6	2	-2
1	0	5

-4	3	-2
1	-1	-3
0	-5	2

-9	-2	0	5
4	1	-5	-6
-3	-8	6	-1
2	3	-7	-4

3 （　）内の数字を使って，魔方陣をつくってみましょう。
（− 4，− 3，− 2，− 1，0，1，2，3，4）　（− 6，− 4，− 2，0，2，4，6，8，10）

ガイド

次の手順で考えましょう。
① 9つの数の和を求める。
② ①の答えを3でわる。➡ この答えが，縦，横，斜めそれぞれの和になる。
③ ②の答えをさらに3でわる。➡ この答えが，中央の数になる。
④ 和が，「②の答え−③の答え」になる2数の組を4つつくり，縦，横，斜めにうまく配置する。

右側の問題の魔方陣では，次のようになります。
① 9つの数の和を求めると，18
② 18 ÷ 3 = 6だから，縦，横，斜めのそれぞれの3つの数の和は，6
③ 6 ÷ 3 = 2だから，中央の数は，2
④ 6 − 2 = 4だから，− 6と10のように和が4になる2数の組を4つつくる。
　（− 6と10，− 4と8，− 2と6，0と4）

答え

（例）

−1	4	−3
−2	0	2
3	−4	1

8	−6	4
−2	2	6
0	10	−4

円周率 π の話

教科書 P.280,281

1 円形のコインを使って直径と周の長さを測り，πの値を求めてみましょう。どのくらい正確な値が得られるでしょうか。

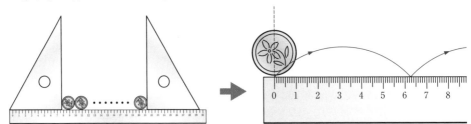

① コインの直径を測る
コイン10個を並べて測り，その値を10でわるとよい

② コインの周囲を測る
コインを3〜5回転させ，1回転分の平均を求めるとよい

248

教科書 P.279 〜 281

ガイド

硬貨の実際の直径は，500円…26.5 mm，100円…22.6 mm，50円…21 mm，10円…23.5 mm，5円…22 mm，1円…20 mm です。参考にしましょう。

答え

（例）

500円硬貨の場合

①コインの直径を測る。

500円硬貨10個の長さ……26.5 cm（265 mm）

500円硬貨の直径…………265 ÷ 10 = 26.5（mm）

②コインの周囲を測る。

500円硬貨を3回転させた長さ……25.0 cm（250 mm）

500円硬貨の周囲の長さ……………250 ÷ 3 = 83.3…（mm）

③円周率 π を求める。

①と②から，83.3 ÷ 26.5 = 3.143…

答　約3.14

---

2 本やインターネットを利用して，π の計算の歴史や，計算方法を調べてみましょう。

ガイド

π の値を求めるために，教科書 P.280，281 の計算方法以外にも，いろいろなものが考えられてきました。興味を持って調べてみましょう。

さらなる数学へ

小学校の計算

1 (1) 63　(2) 94　(3) 125
(4) 23　(5) 27　(6) 7

2 (1) 84　(2) 290　(3) 588
(4) 864　(5) 28000　(6) 6
(7) 7　(8) 4　(9) 8

3 (1) 7.9　(2) 6.3　(3) 12
(4) 3.3　(5) 4.8　(6) 4.6

4 (1) 27.2　(2) 10.8　(3) 6.08
(4) 0.6　(5) 6　(6) 3

5 (1) $\dfrac{3}{5}+\dfrac{2}{5}=\dfrac{5}{5}=1$

(2) $\dfrac{1}{3}+\dfrac{1}{5}=\dfrac{5}{15}+\dfrac{3}{15}=\dfrac{8}{15}$

(3) $\dfrac{5}{14}+\dfrac{1}{7}=\dfrac{5}{14}+\dfrac{2}{14}=\dfrac{7}{14}=\dfrac{1}{2}$

(4) $\dfrac{3}{4}+\dfrac{2}{3}+\dfrac{1}{2}=\dfrac{9}{12}+\dfrac{8}{12}+\dfrac{6}{12}=\dfrac{23}{12}\left(1\dfrac{11}{12}\right)$

(5) $\dfrac{7}{8}-\dfrac{3}{8}=\dfrac{4}{8}=\dfrac{1}{2}$

(6) $3-\dfrac{5}{6}=\dfrac{18}{6}-\dfrac{5}{6}=\dfrac{13}{6}\left(2\dfrac{1}{6}\right)$

(7) $\dfrac{11}{6}-\dfrac{11}{9}=\dfrac{33}{18}-\dfrac{22}{18}=\dfrac{11}{18}$

(8) $\dfrac{4}{5}-\dfrac{1}{3}+\dfrac{1}{2}=\dfrac{24}{30}-\dfrac{10}{30}+\dfrac{15}{30}=\dfrac{29}{30}$

6 (1) $\dfrac{7}{8}\times2=\dfrac{7\times\overset{1}{\cancel{2}}}{\cancel{8}}=\dfrac{7}{4}\left(1\dfrac{3}{4}\right)$

(2) $\dfrac{2}{7}\times\dfrac{1}{4}=\dfrac{\overset{1}{\cancel{2}}\times1}{7\times\cancel{4}}=\dfrac{1}{14}$

(3) $\dfrac{5}{12}\times\dfrac{4}{5}=\dfrac{\overset{1}{\cancel{5}}\times\overset{1}{\cancel{4}}}{\underset{3}{\cancel{12}}\times\underset{1}{\cancel{5}}}=\dfrac{1}{3}$

(4) $\dfrac{3}{4}\times\dfrac{8}{9}=\dfrac{\overset{1}{\cancel{3}}\times\overset{2}{\cancel{8}}}{\underset{1}{\cancel{4}}\times\underset{3}{\cancel{9}}}=\dfrac{2}{3}$

(5) $\dfrac{4}{5}\div8=\dfrac{\overset{1}{\cancel{4}}}{5\times\underset{2}{\cancel{8}}}=\dfrac{1}{10}$

(6) $\dfrac{2}{3}\div\dfrac{1}{15}=\dfrac{2}{3}\times\dfrac{15}{1}=\dfrac{2\times\overset{5}{\cancel{15}}}{\cancel{3}\times1}=10$

(7) $\dfrac{2}{5}\div\dfrac{2}{7}=\dfrac{2}{5}\times\dfrac{7}{2}=\dfrac{\overset{1}{\cancel{2}}\times7}{5\times\underset{1}{\cancel{2}}}=\dfrac{7}{5}\left(1\dfrac{2}{5}\right)$

(8) $\dfrac{7}{8}\div\dfrac{21}{16}=\dfrac{7}{8}\times\dfrac{16}{21}=\dfrac{\overset{1}{\cancel{7}}\times\overset{2}{\cancel{16}}}{\underset{1}{\cancel{8}}\times\underset{3}{\cancel{21}}}=\dfrac{2}{3}$

1年の復習

1章 正の数・負の数

1 (1) $-7<-3<+2$
(2) $-2,\ -1,\ 0,\ +1,\ +2$

2 (1) $(+5)+(-12)$
　　$=-(12-5)$
　　$=-7$

(2) $(-7)+(-11)$
　　$=-(7+11)$
　　$=-18$

(3) $(-4)-(+13)$
　　$=(-4)+(-13)$
　　$=-17$

(4) $(-5)-(-9)$
$= (-5)+(+9)$
$= 4$

(5) $\left(+\dfrac{2}{3}\right)-\left(-\dfrac{1}{4}\right)$
$= \left(+\dfrac{8}{12}\right)+\left(+\dfrac{3}{12}\right)$
$= \dfrac{11}{12}$

(6) $3.5 - 7.2$
$= -3.7$

(7) $-6+(-3)-(-2)$
$= -6-3+2$
$= -9+2$
$= -7$

(8) $3-12+6-2$
$= 3+6-12-2$
$= 9-14$
$= -5$

(9) $-\dfrac{3}{4}+\left(-\dfrac{5}{6}\right)+\dfrac{5}{12}$
$= -\dfrac{9}{12}-\dfrac{10}{12}+\dfrac{5}{12}$
$= -\dfrac{14}{12}$
$= -\dfrac{7}{6}$

3 **(1)** $(+7)\times(-5)=-35$ **(2)** $(-1.5)\times 8=-12$ **(3)** $\left(-\dfrac{2}{3}\right)\times\left(-\dfrac{6}{5}\right)=\dfrac{4}{5}$

(4) $-2.5\times 7\times(-4)=70$ **(5)** $-2^4=-16$ **(6)** $(-54)\div(-6)=9$

(7) $\dfrac{9}{4}\div\left(-\dfrac{3}{8}\right)=-6$ **(8)** $45\div(-9)\times 6=-30$ **(9)** $8\div\left(-\dfrac{4}{3}\right)\times\left(-\dfrac{3}{5}\right)=\dfrac{18}{5}$

4 **(1)** $4+(-3)\times 9=4-27=-23$

(2) $-\dfrac{1}{4}-(-2)\div 4=-\dfrac{1}{4}-(-2)\times\dfrac{1}{4}=-\dfrac{1}{4}-\left(-\dfrac{1}{2}\right)=-\dfrac{1}{4}+\dfrac{1}{2}=\dfrac{1}{4}$

(3) $27\div\{-3-(-6)\}=27\div 3=9$ **(4)** $-3^2\times 4=-9\times 4=-36$

(5) $9\div(-6)^2=9\div 36=\dfrac{1}{4}$ **(6)** $3\times\left(-\dfrac{1}{2}\right)^2\div(-6)=3\times\dfrac{1}{4}\times\left(-\dfrac{1}{6}\right)=-\dfrac{1}{8}$

(7) $(-5)\times 2-(-12)\div 4=-10-(-3)=-7$ **(8)** $\dfrac{5}{8}-\left(-\dfrac{3}{4}\right)^2=\dfrac{5}{8}-\dfrac{9}{16}=\dfrac{1}{16}$

(9) $\dfrac{5}{6}\times(-3)-2\div\dfrac{4}{7}=-\dfrac{5}{2}-\dfrac{7}{2}=-6$

(10) $-6^2\div\{(-8)-4\}\times\dfrac{1}{9}=-36\div(-12)\times\dfrac{1}{9}=+\left(36\times\dfrac{1}{12}\times\dfrac{1}{9}\right)=\dfrac{1}{3}$

(11) $\left(\dfrac{8}{7}-\dfrac{4}{3}\right)\times 21=\dfrac{8}{7}\times 21-\dfrac{4}{3}\times 21=24-28=-4$

(12) $2.3\times(-8)+2\times(-2.3)=2.3\times(-8)+2\times(-1)\times 2.3$
$\qquad\qquad\qquad\qquad\qquad = 2.3\times(-8)+(-2)\times 2.3$
$\qquad\qquad\qquad\qquad\qquad = 2.3\times(-8-2)$
$\qquad\qquad\qquad\qquad\qquad = 2.3\times(-10)=-23$

5 **(1)** ア$\cdots 129-120=9$ イ$\cdots 108-120=-12$ 答 ア$\cdots+9$, イ$\cdots-12$

(2) $120+(-4+9+0-12+17)\div 5=120+2=122$ 答 122人

6 $432=2^4\times 3^3=(2^2\times 3)^2\times 3$ より，3 をかければよい。 答 3

2章 **文字式**

1 **(1)** $b\times(-2)\times a$
$= -2ab$

(2) $x\times x\times 3\times y$
$= 3x^2y$

(3) $(a+b)\div 7$
$= \dfrac{a+b}{7}$ または，$\dfrac{1}{7}(a+b)$

(4) $4\times x-y\div 5$
$= 4x-\dfrac{y}{5}$

2 (1) $1000 - x \times 2 = 1000 - 2x$ 答 $(1000 - 2x)$円

(2) $a \div 70 + a \div 60 = \dfrac{a}{70} + \dfrac{a}{60}$ 答 $\left(\dfrac{a}{70} + \dfrac{a}{60}\right)$分

3 (1) $x^2 + 3 = (-4)^2 + 3 = 16 + 3 = 19$ 答 19

(2) $4x - 2y = 4 \times 2 - 2 \times (-3) = 8 + 6 = 14$ 答 14

4 (1) $4a - 7a$
$= -3a$

(2) $-1.2x - 4.9x$
$= -6.1x$

(3) $\dfrac{1}{3}x - \dfrac{3}{4}x$
$= \dfrac{4}{12}x - \dfrac{9}{12}x = -\dfrac{5}{12}x$

(4) $3x - 5 - 8x + 6$
$= 3x - 8x - 5 + 6$
$= -5x + 1$

(5) $-0.7a + 0.3 - 0.3a - 1.2$
$= -a - 0.9$

(6) $(7x - 11) + (5x - 1)$
$= 7x - 11 + 5x - 1$
$= 12x - 12$

(7) $\left(\dfrac{1}{4}x - \dfrac{3}{7}\right) + \left(-\dfrac{3}{4}x - \dfrac{5}{7}\right)$
$= \dfrac{1}{4}x - \dfrac{3}{7} - \dfrac{3}{4}x - \dfrac{5}{7}$
$= -\dfrac{1}{2}x - \dfrac{8}{7}$

(8) $(-6a + 1) - (5 - 2a)$
$= -6a + 1 - 5 + 2a$
$= -4a - 4$

(9) $\left(-\dfrac{1}{2}x + 9\right) - \left(\dfrac{2}{3}x - 2\right)$
$= -\dfrac{1}{2}x + 9 - \dfrac{2}{3}x + 2$
$= -\dfrac{7}{6}x + 11$

(10) $(2y - 5) \times (-4)$
$= 2y \times (-4) + (-5) \times (-4)$
$= -8y + 20$

(11) $9x \div \left(-\dfrac{5}{3}\right)$
$= 9x \times \left(-\dfrac{3}{5}\right)$
$= -\dfrac{27}{5}x$

(12) $(12x - 18) \div 6$
$= (12x - 18) \times \dfrac{1}{6}$
$= 2x - 3$

(13) $5(a - 3) + 3(-2a + 7)$
$= 5a - 15 - 6a + 21$
$= -a + 6$

(14) $-(2x + 3) - 3(5x - 6)$
$= -2x - 3 - 15x + 18$
$= -17x + 15$

(15) $\dfrac{1}{3}(6x - 9) - \dfrac{3}{4}(12x + 4)$
$= 2x - 3 - 9x - 3$
$= -7x - 6$

(16) $2(6a - 3) - (10 - 5a) \div 5$
$= 12a - 6 - (2 - a)$
$= 12a - 6 - 2 + a$
$= 13a - 8$

5 (1) 右の図のように，3つのグループに分けると，1つのグループが，
$8 - 1 = 7$(個)になるので，碁石の個数は，$7 \times 3 = 21$（個）に
なる。   答 21個

(2) (1)と同様に考えると，1つのグループが$(a - 1)$個になるので，
碁石の個数は，$3(a - 1)$個

答 $3(a - 1)$個 または $(3a - 3)$個

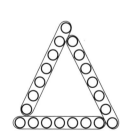

1 (1) $38 - x \times 5 = 3$

答 $38 - 5x = 3$

(2) $x \times (1 - 0.2) < 5000$

答 $0.8x < 5000$

2 (1) $4x + 7 = 15$
　　　$4x = 8$
　　　　$x = 2$

(2) $5x - 9 = 6$
　　　$5x = 15$
　　　$x = 3$

(3) $8x - 2 = 9x$
　　　$-x = 2$
　　　$x = -2$

(4) $2x - 7 = 5x + 11$
　　　$-3x = 18$
　　　　$x = -6$

(5) $-x + 22 = 2x + 7$
　　　$-3x = -15$
　　　$x = 5$

(6) $-2x - 3 = 5x + 18$
　　　$-7x = 21$
　　　　$x = -3$

(7) $17 - 5x = -9x - 13$
　　　$4x = -30$
　　　$x = -\dfrac{15}{2}$

(8) $12 : x = 8 : 6$
　　　$8x = 12 \times 6$
　　　$x = 9$

(9) $5 : 4 = x : 18$
　　　$4x = 5 \times 18$
　　　$x = \dfrac{45}{2}$

3 (1) $6x - 4(x - 7) = 18$
　　　$6x - 4x + 28 = 18$
　　　　　　$2x = -10$
　　　　　　　$x = -5$

(2) $3x + 9 = 5(2x - 3) - 4$
　　　$3x + 9 = 10x - 15 - 4$
　　　$-7x = -28$
　　　　$x = 4$

(3) $2.7x + 0.8 = 1.5x - 1.6$
　　両辺に 10 をかけると，
　　　$27x + 8 = 15x - 16$
　　　$12x = -24$
　　　　$x = -2$

(4) $0.32x - 1.4 = 0.4x - 0.68$
　　両辺に 100 をかけると，
　　　$32x - 140 = 40x - 68$
　　　$-8x = 72$
　　　　$x = -9$

(5) $\dfrac{2}{5}x - 2 = \dfrac{x}{3}$
　　両辺に 15 をかけると，
　　　$6x - 30 = 5x$
　　　　$x = 30$

(6) $\dfrac{1}{2}(x - 2) = \dfrac{5}{6}(x - 4)$
　　　$3(x - 2) = 5(x - 4)$
　　　$3x - 6 = 5x - 20$
　　　$-2x = -14$
　　　　$x = 7$

(7) $\dfrac{2}{3}x - \dfrac{3}{4} = \dfrac{5}{6}x + \dfrac{1}{4}$
　　　$8x - 9 = 10x + 3$
　　　$-2x = 12$
　　　　$x = -6$

(8) $\dfrac{5x - 4}{3} = \dfrac{x + 2}{2}$
　　　$2(5x - 4) = 3(x + 2)$
　　　$10x - 8 = 3x + 6$
　　　$7x = 14$
　　　　$x = 2$

(9) $\dfrac{2x - 14}{3} = \dfrac{x + 2}{2} + 3x$
　$2(2x - 14) = 3(x + 2) + 18x$
　　$4x - 28 = 3x + 6 + 18x$
　　　$-17x = 34$
　　　　$x = -2$

(10) $4 : 6 = (x - 5) : 9$
　　$6(x - 5) = 4 \times 9$
　　　$x - 5 = 6$
　　　$x = 11$

(11)　　$2 : 5 = (x - 2) : (x + 7)$
$$5(x - 2) = 2(x + 7)$$
$$5x - 10 = 2x + 14$$
$$3x = 24$$
$$x = 8$$

(12)　$\left(\dfrac{1}{2}x - 3\right) : \left(\dfrac{1}{3}x + 1\right) = 3 : 5$
$$5\left(\dfrac{1}{2}x - 3\right) = 3\left(\dfrac{1}{3}x + 1\right)$$
$$\dfrac{5}{2}x - 15 = x + 3$$
$$5x - 30 = 2x + 6$$
$$3x = 36$$
$$x = 12$$

4 $3(x - 1) - 2a = 4$ に $x = -3$ を代入すると，
$$3 \times (-3 - 1) - 2a = 4$$
$$-12 - 2a = 4$$
$$-2a = 16$$
$$a = -8$$

答　$a = -8$

5 りんご1個の値段を x 円とすると，もも1個の値段は $(x + 60)$ 円と表される。
$$5x + 4(x + 60) = 1500$$
$$5x + 4x + 240 = 1500$$
$$9x = 1260$$
$$x = 140$$
$140 + 60 = 200$
りんご1個140円，もも1個200円は，問題に適している。

答　りんご1個…140円，もも1個…200円

6 箱が x 箱あるとすると，
$$90x + 17 = 100(x - 1) + 7$$
$$90x + 17 = 100x - 100 + 7$$
$$-10x = -110$$
$$x = 11$$
$90 \times 11 + 17 = 1007$
ボールの数1007個は，問題に適している。

答　1007個

7 x mL の水で薄めればよいとすると，
$$150 : 250 = 78 : x$$
$$150x = 250 \times 78$$
$$x = 130$$
水130 mL は問題に適している。

答　130 mL

教科書 P.285

1 (1) $y = 80x$ (2) $y = \dfrac{10}{x}$ (3) $y = 3x$

比例…(1), (3)　　反比例…(2)

2 (1) $y = ax$ とおくと，$x = -2$ のとき $y = -6$ だから，

　　　$-6 = -2a$　　$a = 3$

　　したがって，$y = 3x$

　　　　$x = 3$ を代入すると，$y = 9$　　　　　　　　　　答　$y = 3x$, $y = 9$

(2) $y = \dfrac{a}{x}$ とおくと，$x = 6$ のとき $y = -2$ だから，

　　　$-2 = \dfrac{a}{6}$　　$a = -12$

　　したがって，$y = -\dfrac{12}{x}$

　　　　$x = -4$ を代入すると，$y = 3$　　　　　　　　答　$y = -\dfrac{12}{x}$, $y = 3$

3 (1) y は x に反比例するから，比例定数を a とすると，$y = \dfrac{a}{x}$

　　$x = 40$ のとき $y = 3$ だから，$3 = \dfrac{a}{40}$　　$a = 120$

　　したがって，$y = \dfrac{120}{x}$　　　　　　　　　　　　答　$y = \dfrac{120}{x}$

(2) $x = 50$ のとき，$y = \dfrac{120}{50} = \dfrac{12}{5}$

　　$\dfrac{12}{5}$ 時間 $= 2\dfrac{2}{5}$ 時間 $= 2$ 時間 24 分　　　　答　**2 時間 24 分**

(3) $y = 2$ のとき，$2 = \dfrac{120}{x}$　　$x = 60$　　　　答　**時速 60 km**

4 (1) A は，5 L で 90 km 走ることができるので，$90 \div 5 = 18$　　　答　**18 km**

(2) A…(1)より，$y = 18x$

　　B…$y = ax$ とおくと，$x = 10$ のとき $y = 100$ だから，

　　　$100 = 10a$　　$a = 10$

　　　したがって，$y = 10x$　　　　　　　答　A…$y = 18x$, B…$y = 10x$

(3) (2)の式に，それぞれ $y = 270$ を代入する。

　　A…$270 = 18x$ より，$x = 15$

　　B…$270 = 10x$ より，$x = 27$

　　したがって，消費するガソリンの量の差は，

　　$27 - 15 = 12$(L)　　　　　　　　　　　答　**B の方が 12 L 多い。**

5章 平面図形

1 **(1) 右の図の P**

(2) 右の図の Q

（辺 BC の垂直二等分線を引き，辺 AB との交点を Q とする。）

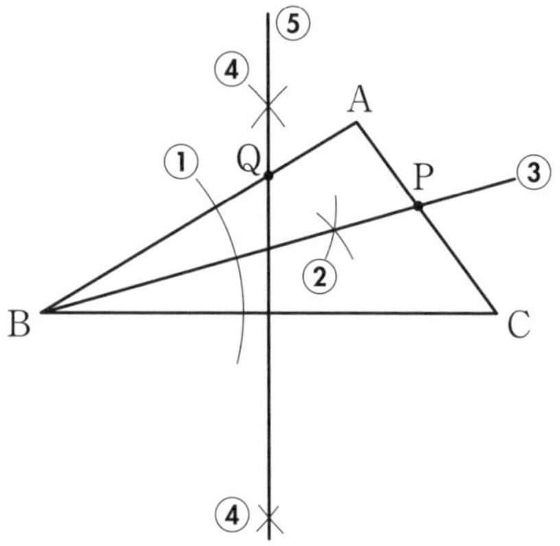

2 **右の図**

• 円 O の作図

① 線分 AB の垂直二等分線を引いて，AB の中点 O を求める。

② 点 O を中心として，OA を半径とする円をかく。

• 点 A を接点とする円 O の接線の作図

③ 線分 AB を A の方向に延長する。

④ 点 A を通る垂線を引く。

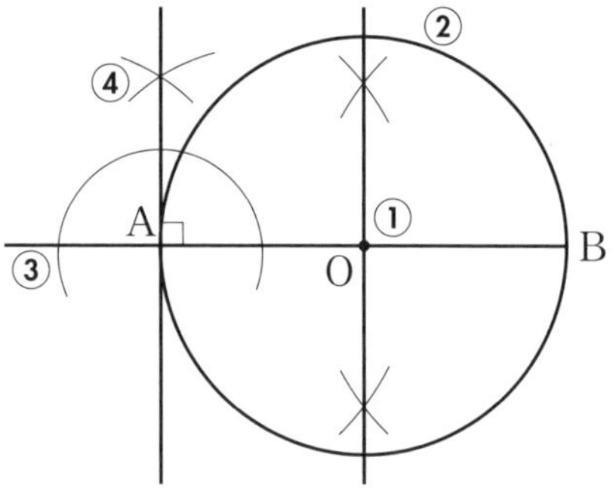

3 **右の図**

① 壁の線を対称の軸として，点 B と対称な点 B′ を作図によって求める。

② A と B′ を結び，壁の線との交点を P とする。

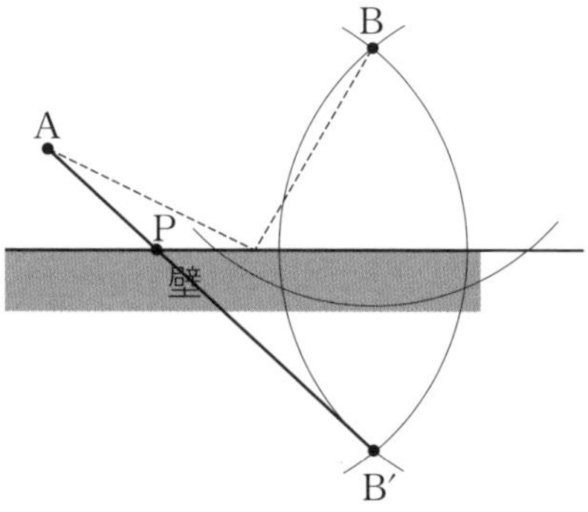

4 **(1) ㋐を㋑…平行移動，㋑を㋒…対称移動，㋒を㋓…回転移動**

(2) 辺 QR

6章 空間図形

1 **(1) 辺 FG，GH，HI，IJ，JF**

(2) 辺 DI，EJ，AF，BG

(3) 面 ABCDE，FGHIJ

(4) 辺 FG，GH，HI，IJ，BG，CH，DI

2 (1) おうぎ形の中心角を $x°$ とすると,

$x = 360 \times \dfrac{2\pi \times 6}{2\pi \times 15}$

$\quad = 360 \times \dfrac{6}{15}$

$\quad = 144$

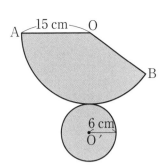

答　$144°$

(2) $(\pi \times 15^2) \times \dfrac{144}{360} = 90\pi$

答　$90\pi\,\mathrm{cm}^2$

(3) $90\pi + \pi \times 6^2 = 126\pi$

答　$126\pi\,\mathrm{cm}^2$

3 (1) (表面積) $= 8 \times 8\pi + (\pi \times 4^2) \times 2$

$\qquad\qquad = 64\pi + 32\pi = 96\pi$

(体積) $= (\pi \times 4^2) \times 8 = 128\pi$

答　表面積…$96\pi\,\mathrm{cm}^2$

答　体積…$128\pi\,\mathrm{cm}^3$

(2) (表面積) $= \left(\dfrac{1}{2} \times 10 \times 13\right) \times 4 + 10^2$

$\qquad\qquad = 260 + 100 = 360$

(体積) $= \dfrac{1}{3} \times 10^2 \times 12 = 400$

答　表面積…$360\,\mathrm{cm}^2$

答　体積…$400\,\mathrm{cm}^3$

(3) (表面積) $= 4\pi \times 6^2 = 144\pi$

(体積) $= \dfrac{4}{3}\pi \times 6^3 = 288\pi$

答　表面積…$144\pi\,\mathrm{cm}^2$

答　体積…$288\pi\,\mathrm{cm}^3$

4 (1)

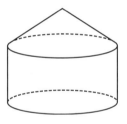

(2)

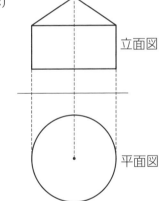

立面図

平面図

(3) $(\pi \times 3^2) \times 3 + \dfrac{1}{3} \times (\pi \times 3^2) \times 2$

$= 27\pi + 6\pi$

$= 33\pi$

答　$33\pi\,\mathrm{cm}^3$

復習問題

1 (1) 階級値(点数)と度数を表にすると右のようになる。
$$1 + 1 + 3 + 5 + 7 + 6 + 5 + 4 + 2 = 34$$

答 **34人**

(2) 34人は偶数なので，17番目と18番目の記録の平均
が中央値になる。

低い方から17番目　　階級値は，6点
低い方から18番目　　階級値は，7点
$$(6 + 7) \div 2 = 6.5$$

答 **6.5点**

(3) 各階級値と度数の積の総和を，全体の人数でわる。
$$(2 \times 1 + 3 \times 1 + 4 \times 3 + 5 \times 5 + 6 \times 7 + 7 \times 6$$
$$+ 8 \times 5 + 9 \times 4 + 10 \times 2) \div 34$$
$$= 222 \div 34 = 6.52\cdots$$

答 **6.5点**

階級値(点)	度数(人)
2	1
3	1
4	3
5	5
6	7
7	6
8	5
9	4
10	2
計	34

2 (1) 右の表
(2) 18 m 以上 22 m 未満
(3) 24 m
(4) 右の表
$$520 \div 25 = 20.8$$

答 **20.8 m**

(5) 右の表
(6) 22 m 未満

階級 (m)	階級値(m)	度数(人)	(階級値)×(度数)	相対度数	累積相対度数
以上　　未満 10 ～ 14	12	3	36	0.12	0.12
14 ～ 18	16	イ 5	80	0.20	0.32
18 ～ 22	20	6	120	0.24	0.56
22 ～ 26	24	7	168	0.28	0.84
26 ～ 30	ア 28	3	84	0.12	0.96
30 ～ 34	32	1	32	0.04	1.00
計		25	520	1.00	

3

投げた回数	100	200	300	400	500	750	1000
立った回数	11	26	38	50	60	87	119
立った相対度数	0.11	0.13	0.13	0.13	0.12	0.12	0.12

答 **0.12**

メモ

メモ